新工科暨卓越工程师教育培养计划电子信息类专业系列教材

丛书顾问/ 郝　跃

PLC JISHU JIAOCHENG JI SHIYAN ZHIDAO

PLC技术教程及实验指导

U0370156

- 主　编/ 熊　凌　周利华
- 副主编/ 赵云涛　游向荣　陈国年
- 参　编/ 周红军　肖林伟　冯朝晖　郭振海　范志顺

华中科技大学出版社
http://www.hustp.com
中国·武汉

内 容 提 要

本书基于西门子 S7-300 系列 PLC 和博途软件 V15.1,由浅入深,循序渐进地介绍了低压电器和电气控制线路基础、基于博途软件的 PLC 技术及下位机编程、基于博途软件的 PLC 上位机人机界面开发以及实验指导。全书共 9 章,分别为低压电器、电气控制线路基础、PLC 概述、S7-300 PLC 硬件组成、TIA 博途 STEP 7 软件使用、博途 STEP 7 的基本指令、博途 STEP 7 编程、博途 WinCC 人机界面开发及 PLC 技术实验。

本书可供高等院校自动化、智能制造、电气工程、仪器仪表、汽车与交通工程和机器人等专业师生作为"PLC 技术"课程教材使用,也可供高职院校机电类专业的"PLC 技术"课程教学使用,还适合广大自动化产品工程师用作快速掌握西门子 S7-300PLC 和博途软件的参考书。

图书在版编目(CIP)数据

PLC 技术教程及实验指导/熊凌,周利华主编.—武汉:华中科技大学出版社,2021.12(2023.1重印)
ISBN 978-7-5680-7725-5

Ⅰ.①P… Ⅱ.①熊… ②周… Ⅲ.①PLC 技术-教材 Ⅳ.①TM571.61

中国版本图书馆 CIP 数据核字(2021)第 262972 号

PLC 技术教程及实验指导   熊　凌　周利华　主编
PLC Jishu Jiaocheng ji Shiyan Zhidao

策划编辑:王红梅
责任编辑:王红梅
封面设计:秦　茹
责任校对:刘　竣
责任监印:周治超
出版发行:华中科技大学出版社(中国·武汉)　　　电话:(027)81321913
　　　　　武汉市东湖新技术开发区华工科技园　　　邮编:430223
录　　排:武汉市洪山区佳年华文印部
印　　刷:武汉市首壹印务有限公司
开　　本:787mm×1092mm　1/16
印　　张:19.5
字　　数:472 千字
版　　次:2023 年 1 月第 1 版第 2 次印刷
定　　价:56.80 元

前言

2016 年 6 月 2 日,在吉隆坡召开的国际工程联盟大会上,全票通过了我国加入《华盛顿协议》的转正申请。这标志着我国高等工程教育质量在国际上得到认可,加快了我国工程教育国际化步伐。

2017 年 2 月 18 日,教育部在复旦大学召开"综合性高校工程教育发展战略研讨会",第一次公开提出"新工科"概念,并发布了有关新工科的十点共识,即"复旦共识",初步提出了新工科的内涵特征、新工科建设与发展的路径选择等内容。

2018 年 9 月 10 日,全国教育大会在北京召开。中共中央总书记、国家主席、中央军委主席习近平出席会议并发表重要讲话。会上,习近平总书记就"培养什么人""怎样培养人""为谁培养人"的问题作了深刻指示,强调"课程是实现育人目标的重要载体,教材是课程的重要载体",教育对提高人民综合素质、促进人的全面发展、增强中华民族创新创造活力、实现中华民族伟大复兴具有决定性意义。

2020 年 5 月 28 日,教育部印发关于《高等学校课程思政建设指导纲要》的通知。通过"课程思政"示范课程建设,全面提升教师育人意识,推动教师在教学活动中坚持融知识传授、能力培养、思想引导于一体,进一步完善课程育人机制,构建课程育人新体系。

"PLC 技术"是自动化及相关专业的专业课,是每一位自动化及相关专业技术人员必须具备的基本能力之一。基于以上背景要求,《PLC 技术教程及实验指导》试图从课程性质与目标定位,课程内容与教学要求,教材如何体现课程的高阶性、创新性和挑战度等关键问题入手,探索启发式、探究式、合作式等多元化的"教"与"学"方式,在教材中融入"课程思政""新工科"和高等工程教育认证的若干内涵特征,使新形态下的教材内容更有助于培养学生的创新意识、实践能力、解决复杂工程问题能力、自主学习能力、沟通能力与团队协作能力。

本教材的主要特点:

(1) 本教材由四部分组成,即常用低压电器和电气控制线路基础、基于博途软件的 PLC 技术及下位机编程、基于博途软件的 PLC 上位机人机界面开发和实验指导。将继电器接触器线路、PLC 技术、组态技术放在一本教材中,在学习的过程中,自然而然地提高学生解决复杂工程问题能力。

(2) 使用目前应用最为广泛的西门子 S7-300 中大型 PLC 和博途 V15.1 来讲解 PLC 技术及 WinCC 组态方法,培养学生使用现代 PLC 编程工具的工程能力。

(3) 在教材中介绍我国 PLC 技术的研究和发展,并介绍优秀的国产 PLC 产品,激发学生勤勉探究、为实现未来 PLC 国产化而努力学习的爱国情怀。

(4) 教材中所有实例均有电子版的原代码和仿真实验视频,有些例题还有多种解决方案,学生可以通过扫码进行学习,有助于培养学生的创新意识和自主学习能力。

（5）教材的第 9 章为实验指导，实验难度逐步增加，从实验设备的了解，到继电器、接触器线路实验，再到 PLC 的编程、人机界面的开发，最后进行整个系统的联合调试。通过这些实验，可以极大地提升学生团队协作、沟通的意识和实践动手解决复杂工程问题的能力。

本书共分为 9 章，第 1 章讲解低压电器，第 2 章讲解电气控制线路基础，第 3 章是 PLC 概述，第 4 章讲解 S7-300 PLC 硬件组成，第 5 章讲解 TIA 博途 STEP 7 软件使用，第 6 章讲解博途 STEP 7 的基本指令，第 7 章讲解博途 STEP 7 编程，第 8 章讲解博途 WinCC 人机界面开发，第 9 章为实验。

本书由武汉科技大学熊凌和江汉大学周利华主编。参与本次教材编写的还有武汉科技大学的赵云涛、游向荣、陈国年、冯朝晖和周红军，江汉大学的郭振海和范志顺，湖南开放大学的肖林伟。具体分工为：游向荣负责第 1、2 章编写，熊凌负责第 3 章编写，郭振海、范志顺负责第 4、5 章编写，周利华、肖林伟负责第 6 章编写，周红军、游向荣负责第 7 章编写，赵云涛负责第 8 章编写，陈国年、冯朝晖负责第 9 章编写。武汉科技大学本科生黄辰昭、丁亦洛、潘戬和刘珈彤同学辅助完成了全书例题的仿真工作。

在编写本书的过程中，编者查阅并参考了西门子公司 2018 年 10 月编撰的 STEP 7 和 WinCC Engineering V15.1 系统手册，还参考了前辈或同行的相关著作，在此一并表示感谢。

需要特别指出的是，本书编写过程中还得到武汉科技大学教务处、信息科学与工程学院、汽车与交通工程学院、江汉大学智能制造学院、湖南开放大学等院校领导的支持。在本书出版之际，请允许我向所有对于本书编写、出版提供过帮助与支持的领导、老师及同学们表示衷心的感谢！

由于编者水平有限，书中难免有疏漏与错误，恳请广大读者和师生进一步批评和建议。

编　者

2021 年 12 月

目　录

1

低压电器

1.1 概述

目前电力拖动系统已向无触点、连续控制、弱电化、微机控制等方向发展,但由于继电器-接触器控制系统所用的控制电器结构简单、价格低廉且能满足一般的生产要求,因此,目前依然获得广泛的应用。低压电器是继电器-接触器控制系统的基本组成元件,其性能直接影响着系统的可靠性、先进性以及经济性,是电气控制技术的基础。本章主要介绍常用低压电器的结构、工作原理以及使用方法等相关知识,并根据当前电器发展状况简要介绍新型电器元器件。

1.1.1 低压电器的概念和分类

低压电器是一种能根据外界的信号和要求,手动或自动地接通、断开电路,以实现对电路或非电对象的切换、控制、保护、检测、变换和调节的元件或设备。根据我国现行低压电器基本标准,将工作在交流 1200 V(50 Hz)以下、直流 1500 V 以下的电器称为低压控制电器。低压电器的种类繁多,按其用途可分为配电电器、保护电器、主令电器、控制电器和执行电器等。具体分类及用途如表 1-1 所示。

表 1-1 常用低压电器的分类及用途

类 别	电器名称	用 途
配电电器	刀开关	主要用于低压供电系统。主要技术要求:分断能力强,限流效果好,动稳定性和热稳定性好
	熔断器	
	断路器	
保护电器	热继电器	主要用于对电路和电气设备进行安全保护。主要技术要求:具有一定的通断能力,反应灵敏度高,可靠性高
	电流继电器	
	电压继电器	
	漏电保护断路器	

类　别	电器名称	用　途
主令电器	按钮	主要用于发送控制指令。主要技术要求:操作频率要高,抗冲击,电气和机械寿命要长
	行程开关	
	万能转换开关	
	主令控制器	
	接近开关	
控制电器	接触器	主要用于电力拖动系统的控制。主要技术要求:有一定的通断能力,操作频率要高,电气和机械寿命要长
	时间继电器	
	速度继电器	
	压力继电器	
	中间继电器	
执行电器	电磁铁	主要用于执行某种动作和实现传动功能
	电磁阀	
	电磁离合器	

1.1.2　电磁式低压电器的基本结构和工作原理

　　低压电器种类繁多,广泛应用于各种场合。其中,电磁式低压电器是低压电器中最典型也是应用最广泛的一种电器。控制系统中的接触器和继电器就是两种最常用的电磁式低压电器。虽然电磁式低压电器的类型很多,但它的工作原理和构造基本相同,主要由电磁机构、触头以及灭弧装置三部分组成。

1. 电磁机构

　　电磁机构是低压电器的感测部件,主要由电磁线圈、铁芯以及衔铁三部分组成,其作用是将电磁能转换成机械能,带动触头动作,以控制电路的接通或断开。电磁线圈按接入电流的种类不同,可分为直流线圈和交流线圈,与之对应的电磁机构有直流电磁机构和交流电磁机构。

　　常用交流电磁机构的结构主要有以下三种形式:衔铁沿棱角转动的拍合式铁芯,多用于直流电器中,如图 1-1(a)所示;衔铁沿轴转动的拍合式铁芯,多用于触头容量较大的交流电器中,如图 1-1(b)所示;衔铁直线运动的双 E 型直动式铁芯,多用于交流接触器、继电器中,如图 1-1(c)所示。

| (a) | (b) | (c) |

图 1-1　常用电磁机构的结构形式

在交流电磁机构中,由于铁芯存在磁滞和涡流损耗,铁芯和线圈均易发热,因此在铁芯与线圈之间留有散热间隙,线圈做成有骨架的、短而厚的矮胖型,以便于散热;铁芯采用硅钢片叠成,以减小涡流。

在直流电磁机构中,由于电流恒定,电磁机构中不存在涡流损失,铁芯不会发热,只有线圈发热。因此,铁芯和衔铁用软钢或工程纯铁制成,线圈做成无骨架、高而薄的瘦高型,以便于线圈自身散热。

2. 触头

触头又称触点,是有触点电器的执行部分,用于控制电路的接通与断开。触头由动、静触点两部分组成。

触点的接触形式主要有点接触形式(如球面对球面、球面对平面),面接触形式(如平面对平面)以及线接触形式(如圆柱对平面、圆柱对圆柱)三种,如图 1-2 所示。其中,点接触形式触点主要用于小电流的电器中,如接触器的辅助触点和继电器的触点;面接触形式的触点因接触面大,允许流过较大的电流,但接触表面一般需镶有合金,以减小触点接触电阻、提高耐磨性,多用于较大容量接触器的主触点;线接触形式的触点的接触区域是一条直线,触点在通断过程中有滚动动作,多用于中等容量的触点,如直流接触器的主触点。在常用的继电器和接触器中,触头的结构形式主要有单断点指形触头和双断点桥式触头两种。

（a）点接触桥式触头　　　　　　（b）面接触桥式触头　　　　　　（c）线接触指形触头

图 1-2　触头的结构形式

3. 灭弧装置

当切断电路时,触点之间由于电场的存在易产生电弧。电弧实际上是触点间气体在强电场作用下产生的放电现象。该放电现象易烧灼触点的金属表面,缩短电器的使用寿命,且电弧易造成电源短路事故,因此切断电路时需要迅速将电弧熄灭。

常用的灭弧方法主要有多断点灭弧、磁吹灭弧、灭弧栅以及灭弧罩等方法。

1.2　开关电器

开关电器广泛应用于配电系统和电力拖动控制系统,主要用于电气线路的电源隔离、电气设备的保护和控制。常用的开关电器主要有刀开关、低压断路器、隔离开关、转换开关(组合开关)、自动空气开关(空气断路器)等。

1.2.1　刀开关

刀开关主要用于电源隔离,以及用于切断非频繁地接通和断开的、容量较小的低压配电线路,如不经常启动及制动、容量小于 7.5 kW 的异步电动机。刀开关是一种结构最简单、应用最广泛的手动电器,主要由操作手柄、触刀、静触头、绝缘底板等组成。按刀数不同,刀开关可分为单极、双极和三极三种。图 1-3 所示的是刀开关的实物图与图形符号、文字符号。

（a）图形及符号　　　　　　　　　（b）实物图

图 1-3　刀开关

刀开关的主要技术参数如下。

（1）额定电压:即刀开关在长期工作中能承受的最大电压。目前生产的刀开关的额定电压一般在交流 500 V 以下、直流 440 V 以下。

（2）额定电流:即刀开关在合闸位置允许长期通过的最大工作电流。目前,小电流刀开关的额定电流有 10 A、15 A、20 A、30 A、60 A 五种;大电流刀开关的额定电流一般有 100 A、200 A、400 A、600 A、1000 A、1500 A 六种。

（3）稳定性电流:即发生短路事故时,刀开关不产生形变、破坏或触刀自动弹出现象的最大短路峰值电流。一般刀开关的稳定性电流为其对应的额定电流的数十倍。

（4）操作次数:刀开关的使用寿命分为机械寿命和电气寿命两种。机械寿命是指刀开关不带电时所能达到的操作次数;电气寿命是指在额定电压下刀开关能可靠地分断额定电流的总次数。

所有这些技术参数是刀开关选型的主要依据。选型时,刀开关的额定电压、额定电流应大于或等于分断电路中各个负载的额定电压、额定电流的总和。

1.2.2　低压断路器

低压断路器也称自动空气开关,用于接通和分断负载电路,以及控制不频繁启动的电动机。当发生严重的过载、短路或欠电压等故障时,低压断路器能自动切断电路,是广泛应用于低压配电线路中的一种保护电器。低压断路器按极数不同,可分为单极、双极、三极和四极;按灭弧介质不同,可分为空气式和真空式。

1. 低压断路器的结构与工作原理

低压断路器主要由三个基本部分组成:主触头、灭弧装置和各种脱扣器。主触头是断路器的执行元件,用于接通和分断主电路。脱扣器是断路器的感受元件,主要有过电流脱扣器、热脱扣器、欠电压和失电压脱扣器、自由脱扣器等。低压断路器的工作原理是:利用操作机构将开关手动或电动合闸,主触头闭合,自由脱扣器将触头锁定在合闸位置上;出现故障时,各脱扣器感测到故障信号后,经自由脱扣器使主触头分断,从而起到保护作用,如图 1-4 所示。

当电路发生短路或严重过载时,过电流脱扣器的衔铁吸合,使脱扣机构动作,主触

（a）结构图

（b）实物图

（c）图形及符号

图 1-4 低压断路器

点断开电路；当电路过载时，热脱扣器的热元件发热使双金属片向上弯曲，推动自由脱扣机构动作；当电路欠电压时，欠电压脱扣器的衔铁释放，也使得自由脱扣器动作。分励脱扣器主要用于远距离控制，在正常工作时，其线圈是断电的；在需要远距离控制时，按下按钮，使线圈通电，衔铁带动自由脱扣机构动作，使主触点断开。

2. 低电压断路器的主要技术参数

（1）额定电压：即断路器在长期工作时所能允许的最大工作电压。通常大于或等于电路的额定电压。

（2）额定电流：即断路器在长期工作时所能允许的最大持续工作电流。

（3）通断能力：是指断路器在规定的电压、频率以及规定的线路参数下，所能接通和分断的短路电流值。

（4）分断时间：是指断路器切断故障电流所需的时间。

3. 低电压断路器的选择

低电压断路器的主要技术参数是选择低电压断路器的主要依据，一般应遵循以下规则：

（1）额定电流、电压应大于或等于线路、设备的正常工作电压和工作电流；

（2）热脱扣器的整定电流与所控制的负载的额定电流一致；

（3）欠电压脱扣器的额定电压等于线路的额定电压；

（4）过电流脱扣器的额定电流大于或等于线路的最大负载电流。

1.3 熔 断 器

熔断器是一种基于电流热效应和发热元件热熔断原理设计的电器元件,当电流超过额定值一定时间后,发热元件产生的热量使熔体迅速熔化而切断电路。熔断器具有结构简单、体积小、使用维护方便、分断能力较强、限流性能良好等特点,广泛应用于电气设备的短路保护和过流保护中。

1.3.1 熔断器的结构与工作原理

熔断器主要由熔体、熔断管及导电部件三部分组成。其中,熔体是主要组成部分,它既是感测元件又是执行元件;一般由易熔金属材料(铅、锡、锌、银、铜及其合金)制成丝状、片状、带状或笼状,串联于被保护电路中。熔断管一般由硬质纤维或瓷质绝缘材料制成半封闭式或封闭式管状外壳,熔体装于其内,其作用是便于安装熔体和有利于熔体熔断熄灭电弧。熔断管中的填料一般使用石英砂,起分断电弧且吸收热量的作用,可使电弧迅速熄灭。

熔断器工作时熔体串联在被保护电路中,负载电流流过熔体,熔体发热。当电路正常工作时,熔体的最小熔化电流大于额定电流,熔体不会熔断;当电路发生短路或过电流时,熔体的最小熔化电流小于电路工作电流,熔体的温度升高,且将达到熔体金属熔化温度,熔体自行熔断,从而分断故障电路,起到保护作用。

1.3.2 熔断器的保护特性

熔断器的保护特性亦称融化特性,是指流过熔体的熔化电流与熔化时间之间的关系,如图 1-5 所示。在保护特性中有一条熔断电流与不熔断电流的分界线,与之对应的电流就是最小熔化电流 I_{min} 和熔体额定电流 I_N。当熔体通过的电流等于或大于 I_{min} 时,熔体熔断;当熔体通过的电流小于 I_{min} 时,熔体不熔断;而且熔体在额定电流 I_N 时,熔体不熔断。熔断器的保护特性,具有反时限特性,即流过熔体的电流越大,熔断时间越短;在一定的过载电流范围内,熔断器不会立即熔断,可继续使用。

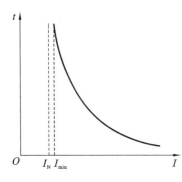

图 1-5 熔断器的保护特性

定义 $K_r = I_{min}/I_N$ 为熔断器的熔化系数,即最小熔化电流 I_{min} 与熔体额定电流 I_N 的比值,它反映了熔断器保护小倍数过载时的灵敏度。当小倍数过载时,K_r 较小对过载保护有利,但不宜太小。若 $K_r \gg 1$ 时,熔体在额定电流下的工作温度将会过高,而且还可能因为保护特性本身的误差而发生熔体在额定电流下也熔断的现象,从而影响熔断器工作的可靠性。

熔化系数主要取决于熔体的材料、结构以及工作温度。不同材料的熔断器有着不同的熔断特性。低熔点的金属材料(如铅锡合金、锌等)作为熔体时,熔化所需热量小,融化系数较小,有利于过载保护;但由于电阻系数较大、熔体截面积较大,熔断时易产生较多的金属蒸气,不利于灭弧,因此不利于分断,分断能力较低。高熔点的金属材料(如银、铝、铜等)作为熔体时,熔化所需热量大,融化系数较大,熔断器易过热,且不利于过载保护;但由于电阻系数低、熔体截面积较小,有利于灭弧,分断能力高。因此,不同熔体材料的熔断器,在电路中起保护作用的侧重点是不同的。

1.3.3 熔断器的主要参数及选择

1. 熔断器的主要参数

(1) 额定电压:指熔断器长期工作时和分断后能够承受的电压,其值一般等于或大于电气设备的额定电压。熔断器的交流额定电压有 220 V、380 V、415 V、500 V、600 V、1140 V,直流额定电压有 110 V、220 V、440 V、800 V、1000 V、1500 V。

(2) 额定电流:指熔断器长期工作时,各部件温升不超过规定值时所能承受的电流。额定电流有两种:一种是熔断管的额定电流,也称熔断器额定电流;另一种是熔体的额定电流。厂家为了减少熔断管的规格,熔断管的额定电流等级比较少;熔体的额定电流等级比较多。也就是说,在一个额定电流等级的熔断管内可以分几个额定电流等级的熔体,但熔体的额定电流最大不能超过熔断管的额定电流。

(3) 极限分断能力:指在规定的额定电压和功率因数(或时间常数)的条件下,能可靠分断的最大短路电流值。

2. 熔断器的选择

熔断器的选择主要是熔断器类型的选择和熔体额定电流的选择。

1) 熔断器类型的选择

选择熔断器类型的主要依据是使用场合、负载的保护特性以及短路电流的大小。如对于容量较小的电动机和照明支路,一般考虑过载保护,通常选用铅锡合金熔体的 RQA 系列的熔断器;对于较大容量的电动机和照明干路,则需着重考虑短路保护和分断能力,通常选用具有较高分断能力的 RM10 和 RL1 系列的熔断器;当短路电流很大时,则应选用具有限流作用的 RT0 和 RT12 系列的熔断器。

2) 熔体额定电压和电流的选择

(1) 熔断器的额定电压选择必须等于或大于熔断器所在电路的额定电压;

(2) 保护无启动过程的平稳负载(如照明线路、电阻、电炉等)时,熔体额定电流应略大于或等于负载电路中的额定电流;

(3) 保护单台长期工作的电机熔体电流应按最大启动电流选取,也可按下式选取:

$$I_{RN} \geqslant (1.5 \sim 2.5) I_N$$

式中:I_{RN} 为熔体额定电流,I_N 为电动机额定电流。如果电动机频繁启动,式中系数 $1.5 \sim 2.5$ 应适当加大至 $3 \sim 3.5$,具体应根据实际情况而定。

(4) 保护多台长期工作的电动机可按下式选取:

$$I_{RN} \geqslant (1.5 \sim 2.5) I_{Nmax} + \sum I_N$$

式中:I_{Nmax} 为容量最大的单台电机的额定电流,$\sum I_N$ 为其余电动机额定电流之和。

3. 熔断器的型号和电气符号

熔断器的典型产品有 R16、R17、RL96、RLS2 系列螺旋式熔断器,RL1B 系列带断相保护螺旋式断路器,RT14 系列有填料封闭式断路器。熔断器型号的含义和电气图形、符号如图 1-6 所示。

（a）熔断器型号含义　　　　　　　　　　（b）熔断器的电气图形符号

图 1-6　熔断器

1.3.4　常用熔断器

常用熔断器主要有插入式、螺旋式、封闭管式、自复式熔断器以及快速熔断器等类型，实物图如图 1-7 所示。

（a）插入式熔断器　　　（b）螺旋式熔断器　　　（c）有填料封闭式熔断器　　（d）无填料封闭式熔断器

图 1-7　几类熔断器实物图

（1）插入式熔断器：常用的产品有 RC1A 系列，常用于 380 V 及以下的低压线路的短路保护，由于其分断能力较小，一般多用于民用和照明电路中。

（2）封闭管式熔断器：封闭管式熔断器可分为无填料、有填料两种。无填料式熔断器将熔体装入密闭式圆筒中，分断能力稍小，如 RM10 系列，主要用于低压电力网络成套配电设备（500 V 以下、600 A 以下电力网或配电设备）的短路保护和连续过载保护。有填料熔断器一般用方形瓷管内装石英砂及熔体，具有较大的分断能力，如 RT12、RT14、RT15 系列，主要用于较大电流的电力输配电系统中（电压等级 500 V 以下、电流等级 1 kA 以下）的电路中。

（3）螺旋式熔断器：螺旋式熔断器的熔管内装有石英砂或惰性气体，用于熄灭电弧，具有较高的分断能力，并带有熔断指示器，当熔体熔断时指示器自动弹出。主要用于电压等级 500 V 及其以下、电流等级 200 A 以下的电路中，且由于有较好的抗震性能，常用于机床电气控制设备中。

（4）自复式熔断器：自复式熔断器是一种新型熔断器，如 RZ1 系列，它采用金属钠作为熔体，在常温下具有高电导率，允许通过正常的工作电流。当电路发生短路故障时，短路电流产生高温使钠迅速气化；气态钠呈现高阻态，从而限制了短路电流；当短路电流消失后，温度下降，金属钠重新固化，恢复原来的良好导电性能。因此，自复式熔断器的优点是不必更换熔体，能重复使用。但只能限制短路电流，不能真正切断故障电路，一般与断路器配合使用。

（5）快速熔断器：快速熔断器主要用于半导体整流元件或整流装置的短路保护，如 RS3 系列，由于半导体元件的过载能力很低，只能在极短时间内承担较大的过载电流，因此要求熔断器具有快速短路保护的能力。

1.4　接触器

接触器是一种用来频繁接通或分断大容量控制电路或其他交、直流负载电路的控制电器,其主要控制对象是电动机、电热设备、电焊机、电容器组等负载。接触器具有控制容量大、过载能力强、体积小、价格低、寿命长、维护方便等特点,并且可用于实现频繁的远距离自动控制,因此用途十分广泛。

1.4.1　接触器的用途及分类

接触器最主要的用途是控制电动机的启动、反转、制动和调速等,因而它是电力拖动控制系统中最重要也是最常用的控制电器之一。它具有低电压释放保护功能,具有比工作电流大数倍乃至十几倍的接通和分断能力,但不能分断短路电流。它是一种执行电器,即使在先进的可编程控制器应用系统中,它一般也不能被取代。

接触器种类很多,按驱动方式不同,可分为电磁式、气动式和液压式,以电磁式应用最广泛;按接触器触点控制的电路中电流种类不同,可分为交流接触器和直流接触器两种;按其主触点的极数(即主触点的个数)不同,可分为单极、双极、三极、四极和五极等多种。本节介绍电磁式接触器。

1.4.2　接触器的结构及工作原理

1. 接触器的结构

图 1-8 是接触器的结构示意图与实物图,它由以下五个部分组成。

（a）结构示意图　　　　　　（b）交流接触器CJ20系列实物图

图 1-8　交流接触器

（1）电磁机构:电磁机构由吸引线圈、铁芯和衔铁组成。铁芯一般是双 E 形衔铁直动式电磁机构,有的衔铁采用绕轴转动的拍合式电磁机构,其作用是将电磁能转换为机械能,产生电磁吸力带动触点动作。

（2）主触点和灭弧系统:根据主触点的容量大小不同,有桥式触点和指形触点两种结构形式,且直流接触器和电流在 20 A 以上的交流接触器均装有灭弧罩,有的还带栅片或磁吹灭弧装置。主要用于通断主电路。

（3）辅助触点：有常开和常闭两种辅助触点，在结构上它们均为桥式双断点，其容量较小。接触器安装辅助触点的目的是使其在控制电路中起联动作用，用于和接触器相关的逻辑控制。辅助触点允许通过的电流较小，不装灭弧装置，所以它不能用来分合主电路。

（4）反力装置：由释放弹簧和触点弹簧组成，且它们均不能进行弹簧松紧的调节。

（5）支架和底座：用于接触器的固定和安装。

2. 接触器的工作原理

当线圈通电后，在铁芯中产生磁通和电磁吸力。电磁吸力克服弹簧反作用力，使衔铁产生闭合动作；在衔铁的带动下，主触点闭合接通主电路；同时，衔铁还带动辅助触点动作，使得常闭辅助触点断开、常开辅助触点闭合。当线圈断电或电压显著降低时，电磁吸力消失或减弱，当电磁吸力小于弹簧的反作用力，衔铁释放，使得主、辅触点复位。因此，接触器通过线圈的得电与失电，带动触头的分与合，实现主电路与控制电路的接通与断开。

1.4.3 接触器的技术参数与选择

1. 接触器的主要技术参数

（1）额定电压：接触器铭牌上标注的额定电压是指主触点之间额定工作电压值，也就是主触点所在电路的电源电压。直流接触器额定电压有 110 V、220 V、440 V、660 V 等几种，交流接触器额定电压有 110 V、220 V、380 V、500 V、660 V 等几种。

（2）额定电流：接触器铭牌上标注的额定电流是指主触点在额定工作电压下的允许额定电流值。交、直流接触器额定电流均有 5 A、10 A、20 A、40 A、60 A、100 A、150 A、250 A、400 A、600 A 等几种。

（3）线圈的额定电压：是指接触器正常工作时，吸引线圈上所加的电压值。直流接触器线圈额定电压等级有 24 V、48 V、110 V、220 V、440 V 等几种，交流接触器线圈额定电压等级有 36 V、110 V、220 V、380 V 等几种。需注意：线圈额定电压一般标注于线包上，而不是接触器铭牌上。

（4）通断能力：指主触点在规定条件下能可靠地接通、分断的电流值，可分为最大接通电流和最大分断电流。最大接通电流是指主触点接通时不会造成触点熔焊的最大电流值；最大分断电流是指主触点断开时能够可靠灭弧的最大电流。

一般接通、分断的电流值为额定电流的 5~10 倍，且与通断电路的电压等级有关，电压越高，通断能力越弱。当然，接触器的使用类别不同对主触点的接通和分断能力的要求也不一样，而不同类别的接触器是根据其不同控制对象的控制方式所规定的。

（5）额定操作频率：指每小时允许的最大操作次数。交流接触器最高为 600 次/h，而直流接触器最高为 1200 次/h。操作频率直接影响到接触器的寿命，原因在于：接触器在吸合瞬间，线圈将产生较大的冲击电流，若操作频率过高，线圈频繁通断，线圈长时间通过大电流将造成严重发热，直接影响接触器的正常使用。

（6）动作值：可分为吸合电压和释放电压。吸合电压是指接触器吸合时，缓慢增加吸合线圈两端的电压，接触器可以吸合时的最小电压；释放电压是指接触器吸合后，缓慢降低吸合线圈的电压，接触器释放时的最大电压。一般规定，吸合电压不低于线圈额定电压的 85%，释放电压不高于线圈额定电压的 70%。

2. 接触器的选择及符号含义

1）接触器的选择

接触器广泛应用于各种控制系统中，应根据不同使用条件、负荷类型以及工作参数正确选用，以保证接触器可靠运行。

接触器选用的主要依据有以下几个方面。

（1）交流负载选用交流接触器，直流负载选用直流接触器；若控制系统中主要是交流电动机，而直流电动机或直流负载的容量较小，则选用交流接触器，但触点的额定电流应选大些。

（2）接触器主触点的额定电压，应大于或等于负载回路的额定电压。

（3）接触器主触点的额定电流，应大于或等于负载额定电流，在实际使用中还需考虑环境因素的影响，如柜内安装或高温条件时应适当增大接触器的额定电流。

（4）接触器吸引线圈的电压，考虑人身和设备安全，该电压值一般需选择低一些，比如 36 V 等；但当控制电路比较简单，用电不多时，为了节省变压器，则选用 220 V、380 V。

此外，在选用接触器时，还需考虑接触器的触点数量、种类等是否满足控制电路的要求。

2）接触器符号及含义

接触器型号中各字符的含义如图 1-9 所示，在电路图中图形符号如图 1-10 所示，文字符号为 KM。

图 1-9　CZ18 系列接触器型号及含义

（a）吸引线圈　（b）常开主触点　（c）常开辅助触点　（d）常闭辅助触点

图 1-10　接触器图形符号及文字符号

1.5　继　电　器

继电器是根据输入信号的变化来接通或断开小电流控制电路，实现远距离控制和保护的自动控制电器。其输入可以是电量信号，也可以是非电量信号，如电流、电压、温度、时间、速度、压力等；输出的是触头的动作或者是电路参数的变化。

继电器的种类繁多，按工作原理不同，可分为电磁式继电器、热继电器、感应式继电器、电动式继电器、电子式继电器等；按输入信号的性质不同，可分为电压继电器、电流继电器、时间继电器、热继电器、速度继电器、压力继电器等;按输出形式不同,可分为有触点继电器和无触点继电器两类;按用途不同,可分为控制用继电器和保护用继电器等。本节主要介绍几种常用的继电器。

1.5.1 电磁式继电器

电磁式继电器的结构和工作原理与电磁式接触器的相似,也是由电磁机构和触点系统组成。与接触器的主要区别在于:继电器的输入信号是多种电量或非电量信号,而接触器的输入信号只是一定的电压信号;继电器的功能是切换小电流的控制电路和保护电路,不能用来分断和接通负载电路,而接触器的功能是控制大电流的负载电路;继电器没有灭弧装置,也无主辅触点之分。由于电磁式继电器结构简单、价格低廉、使用维护方便,因此广泛地应用于控制系统中。图 1-11 所示的是几类常用电磁式继电器的实物图。

　(a)电磁式电压继电器　　　　(b)电磁式电流继电器　　　　(c)中间继电器

图 1-11　继电器实物图

1. 电磁式电压继电器

电压继电器主要用于电力拖动系统的电压保护和控制,其触点的动作与线圈的电压大小有关。使用时,继电器的线圈需并联接入主电路,触点则接于控制电路。为了防止并联在主电路的线圈分流过大,一般要求线圈的匝数多、导线细、阻抗大。按线圈电流的种类不同,可分为交流电压继电器和直流电压继电器;按吸合电压大小不同,又可分为过电压继电器和欠电压继电器。

过电压继电器主要用于线路的过电压保护,其吸合整定值为被保护线路额定电压的 1.1～1.2 倍。当线圈为额定电压时,衔铁不产生吸合动作;只有当线圈电压高于其额定电压,达到线圈的吸合整定值时,衔铁才产生吸合动作。由于直流电路不会产生波动较大的过电压现象,所以在产品中没有直流过电压继电器。交流过电压继电器在电路中做保护作用。

欠电压继电器主要用于线路的欠电压保护,其特点是释放电压很低,在电路中做低电压保护。一般释放整定值为被保护线路额定电压的 0.4～0.7 倍。当线圈为额定电压时,衔铁可靠吸合不动作;当线圈电压降低到线圈的释放整定值时,衔铁产生释放动作,触点复位,控制接触器及时分断被保护电路。

电压继电器的图形符号如图 1-12 所示,文字符号为 KV。其中图 1-12(a)所示的为过电压继电器的线圈与常开、常闭触点的符号,图 1-12(b)所示的为欠电压继电器的线圈与常开、常闭触点的符号。

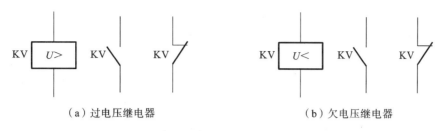

（a）过电压继电器 （b）欠电压继电器

图 1-12 电压继电器的图形符号及文字符号

选用电压继电器时,首先要注意线圈电流的种类和电压等级应与控制电路一致。另外,根据在控制电路中的作用(是过电压还是欠电压)选型。最后,要按控制电路的要求选择触点的类型(是常开还是常闭)和数量。

2. 电磁式电流继电器

电流继电器主要用于电力拖动系统的电流保护和控制,其触点的动作与线圈的电流大小有关。使用时,继电器的线圈需串联接入主电路,触点则接于控制电路。为了减小串联在主电路的线圈分压的影响,一般要求线圈的匝数少、导线粗、阻抗小。按线圈电流的种类不同,可分为交流电流继电器和直流电流继电器;按吸合电流大小不同,又可分为过电流继电器和欠电流继电器。

过电流继电器主要用于线路的过电流保护,其过电流整定值为被保护线路额定电流的 1.1~3.5 倍。正常工作时,线圈中流有负载电流,当电路产生冲击性的、低于整定值的过电流时,衔铁不产生吸合动作;只有当电流高于其额定电流,且达到线圈的电流整定值时,衔铁才产生吸合动作,从而带动触点动作,控制电路失电,对电路起过电流保护作用。在电力拖动系统中,冲击性的过电流故障时有发生,常采用过电流继电器做电路的过电流保护。

欠电流继电器主要用于线路的欠电流保护,其特点是释放电流低,在电路中做欠电流保护。一般吸引电流为额定电流的 0.3~0.65 倍,释放电流为额定电流的 0.1~0.2 倍。当电路正常工作时,衔铁可靠吸合不动作;只有当线圈电流降低到线圈的释放整定值时,衔铁产生释放动作,触点复位,控制电路失电,从而控制接触器及时分断被保护电路。在直流电路中,由于某种原因而引起负载电流的降低或消失往往导致严重的后果(如直流电动机的励磁回路断线),因而在产品上有直流欠电流继电器,而没有交流欠电流继电器。

电流继电器图形符号如图 1-13 所示,文字符号为 KI。其中图 1-13(a)所示的为过电流继电器的线圈与常开、常闭触点的符号,图 1-13(b)所示的为欠电流继电器的线圈与常开、常闭触点的符号。选用电流继电器时,首先要注意线圈电流的种类和等级,应与负载电流一致。另外,根据对负载的保护作用(是过电流还是欠电流)来选用电流继

（a）过电流继电器 （b）欠电流继电器

图 1-13 电流继电器的图形符号及文字符号

电器的类型。最后,要根据控制系统的要求选触点的类型(是常开还是常闭)和数量。

3. 中间继电器

中间继电器的触点数量较多,其作用主要是将一个输入信号变成多个输出信号,或将输入信号放大,属于电压继电器的一种;在电路中主要用于扩展触点的数量,实现逻辑控制。中间继电器的结构原理与接触器相似,且也有交、直流之分,分别应用于交流控制电路和直流控制电路。

中间继电器的主要技术参数有额定电压、额定电流、触点对数以及线圈电压种类和规格等。选用时,要注意线圈的电流种类和电压等级应与控制电路一致。另外,要根据控制电路的需求来确定触点的形式和数量。当一个中间继电器的触点数量不够用时,也可以将两个中间继电器并联使用,以增加触点的数量。

中间继电器的图形符号如图 1-14 所示,文字符号为 KA。

图 1-14 中间继电器的图形符号及文字符号

常用的中间继电器有 JZ7 系列,以 JZ7-62 为例。JZ 为中间继电器的代号,7 为设计序号,有 6 对常开触点、2 对常闭触点。表 1-2 所示的为 JZ7 系列的主要技术数据。

表 1-2 JZ7 系列中间继电器的技术数据

型 号	触点额定电压/V	触点额定电流/A	触点对数		吸引线圈电压/V	额定操作频率/(次/h)
			常开	常闭		
JZ7-44			4	4		
JZ7-62	500	5	6	2	交流 50 Hz 系列为 12,36,127,220,380	1200
JZ7-80			8	0		

新型中间继电器触点在闭合过程中,其动、静触点间有一段滑动、滚压过程。该过程可以有效地清除表面的各种生成膜及尘埃,减小了接触电阻,提高了接触可靠性。有的中间继电器还装了防尘罩或采用密封结构等措施,提高了可靠性。有些中间继电器安装在插座上,插座有多种型号可供选择;有些中间继电器可直接安装在导轨上,安装和拆卸均很方便。

4. 时间继电器

从得到输入信号(线圈的通电或断电)开始,经过一定的时间后才输出信号(触点的闭合或断开)的继电器,称为时间继电器。

时间继电器的延时方式有两种,即通电延时型和断电延时型。通电延时型时间继电器是接收输入信号后延迟一定的时间,输出信号才发生变化;当输入信号消失后,输出瞬时复原;即线圈通电吸合后触点延时动作,但线圈失电时触点瞬时复位。断电延时型时间继电器是接收输入信号时,瞬时产生相应的输出信号;当输入信号消失后,延时一定的时间,输出信号才发生变化;即线圈断电释放后触点延时动作,但线圈得电时触点瞬时复位。时间继电器常开、常闭触点可以通电延时或断电延时,因此延时动作触点共有四类。时间继电器也有瞬时动作触点,其图形符号如图 1-15 所示,文字符号为 KT。

（a）通电延时线圈　　（b）通电延时型常开触点　　（c）通电延时型常闭触点　　（d）断电延时线圈

（e）断电延时型常开触点　　（f）断电延时型常闭触点　　（g）线圈一般图形　　（h）瞬时触点

图 1-15　时间继电器图形符号及文字符号

在区别触点符号类别时要注意两点:一是触点的动作类别,即是动合触点还是动断触点,它的区别方法与瞬动触点相同;另一个是延时类别,即是通电延时还是断电延时,这一点可通过图形符号中类似于圆弧的图形要素来区分,从圆弧顶向圆心移动的方向就是触点延时动作的方向,如图 1-16 所示。

指向触点延时动作的方向

图 1-16　时间继电器触点的延时符号要素及含义

传统的时间继电器是利用电磁原理或机械动作原理实现触点延时接通或断开,其种类繁多,常用的有:电磁式、电动式、空气阻尼式时间继电器等。传统的时间继电器普遍存在延时时间较短、准确度较低等缺点,一般用于延时精度要求不高的场合。

随着电子技术的发展,电子式时间继电器近几年发展十分迅速。在这类时间继电器中,除执行器件继电器外,其他器件均由电子元件组成,没有机械部件,因而具有寿命长、精度高、体积小、延时范围大,控制功率小等优点,已得到广泛应用。

目前,一些厂家生产的 JS14P、JS14S、JS11S 和 JS11 系列电子式时间继电器均采用拨码开关整定延时时间,采用显示器件直接显示定时时间和工作状态,具有直观、准确、使用方便等特点,其具体技术参数可查阅产品说明书。图 1-17 所示的是几类时间继电器实物图。

图 1-17　时间继电器的实物图

此外,已有厂家引进了目前国际上最新式的 ST 系列超级时间继电器,其内部装有时间继电器专用的大规模集成电路,并使用高质量薄膜电容器和陶瓷可变电阻器,减少了元器件的数量,缩小了体积,增加了可靠性,提高了抗干扰能力;另外,还采用了高精度振荡电路和高频率分频电路,保证了高精度和长延时。因此,它是一种体积小、质量轻、可靠性极高的小型时间继电器。

1.5.2 热继电器

1. 热继电器功能与分类

在电力拖动控制系统中,当三相交流电动机出现长期带负荷欠电压运行、长期过载运行以及长期单相运行等不正常情况时,电动机绕组会发生过热现象;该现象将加剧电动机绕组绝缘的老化,缩短电动机的使用年限,严重时会烧毁电动机。因此,为了充分发挥电动机的过载能力,保证电动机的正常启动和运转,必须对电动机进行过载保护。热继电器是用作电动机的过载保护以及电动机的断相保护的电器元件。当电动机出现长时间过载或长期单相运行等不正常情况时,热继电器能自动切断电路,从而起到保护电动机的作用。

热继电器主要利用电流的热效应原理以及发热元件热膨胀原理设计而成,用于实现三相交流异步电动机的过载保护。但由于热继电器中发热元件有热惯性,在电路中不能做到瞬时过载保护,更不能做短路保护,因此它不能替代电路中的熔断器和过电流继电器。

按相数来分,热继电器有三种类型:单相、两相以及三相式。其中,三相式热继电器常用于三相交流电动机做过载保护。每种类型的热继电器按发热元件的额定电流的不同,有不同的规格和型号。按功能来分,三相式热继电器有不带断相保护和带断相保护两种类型。

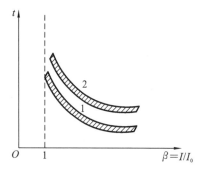

图 1-18 电动机的过载特性和热继电器的保护特性及其配合

2. 热继电器的保护特性

热继电器的触点动作时间与被保护的电动机过载程度有关。因此,在分析热继电器工作原理之前,必须先明确电动机的过载特性。电动机过载特性是指电动机的过载电流与电动机通电时间的关系,它反映了电动机过载程度。当电动机运行中出现过载电流时,绕组发热;根据热平衡关系,在允许温升条件下,电动机通电时间与其过载电流的平方成反比。因此,电动机的过载特性具有反时限特性,如图 1-18 中的曲线 1 所示。

为了适应电动机的过载特性且起到过载保护作用,要求热继电器也应具有类似电动机过载特性的反时限特性。热继电器的保护特性是指通过的过载电流与热继电器触点动作时间的关系,如图 1-18 中曲线 2 所示。热继电器中含有电阻性发热元件;当过载电流通过热继电器时,发热电阻产生的热效应和热膨胀效应使感测元件动作,从而带动热继电器的触点动作,实现保护作用。

考虑到各种误差的影响,电动机的过载特性和继电器的保护特性都不可能是一条曲线,而是一条带子。当误差越大时,带子越宽;误差越小时,带子越窄。

由图 1-18 中的曲线 1 可知,电动机出现过载时,工作在曲线 1(电动机过载特性曲线)的下方是安全的。因此,热继电器的保护特性应在电动机过载特性的邻近下方;当发生过载,热继电器就会在电动机未达到其允许过载极限之前动作,切断电动机电源,使之免遭损坏。

3. 热继电器工作原理

热继电器主要由热元件、双金属片、触头系统等组成。热元件是热继电器中产生热效应的部件,应串接于电动机电路中,从而直接反映电动机的过载电流。双金属片是热继电器的感测元件,它是由两种不同线膨胀系数的金属片用机械碾压而成的。线膨胀系数大的称为主动层,线膨胀系数小的称为被动层。双金属片受热后产生线膨胀,由于两层金属的线膨胀系数不同,且两层金属又紧密地贴合在一起,因此,发热后使得双金属片向被动层一侧弯曲,如图 1-19 所示。由双金属片弯曲产生的机械力带动触头动作。

（a）热继电器结构图　　　　　　　　　（b）热继电器实物图

图 1-19　热继电器

热继电器的工作原理:当电动机正常运行时,热元件产生的热量虽能使双金属片弯曲,但还不足以带动继电器的触点动作。当电动机过载时,热元件产生热量增大,使双金属片弯曲位移增大,经过一定时间后,双金属片弯曲到推动导板,并通过补偿双金属片与推杆使得常闭触点断开,致使接触器线圈失电,接触器的主触点断开电动机的电源以保护电动机。热继电器动作后一般不能自动复位,需等到双金属片冷却后按下复位按钮复位。设置复位按钮的目的在于防止回路中故障还未排除时,热继电器自行恢复再次引起事故。热继电器动作电流可以通过旋转凸轮来调节。

在电气原理图中,热继电器的热元件、触点的图形符号和文字符号如图 1-20 所示。

（a）热元件　　　　　　（b）常闭触点

图 1-20　热继电器的图形符号和文字符号

4. 热继电器的技术参数及常用产品

热继电器的主要技术参数有额定电压、额定电流、相数、热元件额定电流、整定电流以及调节范围等。热继电器的整定电流是指热继电器的热元件允许长期工作而不致引起继电器动作的最大电流值。通常热继电器的整定电流是根据电动机的额定电流整定的。对于某一热元件,可通过调节电流旋钮,在一定范围内调节其整定电流。

常用的热继电器有 JR16、JR20、JRS1 等系列,其中 JR20、JRS1 系列具有断相保护功能。引进产品有 T 系列(德国 ABB 公司)、3UA 系列(西门子公司)、LR1-D(法国 TE 公司)等系列。每一系列的热继电器一般只能和相适应系列的接触器配套使用,如 JR20 系列热继电器与 CJ20 接触器配套使用,3UA 系列热继电器与 3TB/3TF/3TW 等系列接触器配套使用,T 系列热继电器与 B 系列接触器配套使用等,但也有例外情况。

常用的 JRS1 系列和 JR20 系列热继电器型号中字符的含义如图 1-21 所示。

图 1-21　JRS1 和 JR20 系列热继电器型号中字符的含义

5. 热继电器的选用

热继电器选用是否得当,直接影响着对电动机进行过载保护的可靠性。选用时,通常应按电动机形式、工作环境、启动情况及负载情况等几方面综合加以考虑。

(1) 原则上热继电器的额定电流应按电动机的额定电流选择。

(2) 对于过载能力较差的电动机,与其配合的热继电器(主要是发热元件)的额定电流可适当小些。通常,选取热继电器的额定电流(实际上是选取发热元件的额定电流)为电动机额定电流的 60%～80%。

(3) 在不频繁启动场合,为了保证热继电器在电动机的启动过程中不产生误动作,一般是当电动机启动电流为其额定电流 6 倍、以及启动时间不超过 6 s 且很少连续启动时,按电动机的额定电流选取热继电器的额定电流即可。

(4) 当电动机为重复且短时工作场合时,要注意确定热继电器的允许操作频率。因为热继电器的操作频率是很有限的,如果用它保护操作频率较高的电动机,效果很不理想,有时甚至不能使用。

对于可逆运行和频繁通断的电动机,不宜采用热继电器保护,必要时可以选用装入电动机内部的温度继电器。

1.5.3　信号继电器

1. 温度继电器

根据电流热效应可知,电动机运行时,其绕组会发热升温。当电动机出现过载时,为防止温升过高烧坏绕组,热继电器可以实现电动机过载保护。但在电动机不过载时,如果电网电压出现不正常的升高,或者电动机环境温度过高且通风不良等,也会导致绕组温升过高。在这些情况下,热继电器则无能为力,它不能正常反映电动机的故障状态。为此,需要一种利用发热元件间接反应绕组温度并根据绕组进行动作的继电器,这种继电器称为温度继电器。

温度继电器采用双金属片作为动作元件,结构简单小巧、导热性能较好。当温度继电器用于电动机保护时,应预先埋设在电动机发热部位,一般先将温度继电器埋入绕组中,再将绕组浸漆,从而保证良好的热偶合性能。当温度继电器用于介质温度控制时,应将温度继电器直接埋入被控介质中。当某种原因致使绕组温度或介质温度迅速升高时,温度继电器立即感受到温度的升高,并通过外壳将温度传到内部的双金属片,双金属片感温而逐渐积蓄能量。当温度继电器感测到的温度达到额定动作温度时双金属片立即瞬时动作,断开常闭触头,切断控制电路,起到保护作用。当电动机绕组温度或介质温度冷却到继电器复位温度时,温度继电器又能自动复位,重新接通控制电路。

温度继电器大体上有两种类型:一种是双金属片式温度继电器;另一种是热敏电阻式温度继电器。

JW2系列温度继电器是一种双金属片式温度继电器,其组成结构如图1-22所示。它采用封闭式结构,内部有盘式双金属片,由两层线膨胀系数不同的金属组成,且两层金属紧密地贴合在一起。当双金属片受热后产生线膨胀,由于两层金属的线膨胀系数不同,使得双金属片向被动层一侧弯曲,由双金属片弯曲产生的机械力带动触点动作。

图1-22 JW2系列温度继电器

双金属片左面为主动层,右面为被动层。动触点铆在双金属片上,且经由导电片、外壳与连接片B相连,静触点与连接片A相连。当电动机发热部件温度升高时,产生的热量通过外壳传导给其内部的双金属片,当达到一定温度时双金属片开始变形,双金属片及动触点向图中左方瞬动地跳开,从而控制接触器使电动机断电以达到过热保护的目的。当故障排除后,发热部件温度降低,双金属片反向弹回使触点重新复位。双金属片式温度继电器的动作温度是以电动机绕组绝缘等级为基础来划分的,共有50 ℃、60 ℃、70 ℃、80 ℃、95 ℃、105 ℃、115 ℃、125 ℃、135 ℃、145 ℃和165 ℃等11个规格。继电器的返回温度因动作温度而异,一般比动作温度低5~40 ℃。

双金属片式温度继电器用作电动机保护时,需将其埋设在电动机定子槽内、绕组端部等发热部位,以便直接反映发热部位的发热情况。当电动机本身出现过载电流,或者其他原因引起电动机温度升高时,温度继电器都可以直接起到保护作用。因此,温度继电器起到具有"全热保护"作用。此外,双金属片式温度继电器因价格便宜,常用于热水器外壁、电热锅炉炉壁的过热保护。

双金属片式温度继电器的缺点是:加工工艺复杂,双金属片容易老化;而且,由于体积偏大往往多置于绕组的端部,故很难直接反应温度上升的情况,以致发生动作滞后的现象。同时,也不宜保护高压电动机,因为过强的绝缘层会加剧动作的滞后现象。

2. 速度继电器

按速度原则动作的继电器,称为速度继电器。它主要应用于三相笼式异步电动机的反接制动中,因此又称为反接制动控制器。感应式速度继电器是靠电磁感应原理实现触点动作的,其结构原理如图 1-23 所示。

（a）结构图　　　　　　（b）图形符号和文字符号　　　　（c）实物图

图 1-23　速度继电器

感应式速度继电器主要由定子、转子和触点三部分组成,定子的结构与笼式异步电动机的定子相似,是一个笼形空心圆环,由硅钢片叠制而成,并装有笼形绕组;转子是一个圆柱形永久磁铁。感应式速度继电器的工作原理:速度继电器转子的轴与被控电动机的轴相连接,转子固定在轴上,定子与轴同心。当电动机转动时,速度继电器的转子随之转动,绕组切割磁力线产生感应电动势和感应电流,此电流和永久磁铁的磁场作用产生转矩,使定子向轴的转动方向偏摆,通过定子柄拨动触点,使常闭触点断开、常开触点闭合。当电动机转速下降低于某一数值时,定子产生的转矩减小,定子柄在弹簧力的作用下恢复原位,触点返回到原来位置。速度继电器根据电动机的额定转速进行选择。速度继电器的结构和图形符号、文字符号以及实物图如图 1-23 所示。

常用的感应式速度继电器有 JY1 和 JFZ0 系列。JY1 系列能在 3000 r/min 的转速下可靠工作。JFZ0-1 型适用于 300~1000 r/min,JFZ0-2 型适用于 1000~3600 r/min。一般感应式速度继电器转轴在 120 r/min 左右时触点动作,在 100 r/min 左右时触点恢复正常位置。

3. 液位继电器

液位继电器是控制液面的继电器,根据液位的高低变化来控制电动机的启停,即当液面达到一定高度时继电器就会动作切断电源使水泵停止工作,液面低于一定位置时接通电源使水泵工作。主要用于控制锅炉或水柜的水泵电动机启停。浮球式液位继电器的结构如图 1-24 所示。

浮筒置于被控锅炉或水柜内,浮筒的一端有一根磁钢,锅炉外壁装有一对触点,动

（a）结构图

（b）实物图

图 1-24　JYF-02 液位继电器

触点的一端也有一根磁钢,它与浮筒一端的磁钢相对应。当锅炉或水柜内的水位降低到极限时,浮筒下落使磁钢端绕支点 A 上翘。由于磁钢同性相斥的作用,使动触点的磁钢端被斥下落,通过支点 B 使触点 1-1 接通、2-2 断开;反之,水位升高到上限位置时,浮筒上浮使触点 2-2 接通、1-1 断开。显然,液位继电器的安装位置决定了被控的液位,它主要用于不明确的液位控制场合。

4. 压力继电器

压力继电器是利用气体或液体的压力来启闭电气触点的压力/电气转换元件。当系统压力达到压力继电器的调定值时,发出电信号,使电气元件(如电磁铁、电动机、时间继电器、电磁离合器等)动作,使气路或油路卸压、换向,执行元件实现顺序动作,或关闭电动机使系统停止工作,起安全保护作用等。注意:压力继电器必须安装在压力有明显变化的地方才能输出信号。如将压力继电器放在回气或回油路上,由于回油路直接接回油箱、回气路直接接空压机,压力变化不大,所以压力继电器不会工作。压力继电器有柱塞式、膜片式、弹簧管式和波纹管式四种结构形式。下面将简要介绍柱塞式压力继电器的工作原理,其结构如图 1-25 所示。

（a）结构图

（b）实物图

图 1-25　柱塞式压力继电器

柱塞式压力继电器的压力油从进油口进入,并作用于柱塞的底部,当压力达到弹簧的调定值时,克服弹簧阻力和柱塞表面摩擦力,推动柱塞上移,此位移通过杠杆放大后推动微动开关动作,发出电信号。

压力继电器发出电信号的最低压力和最高压力间的范围称为调压范围。改变弹簧的压缩量,可以调节继电器的动作压力;拧动调节螺钉即可调整工作压力。压力继电器发出电信号时的压力,称为开启压力;切断电信号时的压力称为闭合压力。由于开启时摩擦力的方向与油压力的方向相反,闭合时方向相同,故开启压力大于闭合压力,两者之差称为压力继电器通断调节区间。压力继电器通断调节区间应有一定的范围，否则，系统产生压力脉动时，压力继电器发出的电信号会时断时续。中压系统中使用的压力继电器调节区间一般为 0.35～0.8 MPa。

1.6　主令电器

主令电器是用来接通和分断控制电路以发布命令、或对生产过程作程序控制的开关电器，用以控制电力拖动系统中电动机的启动、停车、制动以及调速等。主令电器用于控制电路，不能直接连通或分断主电路。主令电器种类繁多，应用十分广泛；主要包括按钮开关(简称按钮)、行程开关、接近开关、万能转换开关和主令控制器等。本节将介绍几种常用的主令电器。

1.6.1　按钮开关

1. 按钮开关的结构及工作原理

按钮开关简称按钮，是一种结构简单、应用十分广泛的手动主令电器，在电气自动控制电路中用于手动发出控制信号和接通或断开控制电路。

按钮开关一般由按钮帽、复位弹簧、桥式触点和外壳等部分组成，通常做成复合式，即具有常闭触点和常开触点，如图 1-26 所示。按钮中触点的形式和数量根据需要可以装配成一常开常闭到六常开常闭的形式。接线时，也可以只接常开或常闭触点。当按下按钮时，常闭触点先断开、常开触点后闭合。按钮释放时，在复位弹簧作用下，按钮触点按相反顺序自动复位。

（a）结构示意图　　　　（b）图形符号及文字符号　　　　（c）实物图

图 1-26　按钮开关

2. 按钮开关的分类及型号含义

按钮开关的结构种类很多，有普通揿钮式、蘑菇头式、自锁式、自复位式、旋柄式、带指示灯式、带灯符号式及钥匙式等多种按钮；有单钮、双钮、三钮及不同组合形式，一般是采用积木式结构；还有的产品可通过多个元件的串联增加触头对数。还有一种自动式按钮，按下后即可自动保持闭合位置，断电后才能打开。可根据使用场合和具体用途来选用。

为了标明各个按钮的作用，避免误操作，通常将按钮帽做成不同的颜色，以示区别，其颜色有红、绿、黑、黄、蓝、白等。如红色表示停止按钮、绿色表示启动按钮、黄色表示干预等，如表 1-3 所示。按钮开关的主要参数有安装孔尺寸、触头数量及触头的电流容量，在产品说明书中都有详细说明。常用国产产品有 LAY3，LAY6，LA20，LA25，

LA38,LA101,LA115等系列。国外进口及引进产品的品种亦很多,几乎所有大的国外低压电器厂商都有产品进入我国市场,并有一些结构新颖的新品种。

表 1-3　按钮帽颜色及其含义

颜　　色	含　　义	典　型　应　用
红色	危险情况下的操作	紧急停止
	停止或分断	停止一台或多台电动机,停止一台机器的一部分,使电器元件失电
黄色	应急或干预	抑制不正常情况或中断不理想的工作周期
绿色	启动或接通	启动一台或多台电动机,启动一台机器的一部分,使电器元件得电
蓝色	上述几种颜色未包括的任一种功能	—
黑色、灰色、白色	无专门指定功能	可用于停止和分断上述以外的任何情况

按钮开关在选择使用时,一般主要考虑使用点数和按钮帽的颜色等因素。

1.6.2　行程开关

根据行程位置来切换电路的电器称为行程开关,又称为限位开关或位置开关。它是一种利用生产机械某些运动部件的碰撞来发出控制命令的主令电器,广泛应用于各类机床、起重机械及轻工机械的行程控制,用以控制其运动方向、速度、行程或进行终端限位保护。当生产机械运动到某一预定位置时,行程开关通过机械可动部分的动作,将机械信号转换为电信号,以实现对生产机械的控制,限制它们的动作和位置,借此对生产机械给予必要的保护。

行程开关按其结构不同,可分为直动式、滚轮式、微动式和组合式等四种类型。

1. 直动式行程开关

直动式行程开关的动作原理与按钮的相似,如图 1-27 所示。其触点的分合速度取决于生产机械的运行速度,不宜用于速度低于 0.4 m/min 场合。当移动速度低于 0.4 m/min 时,触点分断太慢,易受电弧烧损。此时,应采用有盘形弹簧机构瞬时动作的滚轮式行程开关。当生产机械的行程比较小且作用力也很小时,可采用具有瞬时动作和微小行程的微动式行程开关。

2. 滚轮式行程开关

滚轮式行程开关的结构原理如图 1-28 所示。滚轮式行程开关又分为单滚轮自动复位和双滚轮(羊角式)非自动复位式两种形式,双滚轮行程开关具有两个稳态位置,有"记忆"作用,在某些情况下可以简化线路。当运动机械的挡铁(撞块)撞击带有滚轮的撞杆时,传动杠连同转轴一同转动,使凸轮推动撞块,当撞块碰压到一定位置时,推动微动开关快速动作。当滚轮上的挡铁移开后,复位弹簧就使行程开关复位。这种能自动复位的开关是单滚轮自动复位行程开关。而双滚轮旋转式行程开关不能自动复原,它是依靠运动机械反向移动时,挡铁碰撞另一滚轮将其复原。

行程开关的主要参数有动作行程、工作电压及触头的电流容量等,在产品说明书中

（a）结构图　　　　　　　　　　（b）实物图

图 1-27　直动式行程开关

（a）结构图　　　　　　　　　　（b）实物图

图 1-28　滚轮式行程开关

都有详细说明。一般用途行程开关有 JW2、LX19、LXK3、JLXK1、XCK、3SE3、LXZ1、DTH、DZ-31 等系列，主要用于机床及其他生产机械、自动生产线的限位和程序控制。起重设备用行程开关，如 LX22、LX33、LX36 系列，主要用于限制起重设备及各种冶金辅助机械的行程。

3. 微动式行程开关

微动式行程开关是一种施压促动的快速转换开关。由于开关的触点间距比较小，故又称微动开关或灵敏开关，如图 1-29 所示，常用的有 LXW-11 系列产品。微动式行程开关适合于生产机械的行程比较小且作用力也很小的场合。

行程开关的图形符号和文字符号如图 1-30 所示。

1.6.3　接近开关

随着电子技术的发展，出现了非接触式的行程开关，即接近开关。接近开关又称为无触点行程开关，它由感应头、高频振荡器、放大器以及外壳等组成。当某种物体与接近开关的感应头接近到一定距离，就使其输出一个电信号。它不像机械行程开关那样需要施加机械力，而是通过其感应头与被测物体间介质能量的变化来获取信号。接近

（a）结构图 （b）实物图

图 1-29 微动式行程开关

SQ_1 SQ_1 SQ_1

（a）常开触点 （b）常闭触点 （c）复合触点

图 1-30 行程开关的图形符号和文字符号

开关的应用已远超出一般行程控制和限位保护,它还是一种非接触型的检测装置;常用作检测零件尺寸、测速高速记数、变频脉冲发生器、液面控制、加工程序的自动衔接等。其优点有工作可靠、寿命长、功耗低、复定位精度高、操作频率高以及恶劣环境的适应能力强等。当用于一般行程控制时,其性能也明显优于一般机械式行程开关。

按工作原理不同,接近开关可分为高频振荡型、电容型、霍尔型等几种类型。

1. 高频振荡接近开关

高频振荡接近开关是以金属触发为原理的,主要由高频振荡器、集成电路或晶体管放大电路和输出电路三部分组成。其基本工作原理是:振荡器的线圈在开关的作用表面产生一个交变磁场,当金属目标接近这一磁场,并达到感应距离时,在金属目标内中产生涡流,从而导致振荡衰减,以至振荡停止。振荡器的振荡及停振的变化,经整形放大后转换成开关信号,触发驱动控制器件,从而达到非接触式检测的目的。

2. 电容型接近开关

电容型接近开关主要由电容式振荡器及电子电路组成。它的电容位于传感器表面,当有导体或其他介质接近感应头时,电容值增大而使振荡器停振。振荡器的振荡及停振的变化,经整形放大后转换成开关信号,触发驱动控制器件。电容型接近开关能检测金属、非金属及液体等。

3. 霍尔型接近开关

霍尔型接近开关由霍尔元件组成,是将磁信号转换为电信号输出,内部的磁敏元件仅对垂直于传感器端面磁场敏感,当磁极 S 正对接近开关时,接近开关的输出产生正跳变,输出为高电平。若磁极 N 正对接近开关,输出产生负跳变,输出为低电平。接近开关的图形符号、文字符号以及实物图如图 1-31 所示。

（a）图形符号与文字符号   （b）实物图

图 1-31   霍尔型接近开关

接近开关的工作电压有交流和直流两种，输出形式有两线、三线和四线三种，有一对常开、常闭触点，晶体管输出类型有 NPN、PNP 两种，外形上有方形、圆形、槽形等多种；结构上有一体型和分离型等多种。接近开关的主要参数有动作行程、工作电压、动作频率、响应时间、输出形式以及触点电流容量等，在产品说明书中有详细说明。接近开关的品种十分丰富，常用的国产接近开关有 3SG、LJ、CJ、SJ、AB 和 LXJ0 等系列，另外，国外进口及引进品种应用也非常广泛。

1.6.4   万能转换开关

万能转换开关是一种多挡式、能控制多回路的主令电器。广泛应用于各种配电装置的电源隔离、线路转换和控制、电动机远距离控制以及电压表、电流表的换相测量等，还可用于控制小容量的电动机的启动、调速和换向。

万能转换开关是由多组相同结构的触点组件叠装而成的多回路控制电器。图 1-32 所示的是转换开关的实物图和某一层的结构示意图，由触点、触点弹簧、凸轮、转轴及手柄等部件组成。触点装在绝缘基座内，接触系统采用双断点桥式结构，动触点设计成自动调整式以保证通断时的同步性；静触点装在触点座内。定位系统采用棘轮棘爪式结构，不同的棘轮和凸轮可组成不同的定位模式，从而得到不同的开关状态，即手柄在不同的转换角度时，触头的状态是不同的。转换开关使用时用手柄带动转轴和凸轮推动触头接通或断开。由于凸轮的形状不同，当手柄处在不同位置时，触头的吻合情况不同，从而达到转换电路的目的。转换开关手柄的操作位置是以角度来表示的，不同型号的转换开关，其手柄有不同的操作位置。这可从电气设备手册中万能转换开关的"定位特征表"中查询。

常用的万能转换开关产品有 LW5 和 LW6 系列。LW5 系列可控制 5.5 kW 及以下的小容量电动机；LW6 系列只能控制 2.2 kW 及以下的小容量电动机。用于可逆运行控制时，只有在电动机停止后才允许反向启动。LW5 系列万能转换开关按手柄的操作方式可分为自复式和定位式两种。所谓自复式是指用手动拨动手柄于某一挡位时，手松开后，手柄自动返回原位；定位式则是指手柄被置于某挡位时，不能自动返回原位而停在该挡位。

转换开关的触点在电路图中的图形符号如图 1-33 所示。由于其触点的分合状态与操作手柄的位置有关，因此，除在电路图中画出触点图形符号外，还应画出操作手柄

（a）结构示意图　　　　　　　（b）LW6系列的实物图

图 1-32　万能转换开关

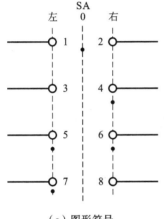

触点	位置		
	左	0	右
1-2		×	
3-4			×
5-6	×		×
7-8	×		

（a）图形符号　　　　　　　　（b）接通表

图 1-33　LW5 转换开关的图形符号和接通表

与触点分合状态的关系。

转换开关的图形符号有两种表示方法。一种方法是在电路图中采用虚线和"··"来描述，如图 1-33（a）所示，即用虚线表示操作手柄的位置，用有无"··"表示触点的闭合和断开状态（如在下方的虚线位置上有"··"表示该触点是处于闭合状态）；另一种方法是采用接通表来描述，如图 1-33（b）所示，即用接通表来表示操作手柄处于不同位置时的触点分合状态（在接通表中用有无"×"来表示操作手柄不同位置时触点的闭合和断开状态）。如图 1-33 中当万能转换开关打向左边时，触点 5-6、7-8 闭合，触点 1-2、3-4 打开；打向 0 时，只有触点 1-2 闭合；打向右边时，触点 3-4、5-6 闭合，其余打开。

1.6.5　主令控制器

主令控制器是一种按照预定程序换接控制电路接线的主令电器，又称为凸轮控制器，主要用于电力拖动系统中按照预定的程序分合触头。主令控制器向控制电路发出命令，通过接触器实施控制电动机的启动、制动、调速以及反转等远距离控制的目的，同时也可实现控制线路的连锁作用。

主令控制器一般由触头系统、操作机构、转轴、齿轮减速机构、凸轮、外壳等几部分组成。主令控制器的工作原理是：当转动手柄时，方轴带动凸轮块转动，凸轮块的突出部位压动小轮，使动触头离开静触头，从而分断电路；当转动手柄使小轮位于凸轮块的凹处时,在复位弹簧的作用下,动触头和静触头闭合,接通电路。触头的分合顺序由凸轮块的形状来决定。由此可见,主令控制器的工作原理及过程与万能转换开关相类似,都是靠可转动的凸轮来控制触头系统的动作。而且,主令控制器触点也与操作手柄位置有关,其图形符号及触点分合状态的表示也与万能转换开关图形类似。但与万能转换开关相比,主令控制器的触点容量较大,操纵挡位也较多。

按结构来划分,主令控制器可分为两类:凸轮可调式主令控制器和凸轮固定式主令控制器。凸轮可调式主令控制器的触头系统分合程序可随时按控制系统的要求进行编制调整,不必更换凸轮片,如图 1-34 所示。凸轮固定式主令控制器的触头系统分合顺序只能按指定的触头分合表的要求进行,在使用中用户不能自行调整,若需调整必须更换凸轮片。

图 1-34 凸轮可调式主令控制器

由于主令控制器是通过接触器达到控制目的,其控制对象为二次电路,所以其触头工作电流不大。成组的凸轮通过螺杆与对应的触头系统联成一个整体,其转轴既可直接与操作机构联结,也可经过减速器与之联结。如果被控制的电路数量很多,即触头系统档次很多,则将它们分为 2~3 列,并通过齿轮啮合机构来联系,以免主令控制器过长。主令控制器还可组合成联动控制台,以实现多点多位控制。

配备万向轴承的主令控制器,可将操纵手柄在纵横倾斜的任意方位上转动,以控制工作机械(如电动行车和起重工作机械)作上下、前后、左右等方向的运动,操作控制灵活方便。

本章小结

工作在交流 1200 V 以下、直流 1500 V 以下的电器称为低压控制电器,按低压电器的用途可分为配电电器、保护电器、主令电器、控制电器和执行电器等。

电磁式电器一般主要由电磁机构、触头以及灭弧装置三部分组成,广泛应用于各种场合。

刀开关是一种结构最简单、应用最广泛的一种手动电器,主要用于电源隔离,以及用于切断非频繁接通和断开的、容量较小的低压配电线路。当发生严重的过载、短路或欠电压等故障时,低压断路器能自动切断电路,是广泛应用于低压配电线路中的一种保护电器。熔断器广泛地应用于电气设备的短路保护和过流保护中。

接触器是一种用来频繁接通或分断大容量控制电路或其他交、直流负载电路的控制电器,可用于实现频繁的远距离自动控制。

继电器是根据输入信号的变化来接通或断开小电流控制电路,实现远距离控制和保护的自动控制电器。

热继电器是一类用作电动机的过载保护以及电动机的断相保护的电器。

时间继电器有通电延时型和断电延时型两种。

主令电器是用来接通和分断控制电路以发布命令、或对生产过程作程序控制的开关电器,用以控制电力拖动系统中电动机的启动、停车、制动以及调速等,主要包括控制按钮、行程开关、接近开关、万能转换开关和主令控制器等。

习　　题

(1) 常用低压电器有哪些? 按其用途,可分为哪几类?

(2) 简述电磁式接触器的结构和工作原理。

(3) 接触器和继电器有何区别?

(4) 简述热继电器的结构和工作原理。

(5) 热继电器和熔断器的保护功能有何区别?

(6) 简述低压断路器的结构和工作原理。

(7) 电流继电器、电压继电器和中间继电器在电气控制线路中各起什么作用,它们的线圈有何特点?

(8) 时间继电器有哪几种? 它的线圈与触点通断关系如何?

(9) 行程开关、万能开关、主令控制器在电气控制线路中各起什么作用?

(10) 文字符号 QS、FU、KM、FR、SB、SQ、KT、KA、KI、KV、KS 分别代表什么低压电器? 分别绘制其图形符号。

2

电气控制线路基础

2.1 电气控制线路图的识图及绘制原则

电气控制线路是按一定的要求和方法用导线将电动机、电器元件、仪表等连接而成,以实现某种功能的电气线路。为了表达生产机械电气控制系统的结构、组成、原理等设计示意图,同时为了便于电气系统的安装、调试、使用和维修,将电气控制系统中各电器元件以及连接方式用一定的图形表达出来,这种图就称为电气控制系统图。常用的电气控制系统图一般有三种:电气原理图、电器元件布置图以及电气安装接线图。在图上用不同的图形符号表示各种电器元件,用不同的文字符号来进一步说明图形符号所代表的电器元件的基本名称、用途、主要特性及编号等。各种图有其不同的用途和规定画法,应根据简明易懂的原则,采用统一规定的图形符号、文字符号和标准画法来绘制。

2.1.1 电气图形符号和文字符号

电气图示有图形符号、文字符号以及回路符号等。电气控制系统图、电器元件的图形符号和文字符号必须采用最新国家标准。国家标准局参照国际电工委员会(IEC)颁布的标准,制定了我国电气设备有关国家标准《电气简图用图形符号》(GB/T 4728.1—2018)、《电气制图》(GB/T 6988—2008)和《电气技术中的文字符号制定通则》(GB/T 7159—1987)。规定电气控制线路中的图形符号和文字符号必须符合最新的国家标准。一些常用电气图形符号和文字符号如表 2-1 所列。

表 2-1 电气控制线路中常用图形符号和文字符号

名称	图形符号 (GB/T 4728.1—2018)	文字符号 (GB/T 7159—1987)	名称	图形符号 (GB/T 4728.1—2018)	文字符号 (GB/T 7159—1987)
中间继电器常开触点		KA	电磁铁	□ 或 □	YA
中间继电器常闭触点		KA	电磁制动器		YB

名称	图形符号 (GB/T 4728.1—2018)	文字符号 (GB/T 7159—1987)	名称	图形符号 (GB/T 4728.1—2018)	文字符号 (GB/T 7159—1987)
过电流继电器线圈		KI	电磁离合器		YC
电流表	A	PA	照明灯 信号灯	⊗	SA
电压表	V	PV	二极管		V
电度表	kWh	PJ	NPN晶体管		V
晶闸管		V	PNP晶体管		V
可拆卸端子	⌀	X	端子	○	X
电流互感器	或	TA	控制电路用电源整流器		VC
电阻器		R	电抗器	或	L
电位器		RP			
压敏器		RV			
电容器一般符号	或	C	极性电容器	或	C

续表

名称	图形符号 (GB/T 4728.1—2018)	文字符号 (GB/T 7159—1987)	名称	图形符号 (GB/T 4728.1—2018)	文字符号 (GB/T 7159—1987)
电铃		B	蜂鸣器		B
双绕组变压器	或	T	电压互感器	或	TV
位置开关常开触点		SQ	过电压继电器线圈	U>	KV
位置开关常闭触点		SQ	通过延时(缓吸)线圈		KT
常开按钮	E\	SB	断电延时(缓放)线圈		KT
常闭按钮	E/	SB	延时闭合常开触点	或	KT
复合按钮	E	SB	延时断开常开触点	或	KT
交流接触器线圈		KM	延时断开常闭触点	或	KT
接触器常开主触点		KM	延时闭合常闭触点	或	KT
接触器常开辅助触点		KM	热继电器热元件		FR

续表

名称	图形符号 (GB/T 4728.1—2018)	文字符号 (GB/T 7159—1987)	名称	图形符号 (GB/T 4728.1—2018)	文字符号 (GB/T 7159—1987)
接触器常闭辅助触点		KM	热继电器常闭触点		FR
中间继电器线圈		KA	熔断器		FU

2.1.2　电气控制线路图及绘制原则

电气控制系统图一般有三种:电气原理图、电器布置图和电气安装接线图。由于它们的用途不同,绘制原则也有差别。这里重点介绍电气原理图。

电气原理图是用来表示电路中各电器元件的导电部件的连接关系和工作原理;其作用是便于分析电路的工作原理,指导系统或设备的安装、调试与维修。为了便于阅读和分析控制线路,电气原理图应采用结构简单、层次分明清晰、易懂的原则来绘制。它包括所有电器元件的导电部件和接线端子,但并不按照电器元件的实际布置位置来绘制,也不反映电器元件的实际大小。

电气原理图一般分主电路和辅助电路两部分。主电路是指从电源到电动机大电流通过的部分,包括与电动机相连的电器元件,一般由电动机、组合开关、接触器的主触头、热继电器的热元件、熔断器等元器件所组成。辅助电路是控制线路中除主电路以外的电路,主要包括控制电路、照明电路、信号电路以及保护电路等。辅助电路中通过的电流较小。辅助电路由接触器和继电器的线圈、接触器的辅助触点、继电器触点、按钮、熔断器、照明灯、信号灯以及控制开关等电器元件组成。这种主辅电路分开绘制能够清晰表明电路的功能,便于分析电路的工作原理。

绘制电气原理图时应遵行的原则如下。

(1) 所有电器元件都应采用国家统一规定的图形符号和文字符号表示。

(2) 应根据便于阅读的原则安排电器元件的布局。主电路用粗实线绘制在图面左侧或上方,辅助电路用细实线绘制在图面右侧或下方。无论主电路还是辅助电路,均按功能布置,尽可能按动作顺序从上到下、从左到右排列。

(3) 当同一电器元件的不同部件(如线圈、触点)分散在不同位置时,为了表示是同一元件,要在电器元件的不同部件处标注统一的文字符号。对于同类器件,要在其文字符号后加数字序号来区别,如两个接触器可用 KM_1、KM_2 文字符号区别。

(4) 根据图面布置需要,可以将图形符号旋转绘制,一般逆时针方向旋转 $90°$,但文字符号不可倒置。

(5) 所有电器的可动部分都需按没有通电或没受外力作用时的自然状态画出,如继电器、接触器的触点,按吸引线圈不通电时的状态画出;控制器按手柄处于零位时的状态画出;按钮、行程开关等触点,按未受外力作用时的状态画出。

(6) 应尽量减少线条和避免线条交叉。有直接电联系的导线交叉时,在导线交叉点处画实心黑圆点;无直接电联系的导线交叉时,在导线交点处不画实心黑圆点。

一般来说,原理图的绘制要求明晰,各电器元件以及它们的触头安排要合理,以保证电气控制线路运行可靠,节省连接导线,便于施工、维修。

2.2 电气控制的保护

在机械生产过程中,为了保证人身安全,避免由于各种故障造成的电气设备、机械设备的损坏,电气控制系统必须设置各种安全保护措施和安全保护装置。因此,安全保护环节是自动控制系统不可缺少的组成部分。保护的内容是十分广泛的,不同类型的电动机、生产机械和控制线路有着不同的要求。本节将集中介绍低压电动机常用的保护措施。

低压电气控制系统中常用的保护环节有短路保护、过载保护、零电压和欠电压保护、过电流保护以及弱磁保护等。

2.2.1 短路保护

电动机绕组的绝缘损坏、导线的绝缘损坏或线路发生故障时,会造成短路现象,产生强大的短路电流,引起电气设备绝缘损坏,且可能产生强大的电动力使电动机绕组和电路中的各种电气设备发生机械性损坏。因此,当电路出现短路电流或数值上接近短路电流时,必须依靠短路保护装置迅速而可靠地将电源切断,但这种短路保护装置不应受启动电流的影响而动作。常用的短路保护电器有熔断器和自动开关。

1. 熔断器短路保护

由于熔断器的熔体受很多因素的影响,因此其动作值不太稳定;熔断器比较适合于对动作准确度和自动化程度要求不高的系统中,如小容量的笼式异步电动机、小容量的直流电动机以及一般的普通交流电源等。

对于直流电动机和绕线转子异步电动机来说,熔断器熔体的额定电流应选电动机额定电流的 1~1.25 倍;对于启动电流达 7 倍额定电流的笼式异步电动机来说,熔断器熔体的额定电流应选电动机额定电流的 2~3.5 倍;对于启动电流低于 7 倍额定电流的笼式异步电动机来说,熔断器熔体的额定电流应选 1.6~2.5 倍的电动机额定电流。

2. 过电流继电器保护或低压断路器保护

当采用过电流继电器保护或低压断路器保护时,其线圈的动作电流按下式计算:

$$I_{sk} = 1.2 I_{st}$$

式中:I_{sk} 为电流继电器或低压断路器的动作电流,I_{st} 为电动机的启动电流。

需要指出的是:在发生短路时,熔断器和低压断路器自身能切断电源;且低压断路器在发生短路时可将三相电路同时切断。低压断路器结构复杂,操作频率低,广泛应用于控制要求较高的场合。而过电流继电器只是一个测量元件,当发生短路时,需要接触器配合来切断电源,因此要求加大接触器触头的容量。

2.2.2　过载保护

当电动机长期超载运行,绕组温升超过其允许值时,电动机的绝缘材料就会变脆,使其寿命降低,严重时将损坏电动机,因此应采取过载保护措施。常用的过载保护装置是热继电器。热继电器应具备这样的特性:当电动机为额定电流时,电动机为额定温升,热继电器不动作;在过载电流较大时,热继电器能经过较短时间切断电源;而且当过载电流越大时,达到允许温升的时间就越短,则热继电器动作越快。

由于热惯性的原因,热继电器不会受电动机短时过载冲击电流或短路电流的影响而瞬时动作。当电路有 $8\sim10$ 倍的热继电器额定电流的电流通过时,热继电器需经过 $1\sim3$ s 才动作,这样在热继电器未动作之前,电路其他设备可能已经烧坏;所以在使用热继电器作过载保护的同时,还必须装有熔断器或过电流继电器等短路保护装置。并且熔断器熔体的额定电流不应超过 4 倍热继电器发热元件额定电流,而过电流继电器的动作电流不应超过 $6\sim7$ 倍的热继电器发热元件的额定电流。

热继电器发热元件的额定电流等于电动机额定电流。若电动机的环境温度比继电器的环境温度高 $15\sim25$ ℃,则选用额定电流小一号的发热元件;若电动机的环境温度比继电器的环境温度低 $15\sim25$ ℃,则选用额定电流大一号的发热元件。

2.2.3　零电压与欠电压保护

当电动机正常运行时,如果电源电压因某种原因消失,那么在电源电压恢复时,电动机就将自行启动,这就可能造成生产设备损坏,甚至造成人身事故。对电网来说,同时有许多电动机及其他用电设备自行启动也会引起不允许的过电流及瞬间网络电压下降,为了防止电压恢复时电动机自行启动的保护就是"零电压保护"。

当电动机正常运行时,电源电压过分地降低将会引起一些电器释放,造成控制电路不能正常工作,可能产生事故;电源电压过分降低也会引起电动机转速下降甚至停转。因此需要在电源电压降到一定值以下时将电源切断,这就是"欠电压保护"。

常用电磁式电压继电器实现欠电压保护。电压继电器的吸合电压通常整定为 $0.8\sim0.85\ U_{RT}$,电压继电器的释放电压通常整定为 $0.5\sim0.7\ U_{RT}$。

一般利用启动按钮的自动回复作用和接触器的自锁作用,实现零电压保护。当电源电压过低或断电时,接触器线圈失电,其主触点和辅助触点同时断开,使电动机电源切断并失去自锁。当电源恢复正常时,必须由操作人员重新按下启动按钮,才能使电动机重新启动。这种带有自锁环节的电路本身已兼备了零电压保护环节。

2.2.4　过电流保护

过电流往往是由于不正确的启动和过大的负载转矩引起的,一般比短路电流要小,在电动机运行中产生过电流要比发生短路电流的可能性更大,尤其是在频繁正转、反转启动、制动的重复短时工作制的电动机中更是如此。过电流的危害是:电动机流过过大的冲击电流损坏电动机的换向器,且同时产生过大的电动机转矩损伤机械传动部件,因此应瞬时切断电源。

过流保护广泛用于直流电动机或绕线式异步电动机,对于三相笼式异步电动机,一般不采用过流保护而采用短路保护。通常采用过电流继电器作为过流保护,其动作值为启动电流的 1.2 倍左右。过电流继电器在直流电动机和绕线式异步电动机线路中除起过电流保护外,还起短路保护作用。

2.2.5 弱磁保护

通常,直流电动机只有在磁场具有一定强度时,才能启动正常运转。当电动机启动时励磁电流很小,产生的磁场太弱,启动电流将很大。在电动机正常运转过程中,电动机磁通突然减弱或消失时,如负载不变,电动机速度会上升;同时电流变大,电动机特性变软。一般情况下,弱磁升速是不能使用的,因为磁通减弱的太多,速度会大幅度上升,甚至发生"飞车"事故,且电流也相应地增大,会造成电动机发热严重甚至烧毁。因此,需对电动机进行弱磁保护;一般采用电磁式电流继电器作为弱磁保护。

电动机的弱磁保护,是在励磁回路中串入弱磁继电器(即欠电流继电器)来实现的。在电动机的启动和运行过程中,当励磁电流值达到弱磁继电器的动作电流值时,继电器就吸合,使串接在控制电路中的常开触点闭合,允许电动机启动或维持正常运转;当励磁电流减小很多或消失时,弱磁继电器就释放,其常开触点断开,切断控制电路,接触器线圈失电,于是电动机脱离电源而停转。

考虑到电网电压可能发生的压降和继电器动作的不准确度,对于并励和复励直流电动机,弱磁保护继电器的吸上电流一般整定在额定励磁电流的 0.8 倍;对于调速的并励电动机,弱磁保护继电器的释放电流应整定在最小励磁电流的 0.8 倍。

2.3 三相异步电动机的启动控制

三相交流异步电动机是一种将电能转化为机械能的电力拖动装置。按转子结构的不同,三相异步电动机可分为笼式和绕线式两种。笼式异步电动机结构简单、运行可靠、过载能力强及使用、安装、维护方便等优点得到了广泛的应用。在生产实际中,它的应用占到了使用电动机的 80% 以上;其主要缺点是调速困难。而绕线式三相异步电动机的转子和定子一样,也设置了三相绕组并通过滑环、电刷与外部变阻器连接。调节变阻器电阻,可以改善电动机的启动性能和调节电动机的转速。本节主要介绍三相异步电动机的启动控制线路。

三相异步电动机从接通电源开始运转,转速逐渐上升直到稳定运转状态,这一过程称为电动机的启动。按照启动方式不同,它可以分为全压启动和降压启动。全压启动又称直接启动,它是通过开关或接触器将额定电压直接加在电动机的定子绕组上以启动电动机。全压启动的启动电流大,过大的启动电流易使电动机过热,加速老化,缩短使用寿命,且会降低电网电压而影响其他设备的稳定运行。因此,功率较大的电动机,需采用降压启动,以减小启动电流。

降压启动就是将电源电压适当降低后,再加到电动机的定子绕组上进行启动,待电动机启动结束或将要结束时,再使电动机的电压恢复到额定值。这样做的目的主要是为了减小启动电流,但因为降压,电动机的启动转矩也将降低。因此,降压启动仅适用于空载或轻载启动。

一般电动机启动要求是:容量小于 10 kW 的三相笼式异步电动机常采用全压启动;容量大于 10 kW 的三相笼式异步电动机是否可以采用直接启动,可按经验公式判断,若满足下式即可全压启动。

$$\frac{I_{ST}}{I_N} \leqslant \frac{3}{4} + \frac{\text{电源容量(kV·A)}}{4 \times \text{电动机额定功率(kW)}}$$

式中:I_{ST} 为电动机直接启动电流(A),I_N 为电动机额定电流(A)。

2.3.1 三相笼式异步电动机全压启动控制

全压启动控制包括多种启动方式,主要有开关直接启动、点动启动、连续启动,以及点动与连续混合启动控制等多种方式。

1. 手动开关直接启动控制

对于功率较小且工作要求简单的电动机,如小型台钻、砂轮机、冷却泵的电动机,可用手动开关(如刀开关、转换开关、自动空气开关等)接通电源直接启动。因此,手动开关直接启动控制仅适用于不频繁启动的小容量电动机,它不能实现远距离控制和自动控制,也不能实现零电压、欠电压和过载保护。其控制电路如图 2-1 所示。

2. 连续启动控制

图 2-2 所示的为三相笼式异步电动机单向全压启动控制线路。电路分为两部分:主电路由刀开关 QS、熔断器 FU_1、接触器 KM 的主触点、热继电器 FR 的热元件和电动机 M 构成。控制电路(辅助电路)由熔断器 FU_2、热继电器 FR 的常闭触点、停止按钮 SB_1、启动按钮 SB_2、接触器 KM 的线圈和常开辅助触点 KM 组成。这是最基本的电动机控制线路。

(a)刀开关控制电路　(b)自动开关控制电路　　(a)主电路　　(b)控制线路

图 2-1　手动开关直接启动控制　　　图 2-2　单向全电压启动控制线路

1)控制线路工作原理

启动时,合上刀开关 QS,主电路引入三相电源。按下启动按钮 SB_2,接触器 KM 线圈通电,其常开主触点闭合,使电动机接通电源开始全压启动运转;同时与 SB_2 并联的接触器常开辅助触点 KM 也闭合,使接触器 KM 线圈有两条通电路径。当松开启动按钮 SB_2 后,KM 线圈通过其自身常开辅助触点继续保持通电,从而保证电动机的连续运行。这种依靠接触器本身辅助触点使其线圈保持通电的现象称为自锁或自保持。起自锁作用的触点称为自锁触点。

电动机停止运转时，可按下停止按钮 SB_1，接触器 KM 线圈失电，其主触点和自锁触点均断开，切断电动机三相电源，电动机 M 脱离电源停止运行；同时接触器 KM 自锁触点也断开，控制回路解除自锁。松开停止按钮 SB_1，控制电路又回到启动前的状态。由于此时控制电路已断开，电动机不能恢复运行，只有再按下启动按钮 SB_2，电动机才能重新启动运行。

（1）短路保护：由熔断器 FU_1、FU_2 分别实现对主电路和控制电路的短路保护。

（2）过载保护：由热继电器 FR 实现对电动机的过载保护。当电动机出现长期超载运行时，会造成电动机绕组温升超过允许值而损坏，通常要采取过载保护。过载保护的特点是：负载电流越大，保护动作时间越短，但不能受电动机启动电流影响而动作。热继电器发热元件的额定电流一般按电动机额定电流来选取。由于热继电器惯性很大，即使热元件流过几倍的额定电流，热继电器也不会立即动作，因此在电动机启动时间不长的情况下，热继电器是不会动作的。只有过载时间比较长时，热继电器动作，常闭触点 FR 断开，接触器 KM 失电跳闸，主触点 KM 断开主电路，电动机停止运转，实现了电动机的过载保护。

（3）欠电压和零电压保护（也称失电压保护）：在电动机正常运行时，若电源电压由于某种原因消失（停电）而使电动机停转，当电源恢复时为了避免设备自行启动造成人身或设备事故而设置的保护措施，称为零电压保护。零电压保护的作用是在电气设备失电后重新恢复时，必须人为再次启动，电气设备才能正常运行。

在电动机正常运行时，若电源电压由于某种原因过分降低而使电动机转速明显下降、转矩降低，若负载转矩不变，使电流过大，造成电动机停转和损坏电动机。由于电源电压过分降低可能会引起一些电器释放，造成电路不正常工作产生事故，为此需迅速地切断电源。因此，欠电压保护指的是当电源电压下降达到最小允许的电压值时将电动机电源切除的保护措施。欠电压保护的作用就是当电源电压下降到一定值时立即将电源切断，以保证设备和人身的安全。

图 2-2 所示的电路中，依靠接触器本身实现欠电压和失电压保护。当电源电压由于某种原因欠电压或失电压时，接触器 KM 的电磁吸力急剧下降或消失，衔铁释放，KM 的常开主触点断开，切断电源，电动机停转。而当电源恢复正常时，由于控制电路失去自锁，电动机不会自行启动，避免了事故发生。

以上这三种保护是三相笼式异步电动机常用的保护环节，它对保证三相笼式异步电动机安全运行非常重要。

3. 点动与连续混合启动控制

在生产实践中，有的生产机械既有连续运转状态，又有短时间间断运转状态；因此对电动机的控制需要有点动与连续运转的两种混合控制方式。图 2-3 所示的是能实现点动和连续运转的几种控制线路。

图 2-3(b)所示的是最基本的点动控制线路。当按下启动按钮 SB 时，KM 线圈通电，电动机启动运转；松开按钮 SB，KM 线圈断电释放，电动机停止运转。启动按钮 SB 没有并联接触器 KM 的自锁触点，没有自锁保护，因此这种电路只能实现点动，不能实现连续运行。

（a）主电路　　　（b）点动控制线路　　　（c）点动与连续混合　　　（d）点动与连续混合
　　　　　　　　　　　　　　　　　　　　　　　控制线路一　　　　　　　控制线路二

图 2-3　几种点动控制

图 2-3(c)所示的是一类点动与连续混合控制线路。其中，复合按钮 SB_3 用来实现点动控制，SB_2 用来实现连续控制。当需要点动控制时，按下点动按钮 SB_3，其常闭触点先将 KM 自锁电路断开，常开触点闭合后，使 KM 线圈通电，衔铁被吸合，主触点闭合接通三相电源，电动机启动运行；当松开点动按钮 SB_3 时，其常开触点先断开，常闭触点后闭合，KM 线圈断电释放，主触点断开电源，电动机停止运转。图中按钮 SB_2 和 SB_1 用来实现连续控制。此线路可靠性较差。

图 2-3(d)所示的也是点动与连续混合控制线路。当需要点动控制时，由按钮 SB 来实现点动控制；当需要连续控制时，按一下按钮 SB_2，中间继电器 KA 线圈得电，KA 常开触点闭合，KM 线圈得电，即可实现电动机连续运行；按一下按钮 SB_1，中间继电器 KA 线圈失电，KA 常开触点打开，KM 线圈失电，即可实现电动机停车。

4. 正反转启动控制

许多生产机械常常要求具有上下、左右、前后等相反方向的运动，如机床工作台的前进和后退，电梯的上升和下降等，这就要求电动机能正反转可逆运行。由电动机原理可知，要实现正反转控制，只需改变接入电动机的三相电源的相序即可。将三相电源进线中任意两相对调，电动机即可反向运转。因此可借助正反向接触器改变定子绕组相序来实现正反转控制工作，其线路如图 2-4 所示。

图 2-4(b)所示的是接触器无互锁的正反转控制电路。图中 KM_1 为正转接触器，KM_2 为反转接触器。当按下正转启动按钮 SB_2，KM_1 线圈通电并自锁，电动机正转；按下反转启动按钮 SB_3，KM_2 线圈通电并自锁，电动机反转。当误操作即同时按正反向启动按钮 SB_2 和 SB_3 时，KM_1 与 KM_2 主触点都闭合，将会使主电路发生两相电源短路事故。

为避免上述事故的发生，图 2-4(c)中在上述基础上加入了电气互锁控制。它将接触器 KM_1 与 KM_2 常闭触点分别串接在对方线圈电路中，形成相互制约控制，即互锁或连锁控制。这种利用接触器（或继电器）常闭触点的互锁称为电气互锁。

（a）主电路　　　　（b）无互锁线路　　（c）正—停—反控制线路　　（d）正—反—停控制线路

图 2-4　正反向工作的控制线路

当按下正转启动按钮 SB_2 时，KM_1 线圈通电，主触点闭合，电动机正转；同时 KM_1 的常闭辅助触点断开，切断反转接触器 KM_2 线圈电路。这时，即使误操作按下反转启动按钮 SB_3，KM_2 线圈也不能通电。若要实现反转运行，必须先按下停止按钮 SB_1，使 KM_1 线圈断电释放，再按下 SB_3 才能实现。也就是说，先停止正转运行，再按反向启动按钮才能启动反转运行；反之亦然。所以这个电路称为"正—停—反"控制。此线路虽然保证了正反转接触器不能同时通电，但需按"正—停—反"顺序实现正反转切换控制，切换不直接不方便。

图 2-4(d)所示的控制线路可实现电动机正反转的直接转换控制，这个电路称为"正—反—停"控制。它将正反转启动按钮的常闭触点串入对方接触器线圈电路中的一种互锁控制，这种互锁称为按钮互锁或机械互锁。当电动机由正转变为反转时，只需按下反转启动按钮 SB_3，便会通过 SB_3 的常闭触点使 KM_1 线圈断电，KM_1 的电气互锁触点闭合，KM_2 线圈通电，从而实现电动机反转。该线路中同时存在电气互锁和机械互锁，称为具有双重互锁的电动机正反转控制。若只采用机械互锁，也能实现电动机正反转的直接转换，但可能会发生电源短路事故。所以在电力拖动控制系统中普遍使用双重互锁的电动机正反转控制线路，以提高控制的可靠性。

5. 行程控制

在生产实践中，有些机床的工作台需要自动往复运动，如龙门刨床、导轨磨床等。自动往复运动通常利用行程开关检测往复运行的相对位置，进而控制电动机的正反转，这种控制通常称为行程控制。

图 2-5 所示的是机床工作台自动往复运动示意图。限位开关 SQ_1、SQ_2 分别放在床身两端，用来反映工作台运行的终点和起点。撞块 A 和 B 安装在工作台上，跟随工作台一起移动。SQ_3、SQ_4 为极限保护开关。当工作台运行到终点和起点，撞块 A 和 B 分别压下 SQ_1、SQ_2，从而改变控制电路的通断状态，实现电动机的正反转控制，进而实现工作台的自动往复运动。

图 2-5　工作台自动往复运动示意图

　　图 2-6 所示的是机床工作台自动往复运动控制线路。电路工作过程如下:合上电源开关 QS,按下正转启动按钮 SB_2,KM_1 线圈得电并自锁,电动机正转,工作台前进;当运行到 SQ_2 位置时,撞块 B 压下 SQ_2,SQ_2 常闭触点断开、常开触点闭合,使得 KM_1 线圈失电,KM_2 线圈得电并自锁,电动机由正转变换为反转,工作台后退。当后退到 SQ_1 位置时,撞块 A 压下 SQ_1,SQ_1 常闭触点断开、常开触点闭合,使得 KM_2 线圈失电,KM_1 线圈得电并自锁,电动机由反转变换为正转,工作台又前进。如此周而复始自动往复工作。按下停止按钮 SB_1,电动机停止,工作台停止运行。当限位开关 SQ_1 或 SQ_2 失灵时,则极限保护开关 SQ_3 或 SQ_4 实现保护,避免工作台因超出极限位置而发生故障。

（a）主电路　　　　　　　　　　　　（b）控制线路

图 2-6　自动循环往复控制线路

　　由上述控制过程可知,在一个自动循环往复运动中,电动机要进行两次反转制动,易出现较大的反转制动电流和机械冲击,因此这种电路适用于电动机容量较小、循环周期较长、电动机转轴具有足够刚性的拖动系统中。另外,需选择容量较大的接触器,且机械式的限位开关容易损坏,现在多选用接近开关或光电开关实现限位控制。

6. 顺序启动控制

　　生产实践中常要求多台电动机按一定的顺序启动和停止。例如,车床主轴转动时,要求油泵先给齿轮箱提供润滑油再启动,主轴停止后,油泵才停止润滑;即要求润滑油泵电动机先启动、主轴电动机后启动,主轴电动机先停止、润滑泵电动机后停止。如图 2-7 所示,M_1 为润滑油泵电动机,M_2 为主轴电动机。将控制油泵电动机的接触器 KM_1 的常开辅助触点串入控制主轴电动机的接触 KM_2 的线圈电路中;这样只有在接触器 KM_1 线圈得电,KM_1 常开触点闭合,才允许 KM_2 线圈得电,即可实现电动机 M_1 启动后才允许电动机 M_2 启动。将控制主轴电动机的接触器 KM_2 的常开辅助触点并联在电动机 M_1 的停止按钮 SB_1 两端;这样当接触器 KM_2 通电,电动机 M_2 运转时,SB_1 被 KM_2 的常开触点短接,不起作用,不能使 M_1 停止;只有当接触器 KM_2 断电,SB_1 才能起作用,油泵电动机 M_1 才能停止。从而实现顺序启动,顺序停止的连锁控制。

（a）主电路　　　　　　　　　　（b）控制线路

图 2-7　顺序控制线路

图 2-8 所示的是采用时间继电器实现顺序启动控制的线路。主电路与图 2-7 中的主电路相同,线路要求电动机 M_1 启动 t 秒后,电动机 M_2 自动启动。可利用时间继电器的延时闭合常开触点来实现。按启动按钮 SB_2,接触器 KM_1 线圈通电并自锁,电动机 M_1 启动,同时时间继电器 KT 线圈也通电。定时 t 秒,时间继电器延时闭合的常开触点 KT 闭合,接触器 KM_2 线圈通电并自锁,电动机 M_2 启动,同时接触器 KM_2 的常闭触点切断了时间继电器 KT 的线圈电源。

7. 多地启动控制

有些机械和生产设备,由于种种原因常需要在两地或两个以上的地点进行操作,因此需要多地控制。例如,重型龙门刨床有时在固定的操作台上控制,有时需要站在机床四周用悬挂按钮控制。要实现多地控制,要求启动按钮并联,停止按钮串联。如图 2-9 所示线路可实现两地控制,图中 SB_3、SB_4 为启动按钮,SB_1、SB_2 为停止按钮,分别安装在两个不同位置,在任一位置按下启动按钮,KM 线圈都能得电并自锁,电动机启动;而在任一位置按下停止按钮,KM 线圈都会失电,电动机停止。

图 2-8　采用时间继电器实现顺序启动控制线路　　　图 2-9　实现多地点控制线路

2.3.2　三相笼式异步电动机降压启动控制

　　容量大于 10 kW 的三相笼式异步电动机直接启动时,电流较大,为额定电流的 4～8 倍,这将对电网产生巨大冲击,所以容量较大的三相笼式异步电动机一般都采用降压方式启动。所谓降压启动,是指启动时降低加在电动机定子绕组上的电压,待电动机启动后,再将电压恢复到额定值,并在额定电压下运行。因电枢电流与电压成正比,所以降低电压可以减小启动电流,减小电路的电压降,进而减小对线路电压的影响。

　　降压启动方法有:星形(也称 Y 形)—三角形(也称△形)降压启动、自耦变压器降压启动、延边三角形和使用软启动等多种方式。以下将主要介绍几种常用降压启动方法。

　　1.　Y 形—△形降压启动控制

　　对于正常运行时定子绕组接成△形的笼式异步电动机,可采用 Y 形—△形降压启动方法,以达到限制启动电流的目的。启动时,将电动机定子绕组先接成 Y 形,此时加到电动机定子绕组上的电压为相电压,为额定电压的 $\dfrac{1}{\sqrt{3}}$,从而减小了启动电流;当转速上升到接近额定转速时,再将定子绕组改接成△形,使电动机在额定电压下正常运转。

　　图 2-10 所示的是 Y 形—△形降压启动线路。该线路按时间原则控制启动过程,待启动结束后按预定整定的时间换接成△形接法。当合上刀开关 QS,按下启动按钮 SB_2 时,接触器 KM_1、KM_2 与时间继电器 KT 的线圈同时得电并自锁,电动机接成 Y 形降压启动,同时时间继电器开始定时;当电动机转速接近额定转速时,KT 的延时时间到,KT 动作,KT 的常闭触点断开,KM_2 线圈断电,KM_2 主触点断开;同时 KT 的常开触点闭合,KM_3 线圈通电并自锁,其主触点闭合,使电动机接成△形全压运行。当 KM_3 通电吸合后,KM_3 常闭触点断开,使 KT 线圈断电,避免时间继电器长期工作。KM_3、KM_2 常闭触点实现互锁控制,可有效防止 Y 形和△形同时接通造成电源短路。

　　Y 形—△形启动的优点在于,Y 形启动电流只是原来△形接法直接启动时的 1/3,启动电流小且特性好、线路简单、投资小。缺点是限制启动电流的同时,启动转矩也相

图 2-10　Y 形—△形启动控制线路

应下降为原来△形的直接启动时的 1/3,转矩特性差。因此只适用于电动机空载或轻载启动的场合。

2. 自耦变压器降压启动控制

在自耦变压器降压启动方法中,通过自耦变压器的降压来降低电动机启动电流。该方法将自耦变压器的原边接电源,副边低压侧接定子绕组。电动机启动时,定子绕组接到自耦变压器的副边低压侧,待电动机转速上升接近额定转速时,把自耦变压器切除,将额定电压直接加到电动机定子绕组,电动机进入全压正常运行状态。

图 2-11 所示的是自耦变压器降压启动控制线路,采用时间继电器的设计思路完成电动机由启动到正常运行的自动切换。启动时串入自耦变压器,启动结束时自动将其

（a）主电路　　　　　　　　　　　（b）控制线路

图 2-11　耦变压器降压启动的控制线路

切除。

该电路的工作原理是:启动电动机时,合上刀开关 QS,按下启动按钮 SB₂,接触器 KM₁、KM₃ 与时间继电器 KT 的线圈同时得电并自锁,KM₁、KM₃ 主触点闭合,KT 的瞬时触点闭合,自耦变压器接入电动机定子绕组,电动机降压启动;同时时间继电器 KT 开始定时。当电动机转速上升到接近额定转速时,时间继电器 KT 延时时间到,KT 动作,一方面 KT 的常闭延时触点断开,KM₁、KM₃ 线圈失电,KM₁、KM₃ 主触点断开,将自耦变压器切除;另一方面 KT 的常开延时触点闭合,接触器 KM₂ 线圈得电,KM₂ 主辅常开触点均闭合,电动机投入正常运转;同时 KM₂ 辅助常闭触点断开使 KT 线圈失电,避免时间继电器长期工作。

自耦变压器启动方法启动时对电网的电流冲击小,功率损耗小,且启动转矩可以通过改变自耦变压器触头的位置来调节,因此适合于较大容量的电动机。缺点是自耦变压器的结构相对较为复杂,成本价格较高,且不适合于频繁启动。

2.3.3 软启动器控制

三相异步电动机的全压启动和降压启动的线路都比较简单,不需要增加启动设备,但它们都属于有级降压启动,启动过程中存在二次冲击电流,因此仍存在启动电流比较大,启动转矩较小且固定不可调等缺点。如在全压启动方式下,启动电流为额定值的 4~8 倍,启动转矩为额定值的 0.5~1.5 倍;在定子串电阻降压启动方式下,启动电流为额定值的 1.8~2.6 倍,在 Y 形—△形降压启动时也会出现电流冲击,且启动转矩为额定值的 0.5 倍;而自耦变压器降压启动,启动电流为额定值的 1.7~4 倍,在电压切换时会出现电流冲击,启动转矩为额定值的 0.4~0.85 倍。另外,三相异步电动机的全压启动和降压启动均采用控制接触器触点断开电动机的电源,电动机自由停车,这样也会造成剧烈的电网波动和机械冲击。因而上述这些方法一般适用于对启动特性要求不高的场合。

在一些对启动要求较高的场合可采用软启动器。软启动器是一种集软启动、软停车,启动电流、启动转矩可调节,多种保护功能于一体的新颖电动机控制装置。

1. 软启动器的工作原理

软启动器主要由三相交流调压电路和控制电路构成,其基本原理是利用晶闸管的移相控制原理,通过控制晶闸管的导通角,改变其输出电压,达到通过调压方式来控制启动电流和启动转矩的目的。软启动器原理示意图如图 2-12 所示。控制电路按预定的不同启动方式,通过检测主电路的反馈电流,控制其输出电压,可以实现不同启动特性。最终软启动器输出全压,电动机全压运行。由于软启动为电子调压并对电流实时检测,因此还具有对电动机和软启动器本身的热保护、限制转矩和电流冲击、三相电源不平衡、缺相、断相等保护功能,可实时检测并显示如电流、电压、功率因素等参数。

2. 软启动器的控制功能

异步电动机在软启动过程中,软启动器通过控制加到电动机上的电压来控制电动机的启动电流和转矩,启动转矩与转速逐渐增加。软启动器可以通过改变参数的设置得到不同的启动特性,以满足不同的负载特性要求。常用的软启动方式有以下几种。

(1)斜坡升压软启动。这种启动方式最简单,不具备电流闭环控制,仅调整晶闸管导通角,使之与时间成一定函数关系。在电动机启动过程中,电压线性逐渐增加,在设定的时间内达到额定电压。其缺点是,由于不限流,在电动机启动过程中,有时要产生

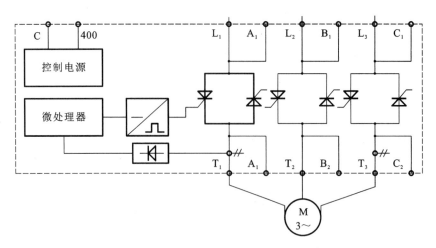

图 2-12　软启动器原理示意图

较大的冲击电流使晶闸管损坏,对电网影响较大,实际很少应用。

(2)斜坡恒流软启动。这种启动方式是在电动机启动的初始阶段启动电流逐渐增加,当电流达到预先设定的值后保持恒定($t_1 \sim t_2$ 阶段),直至启动完毕。启动过程中,电流上升变化的速率是可以根据电动机负载调整设定。电流上升速率大,则启动转矩大,启动时间短。该启动方式是应用最多的启动方式,尤其适用于风机、泵类负载的启动。

(3)阶跃启动。以最短时间使启动电流迅速达到设定值的启动方式,即为阶跃启动。通过调节启动电流设定值,可以达到快速启动效果。

(4)脉冲冲击启动。在启动开始阶段,让晶闸管在极短时间内,以较大电流导通一段时间后回落,再按原设定值线性上升、进入恒流启动的启动方式就是脉冲冲击启动。该启动方法,在一般负载中较少应用,适用于重载并需克服较大静摩擦的启动场合。

3. 软启动器的保护功能

(1)过载保护功能:软启动器引进了电流控制环,因而随时跟踪检测电动机电流的变化状况。通过增加过载电流的设定和反时限控制模式,实现了过载保护功能,使电动机过载时,关断晶闸管并发出报警信号。

(2)缺相保护功能:工作时,软启动器随时检测三相线电流的变化,一旦发生断流,即可做出缺相保护反应。

(3)过热保护功能:通过软启动器内部热继电器检测晶闸管散热器的温度,一旦散热器温度超过允许值后自动关断晶闸管,并发出报警信号。

(4)其他功能:通过电子电路的组合,还可在系统中实现其他多种联锁保护。

由于软启动器具有软启动、软停车,启动电流与转矩可调节等多种功能,软启动器适用于不需要调速的笼式异步电动机的各种应用场合;且特别适用于各种泵类负载或风机类负载等需要软启动与软停车的场合。而且,对于电动机长期处于轻载、变负载运行的场合,或只有短时或瞬间处于重载的场合,应用软启动器可以达到轻载节能的效果。

2.4　三相异步电动机的制动控制

由于惯性的作用,三相异步电动机从断电到完全停止旋转,总要经过一段时间。这往往不能适应某些生产工艺的要求,如万能铣床、卧式镗床以及组合机床等机械要求迅速、准确地停车,以提高生产效率和安全性。因此要求对电动机进行制动控制。制动控制的方法主要有两大类:机械制动和电气制动。机械制动是采用机械装置来强迫电动机迅速停车,主要采用电磁铁操纵机械进行制动,如电磁抱闸制动器。电气制动实质上是当电动机停车时,产生一个与原来旋转方向相反的制动转矩,迫使电动机速度迅速下降。由于机械制动比较简单,下面着重介绍电气制动方法。常用的电气制动方法有反接制动和能耗制动。

2.4.1 反接制动控制

反接制动是指电动机在正常运行时,突然改变电源相序,使定子绕组产生相反方向的旋转磁场,从而产生制动转矩的一种制动方法。此时电动机的状态将由原来的电动状态转变为制动状态,这种制动方式就是电源反接制动。

当电源的相序发生改变时,定子绕组中产生了相反方向的旋转磁场,而转子由于惯性,仍按原来方向旋转,在转子绕组中产生了与原来方向相反的感应电流。在电源刚反接的瞬间,转子与旋转磁场的相对速度接近于两倍的同步转速,流过的反接制动电流也相当于全电压直接启动时电流的 2 倍。因此,反接制动特点是制动电流大、制动力矩大,制动迅速,效果好,但制动电流和机械冲击大。反接制动方法通常适用于 10 kW 以下的小容量电动机。

为了限制制动电流和减小机械冲击,在反接制动过程中,通常要求在笼式感应电动机的定子电路中串入反接制动电阻。而且,当电动机转速接近于零时,要求及时切断反相序的电源,以防止电动机反向再启动。

电动机运行包含单向运行和正反向运行,因此对应的制动控制也包含单向运行反接制动控制和正反向运行反接制动控制两种线路,以下将以电动机单向运行反接制动控制线路为例来说明。

图 2-13 所示的是带制动电阻的单向反接制动的控制线路,在该线路中引入了速度继电器,用来实时检测电动机的速度变化;当电动机的转速在 120~3000 r/min 范围内时,速度继电器常开触点闭合;当电动机的转速低于 100 r/min 时,其常开触点恢复原位断开。该线路工作原理是:按下启动按钮 SB_2,接触器 KM_1 线圈得电并自锁,主触点 KM_1 闭合,电动机 M 正常启动运行。当电动机正常运行时,电动机的转速在 120~3000 r/min 范围内,速度继电器 KS 的常开触点闭合,为反接制动做好了准备。

按下停止按钮 SB_1,其常闭触点断开,使得接触器 KM_1 线圈失电,主触点 KM_1 断开,电动机 M 脱离原来电源。由于惯性作用,此时电动机的转速仍然很高,速度继电器 KS 的常开触点仍保持闭合状态。因此,当按下停止按钮 SB_1 时,SB_1 常开触点闭合,速度继电器 KS 的常开触点也处于闭合状态,使得反接制动接触器 KM_2 线圈得电并自锁,其主触点闭合 KM_2 闭合,电动机 M 切换到与正常运转相序相反的三相交流电源上,接入了反向制动电流。电动机转速开始迅速下降,当转速低于 100 r/min 时,速度继电器动作,其常开触点恢复原位断开,接触器 KM_2 线圈失电,主触点 KM_2 断开,电路被切断,反接制动结束。

在上述过程中,电路实现了两个功能:一是当电动机正常运行时,改变电动机的电源相序,接入反向制动电流;二是当电动机转速下降到接近于零时,自动将电源切除;从

图 2-13　单向反接制动的控制线路

而最终实现了反接制动的目的。

2.4.2　能耗制动控制

所谓能耗制动,就是在电动机脱离三相交流电源之后,定子绕组上加一个直流电压,即通入直流电流,利用转子感应电流与静止磁场的作用以达到制动的目的。根据能耗制动的时间控制原则,采用时间继电器进行控制,也可以根据能耗制动的速度控制原则,采用速度继电器进行控制。下面将以单向能耗制动控制线路为例来说明。

图 2-14 所示的是按时间原则控制的单向能耗制动控制线路图。该电路工作原理如下:当按下停车按钮 SB₁,接触器 KM₁ 线圈失电,主触点 KM₁ 断开,电动机 M 脱离三相交流电源。同时,停车按钮 SB₁ 的联动常开触点闭合,时间继电器 KT 线圈与接触器 KM₂ 线圈同时得电并自锁,主触点 KM₂ 闭合,电动机接入直流电源进入能耗制动状态。当电动机转子速度下降接近于零时,时间继电器 KT 达到动作值,延时打开的常闭触点 KT 断开。KM₂ 线圈失电,主触点 KM₂ 断开,电动机脱离直流电源,能耗制动结束。同时,辅助触点 KM₂ 也断开,KT 线圈失电。

图 2-14 中时间继电器的瞬间常开触点 KT 的作用是:当时间继电器的线圈出现断线或机械卡住故障时,瞬间常开触点 KT 断开。此时,当按下停车按钮 SB₁,电动机仍能进入迅速制动状态;当电动机速度下降接近于零时,松开停车按钮 SB₁,KM₂ 线圈仍能失电,主触点 KM₂ 断开,电动机脱离直流电源,制动结束。因此,瞬间常开触点 KT 保障了在 KT 线圈出现故障时,该线路仍然具有手动控制能耗制动的功能。

图 2-15 所示的是按速度原则控制的单向能耗制动控制线路图。该电路工作原理如下:该线路用速度继电器 KS 取代了时间继电器 KT。在电动机刚刚脱离三相交流电源时,由于惯性作用电动机转子的速度仍然很高,速度继电器 KS 的常开触点仍然处于闭合状态,所以接触器 KM₂ 线圈保持得电自锁状态,主触点 KM₂ 闭合,电动机接入直流电源进入能耗制动状态。当电动机转子的速度下降且低于速度继电器 KS 动作值时,KS 常开触点断开,KM₂ 线圈失电,主触点 KM₂ 断开,能耗制动结束。

图 2-14 按时间原则控制的单向能耗制动控制线路

图 2-15 按速度原则控制的单向能耗制动控制线路

能耗制动比反接制动消耗的能量少,其制动电流也比反接制动电流小得多,但能耗制动的制动效果不及反接制动明显,同时还需要一个直流电源,控制线路相对比较复杂,一般适用于电动机容量较大和启动、制动频繁的场合。

2.5 三相异步电动机的调速控制

在许多机械和生产设备中,为了实现自动操作控制,要求三相异步电动机的速度可调。如钢铁行业的轧钢机、鼓风机、车床等设备都要求电动机速度可调。一般而言,电动机调速可分为两类:机械调速和电气调速。机械调速指的是定速电动机与变速联轴配合的调速方式,一般调速范围小、效率低。电气调速是一种电动机直接调速的调速方式。

由电动机原理可知,三相笼式异步电动机的转速为

$$n = n_0(1-s) = 60f_1(1-s)/p_1$$

式中:n_0 为同步转速,p_1 为极对数,s 为转差率,f_1 为供电电源频率。可见,电动机转速与定子绕组的极对数、转差率及电源频率有关。因此,三相异步电动机调速方法有:变极调速、变转差率调速、变频调速三种。变极调速一般仅适用于笼式异步电动机;变转差率调速可通过调节定子电压、改变转子电路中的电阻以及采用串级调速来实现;变频调速是现代电力传动的一个主要发展方向,已广泛应用于工业自动控制中。本节主要介绍三相笼式异步电动机常用的变极调速和变频调速两种方式。

2.5.1 变极调速控制

变极调速是通过改变定子空间磁极对数的方式改变同步转速,从而达到调速的目的。在电网频率恒定的情况下,电动机的同步转速与磁极对数成反比,磁极对数增加一倍,同步转速就下降一半,从而引起异步电动机转子转速的下降。因此,改变电动机绕组的接线方式,使其在不同的极对数下运行,其同步转速跟随变化。异步电动机的极对数是由定子绕组的连接方式来决定的,因此可以通过改换定子绕组的连接来改变异步电动机的极对数。变极调速方法一般仅适合于笼式异步电动机。显然,这种调速方法只能一级一级地改变转速,而不能平滑地调速。

变极调速是通过接触器触点来改变电动机绕组的接线方式,以获得不同的极对数来达到调速目的的。变极电动机一般有双速、三速、四速之分。

下面将以双速电动机控制线路来阐述变极调速的原理。图 2-16 所示的是双速电动机的定子绕组的接线图。双速电动机的定子绕组的连接方式常有两种:一种是绕组从△形改成双 Y 形,如图 2-16(a)所示的连接方式转换成图 2-16(c)所示的连接方式;另一种是绕组从单 Y 形转换成双 Y 形,如图 2-16(b)的连接方式转换成图 2-16(c)所示的连接方式。这两种接法都能使电动机产生的磁极对数减少一半,即电动机的转速提高一倍。

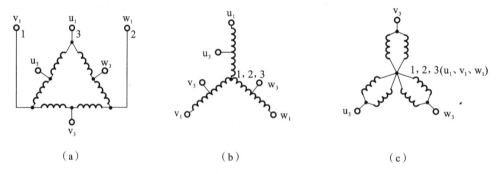

$$(a) \qquad\qquad (b) \qquad\qquad (c)$$

图 2-16 双速电动机的定子绕组的接线图

图 2-17 所示的是双速电动机△形变双 Y 形的控制线路图。其工作原理是:当按下启动按钮 SB_2,KM_1 线圈得电,KM_1 常开主触点闭合,绕组接成△形,电动机低速启动;同时中间继电器 KA 线圈得电自锁,KA 常开触点闭合,时间继电器 KT 线圈得电。当时间继电器计时且达到整定时间,KT 延时断开的常闭触点断开,使得 KM_1 线圈失电,KM_1 常开主触点断开;同时 KT 延时闭合的常开触点闭合,KM_3 线圈得电,从而使得

图 2-17 双速电动机△形变双 Y 形的控制线路

KM_3 常开主、辅触点常开触点闭合，KM_2 线圈得电，主触点 KM_2 进而闭合；绕组由△形变成双 Y 形连接，电动机以高速运行。

变极调速的优点是设备简单，运行可靠，既可适用于恒转矩调速（Y/YY），也可适用于近似恒功率调速（△/YY）；缺点是转速只能成倍变化，为有级调速。Y/YY 变极调速主要应用于起重电葫芦、运输传送带等；△/YY 变极调速主要应用于各种机床的粗加工和精加工。

2.5.2 变频调速控制

由电动机原理可知，改变电源频率 f_1 可以改变电动机同步转速。变频调速是利用电动机的同步转速随频率变化的特性，通过改变电动机的供电频率进行调速的方法。

三相异步电动机定子每相电动势的有效值为

$$E_1 = 4.44 f_1 N_1 \Phi$$

式中：E_1 为定子每相电动势的有效值，f_1 为定子的频率，N_1 为定子绕组有效匝数，Φ 为每极磁通量。当忽略定子阻抗压降时，定子端电压 $U_1 = E_1 = 4.44 f_1 N_1 \Phi$。若端电压 U_1 不变，则随着频率 f_1 的升高，磁通量 Φ 将减小；从转矩公式 $T = C_M \Phi T_2 \cos\varphi_2$ 可知，磁通量 Φ 的减小将使得电动机的转矩下降，从而降低电动机带负载的能力；严重时会使电动机堵转。若保持定子端电压 U_1 不变，减小 f_1，则磁通量 Φ 将增加，将导致磁路饱和，励磁电流上升，铁芯发热，铁损急剧增加，这也是不允许的。因此，调频时要求在保证磁通量 Φ 不变的前提下，同时成比例地改变定子端电压和频率，即保持 $U_1/f_1 = 4.44 N_1$，Φ 为常数。这种调频方式通常称为 V/F 控制方式。

根据频率的大小不同，V/F 控制可分为额定频率以下恒磁通变频调速和额定频率以上弱磁变频调速两种。

1）额定频率以下恒磁通变频调速

为了保持电动机的负载能力，应保持磁通量 Φ 不变，因此在降低电源频率的同时，必须降低电动机的定子电压 U_1，以保持 U_1/f_1 ＝常数，这就是恒压频比（V/F）控制方式。由于磁通量 Φ 不变，调速过程中电磁转矩 $T=C_M\Phi T_2\cos\varphi_2$ 也不变，因此，电动机额定频率以下的调速也近似为恒磁通调速或恒转矩调速。

2）额定频率以上弱磁变频调速

当电源频率 f_1 在额定频率以上调节时，电动机的定子相电压由于受额定电压 U_{1N} 的限制不能再升高，只能维持电动机定子额定相电压 U_{1N} 不变。因此，磁通量 Φ 随着 f_1 的升高而下降，但 n 上升；相当于电动机弱磁调速，属于恒功率调速。

根据 U_1 和 f_1 的不同比例关系，将有不同的变频调速方式。保持 U_1/f_1 常数的比例控制方式适用于调速范围不大或转矩随转速下降而减小的负载，如风机、水泵等。保持转矩为常数的恒磁通控制方式适用于调速范围较大的恒转矩性质的负载，如升降机械、搅拌机、传送带等。保持功率为常数的恒功率控制方式适用于负载随转速的增高而变轻的场所，如主轴传动、卷绕机等。

由上述可知，异步电动机的变频调速必须按照一定的规律同时改变定子的电压和频率，基于这种原理构成的变频器即为所谓的 VVVF 调速控制，也是通用变频器（VVVF）的基本原理。

变频调速是通过平滑改变异步电动机的供电频率来调节异步电动机的同步转速，从而实现异步电动机的无级调速。这种调速方法由于调节同步转速，故可以由高速到低速保持有限的转差率，实现连续调速。变频调速具有启动电流小，加减速度可调，调速范围大，精度高、效率高，电动机可以高速化和小型化，保护功能齐全等优势。因此，变频调速广泛应用于各生产领域中，如风机、泵、搅拌机、压缩机、机床、钻床、磨床以及起重机械中，以提高生产效率和质量，达到节能的目的。

2.6 控制电路综合举例

装卸料小车是工业运料的主要设备之一，广泛应用于自动生产线、冶金、煤矿、港口、码头等行业。小车通常采用电动机驱动，电动机正转小车前进，电动机反转小车后退。图 2-18 所示的为小车自动往复运动工作示意图：带导轨的工作台上设有行程开关，启停按钮；当按下启动按钮，装满料的小车前进，运行到目的地，小车卸料，自动返回到原地。A、B 两地装有限位开关，用来反映小车运行的终点和起点。当小车运行到终点和起点，撞块 A 和 B 分别压下 SQ_1、SQ_2，从而改变控制电路的通断状态，实现电动机的正反转控制，进而实现小车的自动往复运动。设计一个运料小车控制电路。

图 2-18 小车工作示意图

1. 控制要求

（1）小车启动后，前进到 A 地，然后做以下往复运动：到 A 地后停 2 min 等待装料；然后自动走向 B；到 B 地后停 2 min 等待卸料，然后自动走向 A。

（2）有过载和短路保护。

（3）小车可停在任意位置。

2. 主电路分析

图 2-19(a)所示的是运料小车主电路，电源开关 QS 将 380 V 的三相电源引入。电动机 M 由正转控制交流接触器 KM₁ 和反转控制交流接触器 KM₂ 的两组主触点构成，用 KM₁ 和 KM₂ 的主触点改变进入电动机的三相电源的相序，从而改变电动机的运行方向。电动机正转时，小车前进，从 B 地运行到 A 地；电动机反转时，小车后退，从 A 地返回到 B 地。为保证主电路的正常运行，主电路采用熔断器 FU 和热继电器 FR 分别实现短路保护与过载保护。

（a）小车主电路　　　　　　　　　　　　（b）小车控制回路

图 2-19　运料小车控制电路

3. 控制电路分析

图 2-19(b)所示的是运料小车控制电路，SB₁ 为停止按钮，SB₂、SB₃ 分别为控制小车前进与后退的启动按钮；SQ₁、SQ₂ 分别为 A、B 两地小车运行的限位开关。该电路工作过程如下：合上电源开关 QS，按下前进启动按钮 SB₂，交流接触器 KM₁ 线圈得电并自锁，电动机正转，小车前进；常开辅助触点 KM₁ 闭合实现自锁，常闭辅助触点 KM₁ 断开，以保证交流接触器 KM₁、KM₂ 线圈不同时得电，从而实现电气互锁。当小车运行到 A 地极限位置 SQ₁ 处时，撞块 A 压下 SQ₁，SQ₁ 常开触点闭合、常闭触点断开，使得延时继电器 KT₁ 线圈得电，开始延时；KM₁ 线圈失电，切断电源小车停止前进，小车在 A 地停止 2 min 卸料；2 min 后常开触点 KT₁ 闭合，KM₂ 线圈得电，常开主触点 KM₂ 闭合，电动机由正转变换为转反转，小车后退，向 B 地返回，运行过程与正向类似，如此周而复始自动往复工作。

当按下停止按钮 SB₁ 时，电源被切断，小车停止运行，但不能实现任意位置停车。原因在于：当小车在两端极限位置 A、B 地时，由于限位开关的常开触点 SQ₁ 或 SQ₂ 处于闭合状态，要使小车停止运行，需长期按下停止按钮 SB₁，才能实现停车；否则，一旦松开停止按钮 SB₁，延时线圈 KT₁ 或 KT₂ 得电，延时 2 min 后，KT₁ 或 KT₂ 常开触点闭合,小车将继续正向或反向运行。

据此,对控制回路进行了改进,如图 2-20 所示,增加中间继电器 KA。当按钮启动按钮 SB,中间继电器 KA 线圈得电,常开辅助触点 KA 闭合实现自锁,再通过正反向启动按钮可以控制小车的运行方向;运行过程与上图类似,不再赘述。当按下停止按钮 SB₁,中间继电器 KA 线圈失电,辅助常开触点 KA 断开,切断电源,从而可以实现任意位置停车。

图 2-20 实现任意位置停车的小车控制回路

本章小结

电气控制线路是指按一定的控制方式用导线将继电器、接触器、按钮、行程开关、保护元件等元器件连接起来的自动控制线路。

电气控制线路的作用是实现对被控对象(电动机)的启动、调速、反转和制动等运行性能的控制;实现对拖动系统的保护;在满足生产工艺要求的前提下实现生产过程自动化。

常用的电气控制系统图一般有三种:电气原理图、电器元件布置图以及电气安装接线图。在图上用不同的图形符号表示各种电器元件,用不同的文字符号来进一步说明图形符号所代表的电器元件的基本名称、用途、主要特性及编号等。

低压电气控制系统中常用的保护环节有短路保护、过载保护、零电压和欠电压保护、过电流保护以及弱磁保护等。

依靠接触器本身辅助触点使其线圈保持通电的现象称为自锁;将两个接触器常闭触点分别串接在对方线圈电路中,形成相互制约,即互锁控制。

分析几种典型的继电器-接触器控制电路的工作原理和过程,有助于理解和掌握基本控制环节的电气原理图,同时了解电气控制系统中各种类型的保护。

习　　题

（1）电气控制系统图有哪几种？

（2）电气原理图一般分哪两部分？各有什么特点？

（3）绘制电气原理图时，应遵守哪些原则？

（4）低压电气控制系统中有哪些常用的保护措施？

（5）短路保护、过电流保护和过载保护有什么区别？各由哪些常用电器起作用？

（6）简述"自锁"与"互锁"的概念，举例说明各自的作用。

（7）根据电气原理图，分析三相异步电动机正反转控制系统。

（8）根据电气原理图，分析三相异步电动机 Y 形—△形降压启动控制系统。

（9）根据电气原理图，分析三相异步电动机反接制动控制系统。

（10）根据电气原理图，分析三相异步电动机能耗制动控制系统。

（11）三相笼式异步电动机 M_1、M_2 可直接启动，设计主电路和控制电路，控制要求如下：

① M_1 先启动，经过 2 min，M_2 自行启动；

② M_2 启动后，M_1 立即停车；

③ M_2 能单独停车；

④ M_1、M_2 均能点动。

（12）设计一个控制线路，实现异步电动机正反转双向反接制动控制。

3

PLC 概述

3.1 PLC 的定义

国际电工委员会(IEC)在 1989 年对可编程序逻辑控制器(简称 PLC)做了如下定义:可编程序逻辑控制器是一种用数字运算操作的电子系统,是专为工业环境下应用设计的。它采用可编程序的存储器,在其内部存储和执行逻辑运算、顺序控制、定时、计数和算术运算等操作的指令,并通过数字式和模拟式的输入和输出,控制各种类型的机械或生产过程。可编程序逻辑控制器及其有关外部设备都按易于与工业控制系统集成,易于扩充其功能的原则设计。

事实上,可编程序逻辑控制器是以嵌入式 CPU 为核心,配以输入/输出模块,结合计算机(computer)技术、自动化(control)技术和通信(communication)技术(简称 3C 技术)的高度集成化的新型工业控制装置。各类可编程序逻辑控制器外形如图 3-1 所示。

图 3-1　各类可编程序逻辑控制器外形

3.2 PLC 的产生与发展

3.2.1 PLC 的产生

在 PLC 诞生之前,在电气控制领域占主导地位的是由继电器、接触器等组成的继电器控制系统。当时的生产机械广泛地采用这种结构简单、价格低廉又容易操作的控制系统。随着工业发展步伐的不断加快,生产规模越来越大,生产周期不断缩短,对劳动生产率及产品质量的要求不断提高,采用硬件接线的继电器控制系统本身存在的体积大、通用性差,在复杂系统中可靠性低以及维修困难等诸多缺点,越来越不能满足现代工业发展的需要。

1968 年,美国通用汽车公司(GM,简称通用公司)为了适应汽车型号的不断翻新,想寻求一种比继电器更可靠、功能更齐全、响应速度更快的新型工业控制装置取代原继电器接触器的控制装置。为此,通用公司对外公开招标,希望能开发出一种以计算机为基础的、采用程序代替硬件接线方式的、可以进行通用的大规模生产线流程控制的新型控制器。1969 年,美国数字设备公司(DEC)首先响应并中标,当年就成功研制出了满足要求的世界上第一台 PLC(PDP-14),并将它安装在通用公司的自动装配线上,取得了极大成功,开创了 PLC 技术的新纪元。

可编程序逻辑控制器(programmable logic controller,PLC),早期主要是用于取代继电器来实现各种逻辑控制,因此名字里有"逻辑"二字。之后,由于电子技术、计算机技术的飞速发展,PLC 的功能越来越丰富,不再局限于逻辑控制,故称为可编程控制器(programmable controller,PC)。但由于 PC 容易和个人计算机(personal computer)的英文缩写混淆,所以,人们还是沿用 PLC 作为其英文缩写。

3.2.2 PLC 的发展

PLC 这种新型的工业控制器,把继电器控制简单易懂、价格低廉的特点与计算机通用性强、灵活性好、功能完善的特点结合起来,结构紧凑、体积小、操作方便、可靠性高、灵活性强。随着微处理器的出现,大规模、超大规模集成电路技术的迅速发展和数据通信技术的不断进步,PLC 迅速在世界范围内得到研究和发展。

20 世纪 70 年代,作为 PLC 的萌芽时期,PLC 主要是作为继电器控制装置的替代产品,执行原先由继电器完成的顺序控制、定时等功能。受限于当时的元件水平和计算机发展水平,装置中的器件主要采用分立元件和中小规模集成电路,存储器采用磁芯存储器。另外还采取了一些措施,以提高其抗干扰的能力。这一时期的 PLC 功能简单、容量小,可靠性较继电器控制装置有一定提高。

70 年代末期,随着微处理器技术的快速发展,计算机技术的全面引入,使 PLC 的功能大大增强。在原有的逻辑运算、计时、计数等功能基础上,增加了算术运算、数据处理、传送、通信、自诊断以及模拟量运算、PID 等功能,从而使 PLC 进入了实用化发展阶段。

随着大规模和超大规模集成电路技术的迅速发展,高性能微处理器在 PLC 中大量使用,使得各种类型的 PLC 的微处理器的档次普遍提高,性能也大为增强。各制造厂商还纷纷研制开发了专用逻辑处理芯片,使在模拟量控制、数字运算、人机接口和网络等方面都得到大幅度提高,这一阶段的 PLC 逐渐进入过程控制领域,在某些方面取代了过程控制领域处于统治地位的 DCS 系统,奠定了其在工业控制中不可动摇的地位。

20 世纪末期,集成电路技术和微处理器技术继续迅猛发展,多处理器的使用,使得 PLC 开发出各种各样的智能模块,生产了各种人机界面单元、通信单元,使应用可编程控制器的工业控制设备的配套更加容易。此外,随着计算机技术和网络通信技术的迅速发展,PLC 通过以太网与上位计算机联网,实现 PLC 远程通信等,PLC 技术得到更加广泛的使用。

经过多年的发展,在美国、欧洲、日本等工业发达国家和地区,PLC 已经成为其重要产业之一。国际上较有影响的,在中国市场占有较大份额的公司有:德国西门子公司,美国莫迪康公司(施奈德)、GE 公司、AB(Alien-Bradley)公司,日本 OMRON 公司、三菱公司、松下公司等。我国引入的 PLC 主要用于冶金、电力、自动化生产线等大型设备和系统。

在引进国外 PLC 产品的过程中,我国也组织了相关单位对 PLC 进行国产化。2000 年以后,我国的 PLC 生产有了一定的发展,国内 PLC 形成产品化的生产企业约30 多家,各家厂商规模不一样;小型 PLC 已批量生产,中大型 PLC 已有产品。依赖DCS 系统的研发优势,北京和利时自动化驱动技术有限公司自主研发的 KLK 大型PLC(品牌:HollySys)已通过 CE 认证,深圳市合信自动化技术有限公司生产的 CO-TRUST 自主品牌的 CTH200 小型机、CTSC-200 小型机、CTH300 系列中大型 PLC 以及 CTMC 系列运动控制 PLC 等越来越受到用户的关注和喜爱。

3.2.3 PLC 的发展趋势

PLC 总的发展趋势是向微型化、智能化、网络化、开放性和软 PLC 等方向发展。

1. 向大、小两个方向发展

在系统构成规模上,一是向体积更小、速度更快、功能更强、价格更低的小型化或微型化 PLC 方向发展;二是向大容量、高速度、多功能的大型高档 PLC 方向发展。

2. 开发各种智能模块,不断增强过程控制能力

智能 I/O 模块是以微处理器为基础的功能部件,模块的 CPU 与 PLC 的 CPU 并行工作,可以大大减少占用主 CPU 的时间,有利于提高 PLC 的扫描速度;又可以使模块具有自适应、参数自整定等功能,调试时间减少,控制精度得到提高,极大地增强了PLC 的过程控制能力。

3. 向网络化发展,通信联网功能不断增强

PLC 的通信联网功能可使 PLC 与 PLC 之间,PLC 与计算机之间相互交换信息,实现近距离或远距离通信,形成一个统一的分散集中控制系统。在提供网络接口方面,PLC 向两个方向发展,一是提供直接挂接到现场总线网络中的接口(如 PROFIBUS、AS-i 等);二是提供 Ethernet 接口,使 PLC 直接接入以太网。虽然通信网络功能强大,但硬件连接和软件程序设计的工作量却不大。许多制造商为用户设计了专用的通信模块,并且在编程软件中增加了向导;所以用户大部分的工作是简单的组态和参数设置,实现了 PLC 中复杂通信网络功能的易用化。

4. 开放性方面的发展

早期的 PLC 存在许多缺点,软、硬件体系结构是封闭的就是其中之一。因此,几乎各个公司的 PLC 均互不兼容。目前,PLC 在开放性方面已有实质性突破。不少大型PLC 厂商在 PLC 系统结构上采用了各种工业标准,如 IEC61131—3 等。AEG schneider 集团已开发出以 PLC 机为基础,在 Windows 平台下,符合 IEC61131—3 国际标准的全新一代开放体系结构的 PLC。

5. 软 PLC 方面的发展

长期以来,PLC 始终处于工业控制自动化领域的主战场,为各种各样的自动化控制设备提供非常可靠的控制方案,与 DCS 和工业 PC 形成了三足鼎立之势。同时,PLC 也承受着来自其他技术产品的冲击,尤其是工业 PC 所带来的冲击。

随着 PC 进入计算机数控系统,运用 PC 的开放性的 CNC 已经成为数控系统发展的新趋势。传统的 PLC 技术渐渐暴露出其不足之处,主要表现在其技术封闭,各个生产厂商的产品互不兼容,各类 PLC 的编程语言差别较大;同时,其技术为少数几家生产厂家所垄断,价格昂贵,所有这些因素都制约着 PLC 的发展。随着 PC-Based 控制技术的发展,以及工业控制领域的 IEC61131 国际标准的推出和实施,软 PLC(softPLC)技术应运而生,并逐渐得到了广泛应用。

软 PLC,是在 PC 的平台上,用软件模拟实现 PLC 的功能,也就是说,软 PLC 是一种基于 PC 开发结构的控制系统,它具有硬 PLC 的功能,以及硬 PLC 在可靠性、速度、故障查找等方面的特点,利用软件技术可以将标准的工业 PC 转换为全功能的 PLC 过程控制器。软 PLC 综合了计算机和 PLC 的开关量控制、模拟量控制、数学运算、数值处理、网络通信、PID 调节等功能,通过一个多任务控制内核,提供强大的指令集、快速而准确的扫描周期、可靠的操作和可连接各种 I/O 系统及网络的开放式结构。可以说,软 PLC 不仅具有硬 PLC 的功能,还可以提供 PC 环境的各种优点。高性价比的软 PLC 成为今后高档 PLC 的发展方向。

3.3 PLC 的硬件组成和工作原理

3.3.1 PLC 的硬件组成

PLC 主要由 CPU(中央处理器)、存储器、输入/输出(I/O)接口电路、电源、外部设备通信接口、输入/输出(I/O)扩展接口、编程器等部分组成。PLC 硬件组成如图 3-2 所示。

(1) CPU:CPU 是 PLC 的核心部分,很大程度上决定了 PLC 的整体性能,通过地址总线、数据总线和控制总线与存储器、I/O 接口等连接。

(2) 存储器:存储器主要用于存放系统程序、用户程序和工作数据,有系统存储器和用户存储器两种。系统存储器用于存放系统程序,特点是用户不能更改、使用只读存储器 EPROM。用户存储器用于存储用户程序(用户程序存储器)和工作数据(功能存储器)。用户程序存储器一般用可进行读/写操作的随机存储器 RAM,但调试好后可固化在 EPROM 和 E²PROM 中;而功能存储器存放 PLC 运行中的各种数据,这些数据在 PLC 运行过程中是不断变化的,不需要长久保存,采用随机存储器(RAM)。

(3) I/O 接口电路:I/O 模块是 PLC 与工业现场之间的连接部件,是数据进出 PLC 的通道。它用于接收现场的输入信号(如按钮、行程开关和各类传感器等)和直接或间接地控制、驱动现场生产设备(如信号灯、接触器和电磁阀等)。

(4) 电源:电源负责给 PLC 提供能源,PLC 一般采用的是高质量、高稳定性、抗干扰能力强的直流开关稳压电源。

(5) 外部设备通信接口:通信接口主要功能为实现"人机"或"机机"对话,通信接口

图 3-2 PLC 硬件组成

一般都带有通信处理器。PLC 通过这些接口与监视器、打印机等设备实现通信。

（6）I/O 扩展接口：主要用于连接扩展单元。

（7）编程器：主要用于编辑、调试、检查、修改程序，监视用户程序的执行过程，显示 PLC 状态、内部器件及系统参数等。

3.3.2 PLC 的工作原理

1. PLC 的工作过程

PLC 系统采用"循环扫描"的工作方式。PLC 在运行时，其内部要进行一系列操作，大致包括 6 个方面的内容，即初始化处理、系统自诊断、通信与外设服务（含中断服务）、采样输入信号、执行用户程序、输出刷新。PLC 工作流程如图 3-3 所示。

1）初始化处理

PLC 上电后，首先进行系统初始化，其中检查自身完好性是起始操作的主要工作。初始化的内容是：

（1）对 I/O 单元的内部继电器清零，所有定时器复位（含 T_0），以消除各元件状态的随机性。

（2）检查 I/O 单元和内部连接是否正确。

（3）检查自身完好性：即启动监控定时器（watch dog timer，WDT；也称看门狗），用检查程序（即一个涉及各种指令和内存单元的专用检查程序）进行检查。

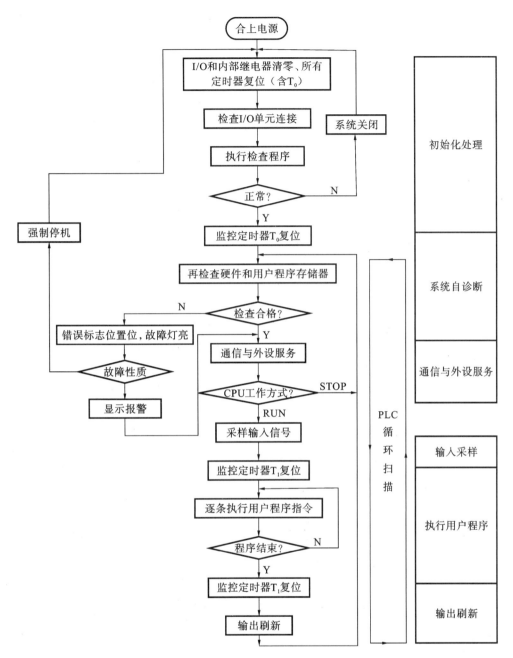

图 3-3 PLC 工作流程图

执行检查程序所用的时间是一定的,用 T_0 监测执行检查程序所用的时间。如果所用的时间不超过 T_0 的设定值,即不超时,则可证实自身完好;如果超时,用 T_0 的触点使系统关闭。若自身完好,则将监控定时器 T_0 复位,允许进入循环扫描工作。由此可见,T_0 的作用就是监测执行检查程序所有的时间,当所用的时间超时时又用来控制系统的关闭,故 T_0 称为监控定时器。

2)系统自诊断

在每次扫描前,再进行一次自诊断,检查系统的完好性,即检查硬件(如 CPU、系统程序存储器 I/O 接口、通信接口、后备锂电池电压等)和用户程序存储器等,以确保系统可靠运行。若发现故障,将有关错误标志位置位,再判断一下故障性质,如果是一般性故障,则只报警而不停机,等待处理;如果是严重故障,则停止运行用户程序,PLC 切断一切输出联系。

3）通信与外设服务

通信与外设服务指的是与编程器、其他设备(如终端设备、彩色图形显示器、打印机等)进行信息交换,与网络进行通信以及设备中断(用通用)服务等。如果没有外设请求,系统会自动向下循环扫描。

4）采样输入信号

采样输入信号是指 PLC 在程序执行前,首先扫描各模块,将所有的外部输入信号的状态读入(存入)到输入映像存储器 I 中。

5）执行用户程序

在执行用户程序前,先复位看门狗(即监控定时器 WDT)T_1,当 CPU 对用户程序扫描时,T_1 就开始计时,在无中断或跳转指令的情况下,CPU 就从程序的首地址开始,按自左向右、自上而下的顺序,对每条指令主句进行扫描,扫描一条,执行一条,并把执行结果立即存入输出映像存储器 Q 中。

当正常时,执行完用户程序所用的时间不会超过设定值 T_1;接下来,T_1 复位,刷新输出。当程序执行过程中存在某种干扰,致使扫描失控或进入死循环时,执行用户程序就会超时,T_1 的触点会接通报警电路,发出超时警报信号并重新扫描和执行程序(即程序复执)。如果是偶然因素或者瞬时干扰而造成的超时,则重新扫描用户程序时,上述"偶然干扰"就会消失,程序执行便恢复正常。如果是不可恢复的确定性故障,T_1 的触点使系统自动停止执行用户程序,切断外部负载电路,发出故障信号,等待处理。

由上述可见,T_1 的作用就是监测执行用户程序所用的时间,当所用的时间超时时,又用来控制报警和系统的关闭。另外还可以看出,程序复执也是一种有效的抗干扰措施。

6）输出刷新

输出刷新就是指 CPU 在执行完所有用户程序后,将输出映像存储器 Q 的内容送到输出锁存器中,再由输出锁存器送到输出端子上去。刷新后的状态要保持到下次刷新。

2. 用户程序的循环扫描过程

PLC 循环扫描机制就是 CPU 用周而复始的循环扫描方式去执行系统程序所规定的操作。对 PLC 周期扫描机制的理解和应用是能否发挥 PLC 控制功能的关键所在。CPU 有两个操作方式,即 STOP 方式和 RUN 方式。其主要差别是:RUN 方式下,CPU 执行用户程序;STOP 方式下,CPU 不执行用户程序。

下面说明 CPU 在 RUN 方式下执行用户程序的过程。

1）扫描的含义

CPU 执行用户程序和其他的计算机一样,也是采用"分时"原理,即一个时刻执行一个操作,并一个操作一个操作地顺序进行,这种分时操作过程就是 CPU 对程序"扫描"。若是周而复始地反复扫描就是"循环扫描"。显然,只有被扫描到的程序(或指令)或元件(线圈或触点)才会被执行或动作。

如果用户程序是由若干条指令组成,指令在存储器内是按顺序排列的,则 CPU 从第一条指令开始顺序地逐条执行,执行完最后一条指令又返回第一条指令,开始新一轮扫描,并且周而复始地循环。

2）扫描周期

扫描周期是指在正常循环扫描时，从扫描过程中的一点开始，经过顺序扫描又回到该点所需要的时间。例如，CPU从扫描第一条指令开始，到扫描最后一条指令，然后又返回到第一条指令所用的时间就是一个扫描周期。PLC运行正常时，扫描周期的长短与下列因素有关：CPU的运算速度、I/O点的数量、外设服务的多少与时间（如编程器是否接上、通信服务及其占用时间等）、用户程序的长短、编程质量（如功能程序长短、使用的指令类别以及编程技巧等）。

3）循环扫描过程

由于PLC采用分时操作的方法，每一时刻只能执行一个操作指令，所以程序的执行存在一定延时。PLC扫描一个周期必经输入采样、程序执行和输出刷新三个阶段。PLC的扫描过程如图3-4所示。

图3-4　PLC扫描过程

（1）输入采样阶段：首先以扫描方式按顺序将所有暂存在输入锁存器中的输入端子的通断状态或输入数据读入，并将其写入各对应的输入状态寄存器中（输入映像区），即刷新输入。随即关闭输入端口，进入程序执行阶段。

（2）程序执行阶段：按用户程序指令存放的先后顺序扫描执行每条指令，经相应的运算和处理后，其结果再写入输出状态寄存器中（输出映像区），输出状态寄存器中所有的内容随着程序的执行而改变。

（3）输出刷新阶段：当所有指令执行完毕，输出状态寄存器的通断状态在输出刷新阶段送至输出锁存器中，并通过一定的方式（继电器、晶体管或晶闸管）输出，驱动相应输出设备工作。

3. 响应滞后

PLC循环扫描工作方式会带来I/O响应滞后问题。

（1）为保证输入信号可靠进入"输出采样阶段"，输入信息稳定驻留时间必须大于PLC扫描周期，这样可保证输入信息不丢失；

（2）要减少I/O响应时间（输出滞后输入时间），除在硬件上想办法减少延迟时间

外,在 I/O 传送方式上可采用直接传送方式;

(3)定时器的时间设定值不能小于 PLC 扫描周期;

(4)在同一扫描周期内,输出值保留在输出映像存储器内不变。此输出值可用在用户程序中当作逻辑运算的变量或条件使用。

4. PLC 的中断

1)一般中断的概念

可编程序控制器应用在工业控制过程中常常遇到这样的问题,要求 PLC 在某些情况下正常的输入/输出循环扫描和程序运行,转而去执行某些特殊的程序或应急处理程序,待特殊程序执行完毕后,再返回原来的程序,PLC 的这样一个过程称为中断。中断过程中执行的特殊程序称为中断服务程序,每一个可以向 PLC 提出中断处理要求的内部原因或外部设备成为"中断源"(意为中断请求源)。

2)PLC 对于中断的处理

PLC 系统对于中断的处理思路与一般微机系统对于中断处理的思路基本是一样的,但不同的厂家、不同型号的 PLC 可能有区别,使用时要做具体的分析。

(1)中断响应问题:CPU 的中断过程受操作系统管理控制。一般微机系统的CPU,在执行的每一条指令结束时要去查询有无中断申请。有的 PLC 也是这样,如有中断申请,则在当前指令结束就可以响应该中断;但有的 PLC 对中断申请的响应是在系统循环扫描周期的各个阶段,如它是在相关的程序结束后和执行用户程序时查询有无中断申请,如果有中断申请,则转入执行中断服务程序;如果用户程序以块式结构组成,则在每块结束或实行块调用时处理中断。

(2)中断源排队顺序及中断嵌套问题:在 PLC 中,中断源的信息是通过输入点而进入系统的,PLC 扫描输入点是按输入点编号的前后顺序进行的,因此中断源的先后顺序只要按输入点编号的顺序排列即可。系统接到中断申请后,顺序扫描中断源,它可能只有一个中断源申请中断,也可能同时有多个中断源提出中断申请。系统在扫描中断源的过程中,就在存储器的一个特定区建立起"中断处理表",按顺序存放中断信息,中断源被扫描后,中断处理表也已建立完毕,系统就按照该表中的中断先后顺序转至相应的中断程序入口地址去工作。

必须说明的是:PLC 可以有多个中断源。多个中断源可以有优先顺序,但有的PLC 中断无嵌套关系。也就是说,对于中断程序执行者,如有新的中断发生,不论新中断的优先顺序如何,都要等执行中的中断处理结束后,再进行新的中断处理。然而有的PLC 是可以嵌套的,如西门子公司 S7 系列 PLC 高优先级的中断组织块,可以中断低优先级的中断组织块,进行多层嵌套调用。

3.4 PLC 的特点、分类和功能

3.4.1 PLC 的特点

1)可靠性好

由于 PLC 采用了输入和输出信号光电隔离滤波、电源屏蔽、稳压和保护技术,故障诊断等技术,所以 PLC 可以在工业控制现场,恶劣环境中可靠地工作。平均无故障时间可达 5~10 万小时。

2) 功能完善

PLC 种类多,模块丰富,指令功能强大,目前 PLC 几乎可以完成所有的工业控制任务。

3) 编程简单

类似继电器控制系统图的梯形图语言易学易懂,非常容易被技术人员掌握。

4) 在线编程

在工业现场,可以使用手控编程器或笔记本电脑对 PLC 进行编程,当 PLC 联网后,可以在网络的任意位置对 PLC 编程。

5) 安装简单

由于采用模块化结构,现场安装非常简单。

6) 体积小、重量轻、功耗低

在现代集成电路技术支持下,PLC 体积越来越小,重量越来越轻,功耗越来越低。

7) 价格越来越便宜

在生产厂家增多,集成电路技术进步等因素的影响下,PLC 价格越来越低。

3.4.2 PLC 的分类

PLC 的品种繁多,其分类方式一般如下。

1) 根据结构形式不同分类

根据 PLC 结构形式的不同,可以把 PLC 分为整体式、模块式以及整体模块混合式 3 种类型。

(1) 整体式 PLC:将电源、CPU、I/O 模块等部件紧凑地集中装在一个标准机箱内,结构紧凑、性价比高。

(2) 模块式 PLC:将 PLC 的 CPU、输入单元、输出单元、电源、通信单元等分别进行独立的物理封装,做成模块,在应用时按照需要进行模块组装。大中型 PLC 一般是模块式结构。

(3) 整体模块混合式 PLC:将 CPU、电源模块、通信模块和一定数量的输入/输出模块集成到一起,在使用中,当输入/输出模块不够使用时,进行模块扩展。

2) 根据 I/O 点数不同分类

根据 PLC 的输入/输出点数的不同,可以把 PLC 分为小型 PLC、中型 PLC 和大型 PLC,其点数的划分如表 3-1 所示。

表 3.1 按 I/O 点数分类的类型

类　　型	I/O 点数	机 型 举 例
小型	256 以下	西门子 S7-200
中型	256~2048	西门子 S7-300,S7-1200
大型	大于 2048	西门子 S7-400,S7-1500

3) 根据功能不同分类

(1) 低档机:有开关量控制、少量的模拟量控制、远程 I/O 和通信等功能。

(2) 中档机:有开关量控制、较强的模拟量控制、远程 I/O 和通信联网等功能。

(3) 高档机:除有中档机的功能外,运算功能更强、特殊功能模块更多,有监视、记录、打印和极强的自诊断功能,通信联网功能更强,能进行智能控制、运算控制、大规模过程控制,可方便地构成全厂的综合自动化系统。

3.4.3　PLC 的功能

1) 继电器控制功能

这是最基本的、应用最广泛的功能,可以用来取代继电器控制、机电式顺序控制等所有的开关量控制系统。

2) 过程控制

PLC 具有 A/D 和 D/A 转换及运算功能,可以实现对注入温度、压力、流量、电流、电压、物位高度等连续变化的模拟量的控制,而且 PLC 大都具有 PID 闭环控制功能。

3) 数字控制

PLC 能和机械加工中的数字控制以及计算机数控组成一体,实现数字控制。

4) 位置、速度控制

在机器人、机床、电动机调速等领域进行位置、速度控制。

5) 数据监控

对系统异常情况进行识别、记忆,或在系统异常情况时自动终止运行。在电力、自来水处理、化工、炼油、轧钢等方面进行数据采集和监测。

6) 组成分布式控制系统

现代 PLC 具有较强的通信联网功能。PLC 可以与 PLC,与远程 I/O,与上位计算机之间通信,从而构成“集中管理,分散管理”的分布式控制系统,并能满足工厂自动化(FA)和计算机集成制造系统(CIMS)发展的需要。

7) 其他功能

其他功能主要指显示、打印、报警以及对数据和程序硬复制等其他功能。

3.5　PLC 与继电器控制、微机控制等的区别

3.5.1　PLC 与继电器控制的区别

继电器、接触器系统是有触点系统,优点是原理简单,抗干扰能力非常强;缺点是体积大、可靠性差、灵活性和通用性差,系统难于维护。PLC 可靠性极高,抗干扰性能很强,通用性和灵活性很高,功能强大;但 PLC 输出电流较小,不能直接控制大功率设备,对大功率设备需进行转换或放大其输出电流。PLC 与继电器控制在控制方式、控制速度和延时控制方面还有如下区别。

1) 控制方式

继电器的控制是采用硬件接线实现的,是利用继电器机械触点的串联、并联及时间继电器等组合形成控制逻辑,只能完成既定的逻辑控制。

PLC 采用存储逻辑,其控制逻辑是以程序方式存储在内存中的,要改变控制逻辑,只需要改变程序即可,也称软接线。

2) 控制速度

继电器控制逻辑是依靠触点的机械动作实现控制,工作频率低,毫秒级,机械触点

有抖动现象。

PLC 是程序指令控制半导体电路实现控制,速度快,微秒级,严格同步,无抖动。

3)延时控制

继电器控制系统是靠时间继电器的滞后动作实现延时控制,而时间继电器定时精度不高,受环境影响大。

PLC 是利用半导体集成电路定时器,脉冲由晶体振荡器产生,精度高,调整时间方便,不受环境影响。

3.5.2　PLC 与微机控制的区别

PLC 是一种为适应工业控制环境而设计的专用计算机。但从工业控制的角度来看,PLC 又是一种通用机,只要选配对应的模块便可适用于各种工业控制系统,而用户只需改变用户程序即可满足工业控制系统的具体控制要求。所以说 PLC 是专用的通用机。

微型计算机(MC)控制是在以往计算机与大规模集成电路的基础上发展起来的,其最大特点是运算速度快,功能强,应用范围广,在科学计算、科学管理和工业控制中都得到广泛应用,即 MC 是通用计算机。MC 必须根据实际需要考虑抗干扰问题及硬件软件的设计,以适应设备控制的专门需要,所以说 MC 是通用的专用机。

简单地讲,微机控制与 PLC 具有以下几点区别。

(1)PLC 抗干扰性能比 MC 的高:PLC 由于采用现代大规模集成电路技术,采用严格的生产工艺制造,内部电路采取了先进的抗干扰技术,具有很高的可靠性。

(2)PLC 编程比 MC 编程简单:PLC 有着一套专用的开发平台,程序语言,可方便实现对被控制设备进行编程、修改及监控功能;MC 的程序是基于 PC 操作系统下的程序语言,是通用的编程语言,如 VB、VC,等等,同时还需要专用的接口卡,编程较 PLC 困难,修改困难。

(3)PLC 设计调试周期短。

(4)PLC 的 I/O 响应速度慢,有较大的滞后现象(MS),而 MC 的响应速度快(US)。

(5)PLC 易于操作,人员培训时间短;而 MC 则较难操作,且人员培训时间长。

(6)PLC 易于维修,MC 则较难于维修。

随着 PLC 技术的发展,其功能越来越强;同时 MC 也逐渐提高和改进,两者之间将相互渗透,使 PLC 与 MC 的差距越来越小,但在今后很长一段时间内,两者将继续共存。在一个控制系统中,PLC 将集中于功能控制上,而 MC 将集中于信息处理上。

3.5.3　PLC 与单片机的区别

PLC 是建立在单片机之上的产品,而单片机是一种集成电路。单片机可以构成各种各样的应用系统,从微型、小型到中型、大型都可,PLC 是单片机应用系统的一个特例。不同厂家的 PLC 有相同的工作原理,类似的功能和指标,有一定的互换性,质量有保证,编程软件正朝标准化方向迈进。这正是 PLC 获得广泛应用的基础。而单片机应用系统的功能则是千差万别,质量参差不齐,学习、使用和维护都很困难。

从工程的角度,对单项工程或重复数极少的项目,采用 PLC 方案是明智、快捷的途径,成功率高,可靠性好,但成本较高。对于量大的配套项目,采用单片机系统具有成本低、效益高的优点,但这要有相当的研发力量和行业经验,才能使系统稳定、可靠地运行。单片机的应用考量的是开发者的能力、经验,这其中的能力包括电源、滤波、隔离、软件的规范、通信、对工艺的理解,更重要的是器件选择、采购、焊接、老化、改进、可扩展性、外壳设计、面板设计、小批量、大批量、开发周期等,其中的任何一条都可能成为制约! 最好的方法是单片机系统嵌入 PLC 的功能,这样可大大简化单片机系统的研制时间,性能得到保障,效益也就有保证。

3.5.4　PLC 与集散系统的区别

从硬件的角度来看,PLC 和集散系统(DCS)之间的差别正在缩小,都将由一些微电子元件、微处理器、大容量半导体存储器和 I/O 模件组成,结构差异不大,只是在功能上的着重点不同。编程方面也有很多相同点。

集散控制系统(DCS)又称分布式控制系统,是从工业自动化仪表控制系统发展到以工业控制计算机为中心的集散系统,是集 4C(Communication,Computer,Control,CRT)技术于一身的监控技术,是专门为工业过程控制设计的过程控制装置,该控制系统的核心思想是"信息集中,控制分散"。它一般由系统网络、现场 I/O 控制站、操作员站和工程师站等四个基本部分组成,通过系统网络连接在一起,成为一个完整统一的系统。其中现场 I/O 控制站、操作员站和工程师站都是由独立的计算机构成,它们分别完成数据采集、控制、监视、报警、系统组态、系统管理等功能,以此来实现分散控制和集中监视、集中操作的目标。

DCS 既有计算机控制系统控制算法先进、精度高、响应速度快的优点,又有仪表控制系统安全可靠、维护方便的要求;是从上到下的树状拓扑大系统,其中通信(communication)是关键。DCS 可实现复杂的控制规律,如串级、前馈、解耦、自适应、最优和非线性控制等,也可实现顺序控制。

PLC 是由继电器逻辑系统发展而来的,主要用在离散制造、工序控制,初期主要是代替继电器控制系统,侧重于开关量顺序控制方面。近年来随着微电子技术、大规模集成电路技术、计算机技术和通信技术等的发展,PLC 在技术和功能上发生了飞跃。在初期逻辑运算的基础上,增加了数值运算、闭环调节等功能,增加了模拟量和 PID 调节等功能模块;运算速度的提高,使 CPU 的能力赶上了工业控制计算机;通信能力的提高,是发展了多种局部总线和网络(LAN),因而可构成一个集散系统,也可作为 DCS 的子系统。

PLC 用编程器或计算机编程,编程语言是梯形图、功能块图、顺序功能表图和指令表等,可用一台 PC 为主站,多台同型 PLC 为从站;也可以一台 PLC 为主站,多台同型 PLC 为从站,构成 PLC 网络。有用户编程时,不必知道通信协议,只要按说明书格式写就行。

集散系统采用 CRT 操作站,有良好的人机界面。软硬件采用模块化积木式结构。用组态软件,编程简单,操作方便。DCS 系统的软件,硬件的集成度较高,因此通信不属于项目过程中考虑的问题。

集散控制系统是按用户的程序指令工作的,PLC 是按扫描方式工作的,其对每个采样点的采样速度是相同的,在存储器的容量上,由于 PLC 所执行的大多是逻辑运算,因此,所需的存储器容量较小。

　　一般来说,对于一个项目,通常 DCS 的项目都比较大,只使用一个厂商的系统,如 ABB、Honeywell、AB 等。PLC 系统,上下位机是相对独立的单元,你可以用西门子的 PLC 做现场,使用 INTOUCH 做上位机,因此 PLC 的移植性相对来说比较高。当然,目前二者都在相互渗透,DCS 越来越灵活,PLC 则向高集成方向发展,PLC 的各种特性提高的速度和各种功能完善的速度越来越快,DCS 和 PLC 的控制功能将进一步融合。

本章小结

　　PLC 是可编程序控制器的简称,是以嵌入式 CPU 为核心,配以 I/O 模块,结合计算机技术、自动化技术和通信技术的高度集成化的新型工业控制装置。

　　PLC 向微型化、智能化、网络化、开放性和软 PLC 等方向发展。

　　PLC 主要由 CPU(中央处理器)、存储器、I/O 接口电路、电源、外部设备通信接口、I/O 扩展接口、编程器等部分组成,采用"循环扫描"的工作方式工作。PLC 扫描一个周期必经输入采样、程序执行和输出刷新三个阶段。

　　PLC 应用广泛,可用于各种控制领域,是专用的通用机。

习　　题

　　(1) 简述 PLC 的工作过程。

　　(2) 简述 PLC 循环扫描过程。

　　(3) 循环扫描为什么有利于 PLC 的抗干扰?

　　(4) 循环扫描为什么会导致输入延迟、输出滞后的问题? 通常用什么方法解决?

　　(5) 可编程控制器的特点是什么? 从控制的角度来说,PLC 主要应用在哪些方面?

　　(6) PLC 按功能和结构形式分哪几类?

　　(7) PLC 有哪些主要功能?

　　(8) 简述 PLC 与继电器控制、微机控制、单片机和集散系统的区别。

4

S7-300 PLC 硬件组成

4.1　S7-300 PLC 的组成与结构

4.1.1　S7-300 PLC 概述

　　1995 年,在 S5 系列 PLC 基础上,德国西门子公司陆续推出了性能价格比更高的 PLC 系统——Simatic S7 系列 PLC。其中,微型的有 Simatic S7-200 系列,最小配置为 8DI/6DO,可扩展 2~7 个模块,最大 I/O 点数为 64 DI/DO、12 AI/4 AO;中小型的有 Simatic S7-300 系列;中高档性能的有 S7-400 系列。Simatic S7 系列 PLC 都采用了模块化、无排风扇结构且具有易于用户掌握等特点,使得 S7 系列 PLC 成为从小规模到中等性能要求以及大规模等各种应用的首选产品。

　　S7-300 系列是模块化的中小型 PLC,适用于中等性能的要求;拥有品种繁多的 CPU 模块、信号模块和功能模块,能满足各种领域的自动控制任务,如图 4-1 所示。用户可以根据系统的具体情况选择合适的模块,维修时更换模块也很方便。

图 4-1　S7-300 PLC

　　S7-300 PLC 采用模块化结构,各种模块能以不同的方式组合在一起,模块式 PLC 由机架和模块组成。S7-300 的每个 CPU 都有一个使用 MPI(多点接口)通信协议的 RS-485 接口。有的 CPU 还带有集成的现场总线 Profibus-DP 接口、Profinet 接口或 PtP 串行通信接口。S7-300/400 不需要附加任何硬件、软件和编程,就可以建立一个 MPI 网络。

　　功能最强的 CPU 319-3PN/DP 的 RAM 存储容量为 1400 KB,可以插入 8 MB 的

微存储卡,有 8192 B 存储器位,2048 个 S7 定时器和 2048 个 S7 计数器,数字量输入和输出最多均为 65536 点,模拟量输入和输出最多均为 4096 个,位操作指令的执行时间为 0.01 μs。

由于使用 Flash EPROM,CPU 断电后无须后备电池也可以长时间保持动态数据,使 S7-300 成为完全无须维护的控制设备。

S7-300/400 有很高的电磁兼容性和抗振动、抗冲击能力,可以用于恶劣环境条件的 Siplus S7-300 的适用温度范围为−25 ℃～+70 ℃,有更强的耐振动和耐污染性能。

S7-300/400 有 350 多条指令,其编程软件 STEP 7 功能强大,使用方便。STEP 7 的功能模块图和梯形图编程语言符合 IEC 61131 标准,语句表编程语言与 IEC 标准稍有不同,但可以保证与 STEP 5 的兼容,3 种编程语言可以相互转换。用转换程序可以将西门子的 STEP 5 或 Tisoft 编写的程序转换到 STEP 7。STEP 7 还有 SCL、Graph、CFC 和 HiGraph 等编程语言供用户选购。

S7-300 的大量功能能够支持和帮助用户进行编程、启动和维护,其主要功能如下。

(1) 高速的指令处理。0.1～0.6 μs 的指令处理时间在中低性能要求范围内开辟了全新的应用领域。

(2) 人机界面(HMI)。方便的人机界面服务已经集成在 S7-300 操作系统内,因此人机对话的编程要求大大减少。

(3) 诊断功能。CPU 的智能化诊断系统可连续监控系统的功能是否正常,记录错误和特殊系统事件。

(4) 口令保护。多级口令保护可以使用户高度、有效地保护其技术机密,防止未经允许的复制和修改。

4.1.2 S7-300 PLC 的组成

S7-300 采用了模块化结构,主要由机架(RACK)、电源模块(PS)、中央处理单元模块(CPU)、接口模块(IM)、信号模块(SM)、功能模块(FM)和通信处理器(CP)等部分组成;其硬件组成如图 4-2 所示。S7-300 的每个模块都有名称,同样名称的模块根据接口名称和功能的不同,又有不同的规格,在 PLC 的硬件组态中,以订货号为准。S7-300 PLC 由以下几个部分组成。

图 4-2 S7-300 的硬件组成

1）中央处理单元模块（CPU）

CPU 用于存储和处理用户程序，控制集中式 I/O 和分布式 I/O。各种 CPU 有不同的性能，有的 CPU 集成有数字量和模拟量输入/输出点，有的 CPU 集成有 Profibus-DP 等通信接口。CPU 前面板上有状态故障指示灯、模式选择开关、24 V 电源端子和微存储卡插槽。

专用 CPU 还有其他特性：作为 Profibus 子网中的 DP 主站；作为 Profibus 子网中 DP 从站；技术功能；点对点通信。

CPU 还有不同的模式选择开关：312 IFM 至 318-2DP 有钥匙选择开关；312C 至 314C-2PtP/DP 有滑动开关。

2）电源模块（PS）

电源模块用于将 AC 220 V 的电源转换为 DC 24 V 电源，供 CPU 模块和 I/O 模块使用。电源模块的额定输出电流有 2 A、5 A 和 10 A 等三种，过载时模块上的 LED 灯会闪烁报警。

3）信号模块（SM）

信号模块是数字量输入/输出模块（简称 DI/DO）和模拟量输入/输出模块（简称 AI/AO）的总称，它们使不同的过程信号（电压或电流）与 PLC 内部的信号电平匹配。模拟量输入模块可以输入热电阻、热电偶、DC 4～20 mA 和 DC 0～10 V 等不同类型和不同量程的模拟量信号。每个模块上有一个背板总线连接器，现场的过程信号连接到前连接器的端子上。

4）功能模块（FM）

功能模块是智能的信号处理模块，它们不占用 CPU 的资源，对来自现场设备的信号进行控制和处理，并将信息传送给 CPU。它们负责处理那些 CPU 通常无法以规定的速度完成的任务，以及对实时性和存储容量要求很高的控制任务，如高速计数、定位和闭环控制等。功能模块包括计数器模块、电子凸轮控制器模块、用于快速进给/慢速驱动的双通道定位模块、高速布尔处理器模块、闭环控制模块、温度控制器模块、称重模块、超声波位置编码器模块等。

5）通信处理器（CP）

通信处理器用于 PLC 与 PLC 之间、PLC 与计算机之间和 PLC 与其他智能设备之间的通信，可以将 PLC 接入 Profibus-DP、AS-i 和工业以太网，或用于实现点对点通信。通信处理器可以减轻 CPU 处理通信的负担，并减少用户对通信的编程工作。

6）接口模块（IM）

接口模块用于多机架配置时连接主机架和扩展机架。

7）导轨

铝质导轨用来固定和安装 S7-300 上述的各种模块。

4.1.3 S7-300 PLC 的结构

S7-300 采用紧凑的、无槽位限制的模块式结构，将电源模块（PS）、中央处理单元模块（CPU）、接口模块（IM）、信号模块（SM）、功能模块（FM）和通信处理器（CP）都安装在导轨上。导轨是一条专用的金属机架，安装时只需要将模块钩在 DIN 标准导轨上，并用模块自带的螺栓固定即可。有多种不同长度的导轨可供选择，S7-300 的安装如图 4-3 所示。

图 4-3　S7-300 的安装

电源模块总是安装在机架的最左边,CPU 模块紧靠电源模块。如果有接口模块,它放在 CPU 模块的右侧。

S7-300 用背板总线将除电源模块之外的各个模块连接起来(只负责数据传输,对模块的供电需要单独从电源模块引出接线)。背板总线集成在模板上,模块通过 U 形总线连接器相连,每个模块都有一个总线连接器,总线连接器插在各模块的背后,负责连接本模块与其左侧的模块。安装时先将总线连接器插在 CPU 模块上,并固定在导轨上,然后依次装入各个模块。外部连接线接在信号模块和功能模块的前连接器的端子上,前连接器用插接的方式安装在模块前门后面的凹槽中。

S7-300 的电源模块通过电源连接器或导线与 CPU 模块相连,为 CPU 模块和其他模块提供 DC 24 V 电源。

更换模块时只需松开安装螺钉,拔下已经接线的前连接器即可。

每个机架最多只能安装 8 个信号模块、功能模块或通信处理模块,组态时系统自动分配模块的地址。如果这些模块超过 8 块,可以增加扩展机架,但低端 CPU 没有扩展功能。

除了带 CPU 的中央机架(CR),最多可以增加 3 个扩展机架(ER),每个机架可以插 8 个模块(不包括电源模块、CPU 模块和接口模块 IM),4 个机架最多可以安装 32 个模块。

如图 4-4 所示,机架最左边是 1 号槽,最右边是 11 号槽,电源模块总是在 1 号槽的位置。中央机架(0 号机架)的 2 号槽上是 CPU 模块,3 号槽是接口模块。这 3 个槽号被固定占用,信号模块、功能模块和通信处理模块使用 4～11 号槽。

因为模块是用总线连接器连接的,而不是像其他模块式 PLC 那样,用焊在背板上的总线插座来安装模块,所以槽号是相对的,机架导轨上并不存在物理槽位。例如,在不需要扩展机架时,中央机架上没有接口模块,2 号槽的 CPU 模块和 4 号槽的模块是连在一起的。此时 3 号槽位仍然被实际上并不存在的接口模块占用。

如果有扩展机架,接口模块占用 3 号槽位,负责中央机架与扩展机架之间的数据通信。

每个机架上安装的信号模块、功能模块和信号处理模块除了不能超过 8 块外,还受到背板总线 DC 5 V 供电电流的限制。0 号机架的 DC 5 V 电源由 CPU 模块产生,其额

图 4-4   多机架的 S7-300 PLC

定电流值与 CPU 的型号有关。扩展机架的背板总线 DC 5 V 电源由接口模块 IM 361 产生。各类模块消耗的电流可以查 S7-300 模块手册。

4.2   S7-300 PLC 的模块

4.2.1   电源模块

PS307 是西门子公司为 S7-300 专配的 DC 24 V 电源。PS307 系列模块除输出额定电流不同外(有 2 A、5 A、10 A 三种),其工作原理和各种参数都相同。

PS307 可安装在 S7-300 的专用导轨上,除了给 S7-300 CPU 供电外,也可给 I/O 模块提供负载电源。图 4-5 所示为 PS307 10 A 模块端子接线图。

4.2.2   CPU 模块

1. CPU 模块概述

S7-300 的 CPU 模块分为紧凑型、标准型、技术功能型和故障安全型等。

1) 紧凑型 CPU

S7-31xC 有 6 种紧凑型 CPU,如表 4-1 所示,它们均有集成的数字量输入/输出

图 4-5 PS307 10 A 模块端子接线图

(DI/DO),有的还有集成的模拟量输入/输出(AI/AO)。它们还有集成的高速计数、频率测量、脉冲输出、闭环控制和定位等计数功能,脉宽调制频率最高为 2.5 kHz。I/O 地址区为 1024 B/1024 B,I/O 过程映像区为 128 B/128 B。CPU 314C-2DP 和 CPU 314C-2PtP 有定位控制功能。

表 4-1 紧凑型 CPU 部分技术参数

技 术 参 数	产 品 型 号					
	312C	313C	313C-2PtP	313C-2DP	314C-2PtP	314C-2DP
集成工作存储器 RAM/KB	32	64			96	
最大装载存储器(MMC)/MB	4	8				
位操作指令执行时间/μs	0.2	0.1				
浮点数运算指令执行时间/μs	6	3				
集成 DI/DO	10/6	24/16	16/16		24/16	
集成 AI/AO	—	4+1/2	—	—	4+1/2	
位存储器(M)/B	128	256				
S7 定时器/S7 计数器	128/128	256/256				
计数通道数/最高频率/kHz	2/10	2/30				
最大机架数/模块总数	1/8	4/31				
通信接口与功能	MPI		MPI/PtP	MPI/DP	MPI/PtP	MPI/DP
定位通道数	—	—	—	—	1	

CPU 312C 有软件实时钟,其余的均为硬件实时钟。CPU 模块的第一个通信接口是内置的 RS-485 接口,没有隔离,默认的传输速率为 187.5 Kb/s。该接口的 MPI 的 PG/OP 通信功能为全局数据(GD)通信功能。

CPU 313C-2PtP 和 CPU 314C-2PtP 集成有点对点通信接口,ASCII 协议的通信速

率为 19.2 Kb/s(全双工)、38.4 Kb/s(半双工);3964R 协议、RK512 协议的通信速率为 38.4 Kb/s。

S7-31xC 的 RAM 不能扩展,没有集成的装载存储器,运行时需要插入 MMC 卡,通过 MMC 卡执行程序和保存数据,MMC 卡为免维护的 FEPROM,可以扩展至 4 MB。各 CPU 均有实时钟,CPU 312C 的时钟没有电池后备功能。CPU 有一个运行小时计数器,有日期时间同步功能。FB(功能块)、FC(功能)、DB(数据块)的最大容量为 16 KB。

CPU 312C 有集成的数字量 I/O,适用于有较高要求的小型系统。CPU 313C 有集成的数字量 I/O 和模拟量 I/O,适用于有较高要求的系统。CPU 313C-2PtP、CPU 314C-2PtP 有集成的数字 I/O 和第二个串口,两个接口均有点对点(PtP)通信功能。CPU 314C-2PtP 还有集成的模拟量 I/O,适用于较高要求的系统。CPU 313C-2DP 和 CPU 314C-2DP 有集成的数字 I/O 和两个 Profibus-DP 主站、从站接口,通过 CP(通信处理器)各 CPU 可以扩展一个 DP 主站。CPU 314C-2DP 还有集成的模拟量 I/O,适用于有较高要求的系统。

2)标准型 CPU

标准型 CPU 的技术参数如表 4-2 所示。

表 4-2 标准型 CPU 技术参数

技 术 参 数	产 品 型 号						
	312	314	315-2DP	315-2PN/DP	317-2DP	317-2PN/DP	319-3PN/DP
集成工作存储器 RAM	32 KB	96 KB	128 KB	256 KB	512 KB	1 MB	1400 KB
最大装载存储器 MMC/MB	4	8					
最大位操作指令执行时间/μs	0.2	0.1			0.05		0.01
浮点数指令执行时间/μs	6	3	2		1		0.04
FB 最大块数/最大容量/KB	1024/32	2048/64		2048/16	2048/64		
FC 最大块数/最大容量/KB	1024/32	2048/64	1024/64	1024/16	2048/64		
DB 最大块数/最大容量/kB	1024/32	1024/64			2048/64		4096/64
OB 最大容量/KB	32	64		16	64		
位存储器(M)/B	256		2048		4096		8192
S7 定时器/计数器	128/128	256/256			512/512		2048/2048
全部 I/O 地址区/B	1024/1024	2048/2048			8192/8192		

续表

技 术 参 数	产 品 型 号						
	312	314	315-2DP	315-2PN/DP	317-2DP	317-2PN/DP	319-3PN/DP
最大分布式 I/O 地址区	—	—	2048/2048		8192/8192		
I/O 过程映像	1024/1024		2048/2048		8192/8192		
最大数字 量 I/O 点数	256/256	1024/1024	16384/16384		65536/65536		
最大模拟 量 I/O 点数	64/64	256/256	1024/1024		4096/4096		
最大机架数/ 模块总数	1/8		4/32				
内置/经 CP 的 DP 接口数	0/4		1/4		2/4		1/4

型号中带有 PN 的 CPU 有集成的工业以太网接口,可以在 Profinet 网络上实现基于组件的自动化(CBA),组成分布式智能系统。它们可以做 Profinet 代理,或者作 Profinet I/O 控制器,用于在 Profinet 上运行分布式 I/O。

CPU 315-2DP 和 CPU 315-2PN/DP 的参数基本上相同,CPU 317-2DP 和 CPU 317-2PN/DP 的参数基本上相同,其区别在于第二个通信接口是 DP 接口还是 Profinet (PN)通信接口。

CPU 319-3PN/DP 具有智能技术/运动控制功能,是 S7-300 系列中性能最高的 CPU(见表 4-2),它集成了 1 个 MPI/DP 接口、1 个 DP 接口和一个 Profinet 接口,提供 Profibus 接口的时钟同步功能,可以连接 256 个 I/O 设备。

CPU 312 有软件实时钟,其余的均有硬件实时钟。它们有 8 个时钟存储器位,有一个运行小时计数器,有实时钟同步功能。

3) 技术功能型 CPU

CPU 315T-2DP 和 CPU 317T-2DP 分别具有标准型 CPU 315-2DP 和 CPU 317-2DP 的全部功能。CPU 317T-2DP 执行每条二进制指令的时间约为 100 ns,执行每条浮点数指令的时间约为 2 μs。对于双字指令和 32 位定点数运算具有极高的处理速度。

技术功能型 CPU 用于对 PLC 性能以及运动控制功能具有较高要求的设备。除了准确的单轴定位功能以外,还适用于复杂的同步运动控制,如与虚拟或实际的主轴耦合、减速器同步、电子凸轮控制和印刷标记点修正等。它们可以用于 3 轴到 8 轴控制,采用 S7 Technology V2.0 和 HW Release 02 时最大为 32 轴。

技术功能型 CPU 有两个集成的 Profibus 接口:一个是 DP/MPI 接口,可组态为 MPI 或 DP 接口(主站或从站);另一个是 DP(Drive)接口,用于连接带 Profibus 接口的驱动系统。该接口通过 Profidrive 行规 V3 认证,其等时特性可以实现高速生产过程的高质量控制,因此特别适用于管理快速以及对时间要求苛刻的过程控制。除了驱动系统外,在特定的条件下,DP 从站可以在 DP(Drive)上运行。

技术功能型 CPU 还有本机集成的 4 点数字量输入和 8 点数字量输出,以用于工艺功能,如输入 BERO 接近开关的信号或进行凸轮控制。

技术功能型 CPU 使用标准的编程语言编程,无须专用的运动控制系统语言。可选软件包 S7-Technology 提供符合 PLCopen 标准的功能块(FB),对运动控制进行组态和编程。由于这些标准功能块直接集成在固件中,占用的 CPU 工作存储器很少,可以方便地调用 STEP 7 的运动控制库中的这些功能块。除了通常的 Simatic 诊断功能以外,S7-Technology 还提供一个控制面板和实时跟踪功能,可以显著减少调试和优化的时间。

4) 故障安全型 CPU

故障安全型 CPU 用于组成故障安全型自动化系统,以满足安全运行的需要。

CPU 315F-2DP 和 CPU 317F-2DP 有一个 MPI/DP 接口和一个 DP 接口。CPU 315F-2PN/DP 和 CPU 317F-2PN/DP 有一个 Profinet 接口和一个 MPI/DP 接口。

5) Siplus 户外型 CPU

Siplus CPU 包括 Siplus 紧凑型 CPU、Siplus 标准型 CPU 和 Siplus 故障安全型 CPU。这些模块可以在 $-25\ ℃\sim+70\ ℃$ 的环境温度下运行,允许短时的冷凝。它们适用于特殊的环境,如空气中含有氯和硫的场合。除了 Siplus CPU 模块外,Siplus 还有配套的 Siplus 数字量 I/O 模块和 Siplus 模拟量 I/O 模块。

CPU 312 IFM 和 CPU 314 IFM 有一个计数器,最高计数频率为 10 kHz,一个通道可以测量频率最高为 10 kHz;CPU 314 IFM 的一个通道可用增量式编码器进行位置检测。

CPU 314 IFM 有 4 路集成的模拟量输入,信号量程为 ± 10 V 和 ± 20 mA,11 位+符号位。1 路集成的模拟量的输出范围为 ± 10 V 和 ± 20 mA,11 位+符号位。

MPI 接口可以连接 32 个站,可以与 PG/PC、OP 以及其他 S7-300/400 和 C7 通信,最多有 2 个动态连接和 4 个静态连接。最大传输速率为 187.5 Kb/s,10 个中继器串联时最大距离为 9100 m,通过光纤通信时最大距离可达 23800 m。

6) 其他说明

CPU 317-2DP 和 CPU 318-2DP 具有大容量程序存储器和 Profibus-DP 主站/从站接口,用于大规模 I/O 配置和建立分布式 I/O 结构。

CPU 315F-2DP 带有 Profibus-DP 主站/从站接口,可以组态为故障安全型自动化系统,满足安全的要求,不需要对故障 I/O 进行额外的布线,使用 Prodisave 协议的 Profibus-DP 实现与安全有关的通信。

2. CPU 模块的方式选择和状态指示

S7-300 系列的 CPU 312 IFM/313/314/314 IFM/315/315-2DP/316-2DP/318-2DP 模块的方式选择开关都一样,有以下 4 种工作方式,通过可卸的专用钥匙来控制选择,如图 4-6 所示。

(1) RUN-P:可编程运行方式。CPU 扫描用户程序,既可以用编程装置从 CPU 中读出,也可以由编程装置装入 CPU 中。用编程装置可监控程序的运行。在此位置钥匙不能拔出。

(2) RUN:运行方式。CPU 扫描用户程序,可以用编程装置读出并监控 PLC CPU 中的程序,但不能改变装载存储器中的程序。在此位置可以拔出钥匙,以防止程序在正常运行时被改变操作方式。

图 4-6 CPU 模块面板布置示意图

（3）STOP：停止方式。CPU 不扫描用户程序，可以通过编程装置从 CPU 中读出，也可以下载程序到 CPU。在此位置可以拔出钥匙。

（4）MRES：该位置瞬间接通，用以清除 CPU 的存储器。

4.2.3 信号模块

信号模块（SM）是数字量输入/输出模块和模拟量输入/输出模块的总称，它们使不同的过程信号（电压或电流）与 PLC 内部的信号电平匹配。信号模块主要有数字量输入模块 SM321 和数字量输出模块 SM322，以及模拟量输入模块 SM331 和模拟量输出模块 SM332。模拟量输入模块可以输入热电阻、热电偶、DC 4～20 mA 和 DC 0～10 V 等多种不同类型和不同量程的模拟信号。每个模块上有一个背板总线连接器，现场的过程信号连接到前连接器的端子上。

信号模块面板上的 LED 用来显示各数字量 I/O 点的信号状态，模块安装在 DIN 标准导轨上，通过总线连接器与相邻的模块连接。模块的默认地址由模块所在的位置决定，也可以用 STEP 7 指定模块的地址。

1. 数字量输入模块 SM321

数字量输入模块将来自现场的数字信号电平转换成 S7-300 PLC 内部信号电平。数字量输入模块有直流输入方式和交流输入方式。对现场输入元件，仅要求提供开关触点即可。输入信号进入模块后，一般都经过光电隔离和滤波，然后才送至输入缓冲器等待 CPU 采样，采样后的信号状态经过背板总线进入输入映像区。根据输入信号的极性和输入点数，SM321 共有 14 种数字量输入模块。

如图 4-7 所示的数字量输入模块 SM321 有四种型号的模块可供选择，即直流 16 点输入、直流 32 点输入、交流 16 点输入、交流 8 点输入模块。

数字量模块的 I/O 电缆最大长度为 1000 m（屏蔽电缆）或 600 m（非屏蔽电缆）。

输入模块的输入点通常要分成若干组，每组在模块内

图 4-7 数字量输入模块

部都有电气公共端,选型时要考虑外部开关信号的电压等级和形式,不同电压等级的信号必须分配在不同的组。

模块的每个输入点都有一个绿色发光二极管显示输入状态,输入开关闭合即有输入电压时,二极管点亮。

图 4-8、图 4-9 所示为直流 32 点输入和交流 16 点输入对应的端子连接及电气原理图。图中只画了一路输入信号,其中 M 为同一输入组内各输入信号的公共端。

图 4-8 数字量输入模块 SM321(直流 32 点输入)端子连接及电气原理图

当图 4-8 中的外接触点接通时,光耦合器中的发光二极管点亮,光敏晶体管饱和导通;外接触点断开时,光耦合器中的发光二极管熄灭,光敏晶体管截止,信号经背板总线接口传送给 CPU 模块。

在图 4-9 中,用电容隔离输入信号中的直流成分,用电阻限流,交流成分经桥式整流电路转换为直流电流。外接触点接通时,光耦合器中的发光二极管和显示用的发光二极管点亮,光敏晶体管饱和导通。外接触点断开时,此光耦合器中的发光二极管熄灭,光敏晶体管截止,信号经背板总线接口传送给 CPU 模块。

直流输入电路的延迟时间较短,可以直接与接地开关、光电开关等电子输入装置连接,直流 24 V 是一种安全电压。如果信号线不是很长,PLC 所处的物理环境较好,电磁干扰较轻,则应优先考虑选用直流 24 V 的输入模块。交流输入方式适合在有油污、粉尘的恶劣环境下使用。

2. 数字量输出模块 SM322

数字量输出模块 SM322 将 S7-300 内部信号电平转换成过程所要求的外部信号电平,可直接用于驱动电磁阀、接触器、小型电动机、灯和电动机启动器等。

图 4-9 数字量输入模块 SM321(交流 16 点输入)端子连接及电气原理图

根据负载回路使用电源的要求,数字量输出模块有:直流输出模块(晶体管输出方式)、交流输出模块(晶闸管输出方式)和交直流输出模块(继电器输出方式)。

模块的每个输出点有一个绿色发光二极管显示输出状态,输出为逻辑 **1** 时,发光二极管点亮。

数字量输出模块 SM322 有多种型号可供选择,常用的模块有 8 点数字量晶体管输出、16 点数字量晶体管输出、32 点数字量晶体管输出、8 点数字量晶闸管输出、16 点数字量晶闸管输出、8 点数字量继电器输出和 16 点数字量继电器输出。

SM322 数字量输出模块的技术特性如表 4-3 所示。

表 4-3 SM322 数字量输出模块的技术特性

技 术 特 性		晶体管			可控硅		继电器	
		8 点	16 点	32 点	8 点	16 点	8 点	16 点
输出点数		8	16	32	8	8	8	16
额定电压		24 V DC	24 V DC	24 V DC	120/230 V AC	120 V AC	—	—
额定电压范围		20.4~28.8 V DC	20.4~28.8 V DC	20.4~28.8 V DC	93~264 V AC	93~132 V AC	—	—
与总线隔离方式		光耦	光耦	光耦	光耦	光耦	光耦	光耦
最大输出电流	**1** 信号	2 A	0.5 A	0.5 A	1 A	0.5 A	—	—
	0 信号	0.5 mA	0.5 mA	0.5 mA	2 mA	0.5 mA	—	—

续表

技 术 特 性		晶体管			可控硅		继电器	
		8 点	16 点	32 点	8 点	16 点	8 点	16 点
最小输出电流 (**1** 信号)/mA		5	5	5	10	5	—	—
触点开关容量		—	—	—	—	—	2 A	2 A
触点开 关频率 /Hz	阻性负载	100	100	100	10	100	2	2
	感性负载	0.5	0.5	0.5	0.5	0.5	0.5	0.5
	灯负载	100	100	100	1	100	2	2
触点使用寿命		—	—	—	—	—	10^6 次	10^6 次
短路保护		电子保护	电子保护	电子保护	熔断保护	熔断保护	—	—
诊断(LED 指示)					红色	红色		
最大电 流消耗 /mA	从背板 总线	40	80	90	100	184	40	100
	从 L_+	60	120	200	2	3	—	—
功率损耗/W		6.8	4.9	5	8.6	9	2.2	4.5

在选择数字量输出模块时,应注意负载电压的种类和大小、工作频率和负载的类型(电阻性负载、电感性负载、机械负载或白炽灯)。除了每一点的输出电流外,还应注意每一组的最大输出电流。此外,由于每个模块的端子共地情况不同,还要考虑现场输出信号负载回路的供电情况。

3. 数字量 I/O 混合模块 SM323

SM323 模块有两种类型,一种是带有 8 个共地输入端和 8 个共地输出端的,另一种是带有 16 个共地输入端和 16 个共地输出端的,两种特性相同。I/O 额定负载电压 24 V DC,输入电压 **1** 信号电平为 11~30 V,**0** 信号电平为 −3~+5 V,I/O 通过光耦与背板总线隔离。在额定输入电压下,输入延迟为 1.2~4.8 ms。输出具有电子短路保护功能。

图 4-10 为 16 点输入和 16 点输出的直流模块的端子接线图。

4. 模拟量值的表示方法

S7-300 的 CPU 用 16 位的二进制补码表示模拟量值。其中最高位为符号位 S,**0** 表示正值,**1** 表示负值,被测值的精度可以调整,取决于模拟量模块的性能和它的设定参数,对于精度小于 15 位的模拟量值,低字节中幂项低的位不用,表 4-4 表示了 S7-300 模拟量值所有可能的精度,标有×的位就是不用的位,一般填入 **0**。

S7-300 模拟量输入模块可以直接输入电压、电流、电阻、热电偶等信号,而模拟量输出模块可以输出 0~10 V、1~5 V、−10 V~10 V、0~20 mA、4~20 mA、−20~20 mA 等模拟信号。

5. 模拟量输入模块 SM331

模拟量输入模块 SM331 目前有三种规格型号,即 8AI×12 位模块、2AI×12 位模块和 8AI×16 位模块。

图 4-10　16 点输入和 16 点输出的直流模块的端子接线图

表 4-4　S7-300 模拟量值所有可能的精度

以位数表示的精度（带符号位）	单　位		模　　拟　　值		
	十进制	十六进制	高字节		低字节
8	128	80H	S 0 0 0 0 0 0 0	1 × × × × × × ×	
9	64	40H	S 0 0 0 0 0 0 0	0 1 × × × × × ×	
10	32	20H	S 0 0 0 0 0 0 0	0 0 1 × × × × ×	
11	16	10H	S 0 0 0 0 0 0 0	0 0 0 1 × × × ×	
12	8	8H	S 0 0 0 0 0 0 0	0 0 0 0 1 × × ×	
13	4	4H	S 0 0 0 0 0 0 0	0 0 0 0 0 1 × ×	
14	2	2H	S 0 0 0 0 0 0 0	0 0 0 0 0 0 1 ×	
15	1	1H	S 0 0 0 0 0 0 0	0 0 0 0 0 0 0 1	

SM331 主要由 A/D 转换部件、模拟切换开关、补偿电路、恒流源、光电隔离部件、逻辑电路等组成。A/D 转换部件是模块的核心，其转换原理采用积分方法，被测模拟量的精度是所设定的积分时间的正函数，也即积分时间越长，被测值的精度越高。

6. 模拟量输出模块 SM332

模拟量输出模块 SM332 目前有三种规格型号，即 4AO×12 位模块、2AO×12 位模块和 4AO×16 位模块，分别为 4 通道的 12 位模拟量输出模块、2 通道的 12 位模拟量输出模块、4 通道的 16 位模拟量输出模块。

SM332 可以输出电压，也可以输出电流。在输出电压时，可以采用 2 线回路和 4 线回路两种方式与负载相连。采用 4 线回路能获得比较高的输出精度。如图 4-11 所示为 SM332 与负载/执行装置的连接。

7. 模拟量 I/O 模块 SM334

模拟量 I/O 模块 SM334 有两种规格，一种是有 4AI/2AO 的模拟量模块，其输入、

图 4-11 通过 4 线回路将负载与隔离的输出模块相连

输出精度为 8 位；另一种也是有 4AI/2AO 的模拟量模块，其输入、输出精度为 12 位。SM334 模块输入测量范围为 0～10 V 或 0～20 mA，输出范围为 0～10 V 或 0～20 mA。具体测量变量类型和范围参见模块手册。SM334 的通道地址如表 4-5 所示。

表 4-5 SM334 的通道地址

通　　道	地　　址
输入通道　0	模块的起始
输入通道　1	模块的起始＋2 B 的地址偏移量
输入通道　2	模块的起始＋4 B 的地址偏移量
输入通道　3	模块的起始＋6 B 的地址偏移量
输出通道　0	模块的起始
输出通道　1	模块的起始＋2 B 的地址偏移量

4.2.4 接口模块

接口模块用于 S7-300 系列 PLC 的中央机架到扩展机架的连接，主要有 IM365、IM360/361 三种规格。

1. 接口模块 IM365

IM365 用于连接中央机架与一个扩展机架，由两个模块组成，一个插入中央机架，通过 1 m 长的连接电缆，将另一块插入扩展机架；在一个扩展机架上最多可安装 8 个模块。

2. 接口模块 IM360/361

当扩展机架超过一个时，将接口模块 IM360 插入中央机架，在扩展机架中插入接口模块 IM361，S7-300 系列的最大配置为 1 个中央机架与 3 个扩展机架，每个扩展机架最多可安装 8 个模块，相邻机架的间隔为 4 cm～10 m。

4.2.5 通信模块

CPU 通过 MPI 接口或 Profibus-DP 接口在网络上自动广播它设置的总线参数，

PLC 可以自动地"挂到"MPI 网络上。所有的 CPU 模块都有一个多点接口 MPI,有的 CPU 模块有一个 MPI 和一个 Profibus-DP 接口,还有的 CPU 模块有一个 MPI/DP 接口和一个 DP 接口。

通信处理器(CP)用于 PLC 与 PLC 之间、PLC 与计算机之间以及其他智能设备之间的通信,可以将 PLC 接入 Profibus-DP、AS-I 和工业以太网,或用于实现点对点通信等。通信处理器可以减轻 CPU 处理器的通信任务,并减少用户对通信的编程工作。

S7-300 系列 PLC 有多种用途的通信处理器模块,如 CP340、CP342-5 DP、CP343-FMS 等,其中既有为装置进行点对点通信设计的模块,也有为 PLC 联网到西门子的低速现场总线网 Sinec L2 和高速 Sinec H1 网设计的网络接口模块。

1. 通信处理器模块 CP340

CP340 用于建立点对点(point to point,PtP)低速连接,最大传输速率为 19.2 Kb/s,有 3 种通信接口,即 RS-232C(V.24)、20 mA(TTY)、RS-422/RS-485(X.27)。可通过 ASCII、3964(R)通信协议及打印机驱动软件,实现与 S5 系列 PLC、S7 系列 PLC 及其他厂商的控制系统、机器人控制器、条形码阅读器、扫描仪等设备的通信连接。

2. 通信处理器模块 CP342-2/CP343-2

CP342-2/CP343-2 用于实现 S7-300 到 AS-I 接口总线的连接。最多可连接 31 个 AS-I 从站,如果选用二进制从站,最多可选址 248 个二进制元素。具有监测 AS-I 电缆的电源电压、大量的状态和诊断功能。

3. 通信处理器模块 CP342-5

CP342-5 用于实现 S7-300 到 Profibus-DP 现场总线的连接。它分担 CPU 的通信任务,并允许增加其他连接,为用户提供各种 Profibus 总线系统服务,可以通过 Profibus-DP 对系统进行远程组态和远程编程。当 CP342-5 作为主站时,可完全自动处理数据传输,允许 CP 从站或 ET200-DP 从站连接到 S7-300。当 CP342-5 作为从站时,允许 S7-300 与其他 Profibus 主站交换数据。

4. 通信处理器模块 CP343-1

CP343-1 用于实现 S7-300 到工业以太网总线的连接。它自身具有处理器功能,在工业以太网上独立处理数据通信并允许进一步的连接,完成与编程器、PC、人机界面装置、S5 系列 PLC、S7 系列 PLC 的数据通信。

5. 通信处理器模块 CP343-1 TCP

CP343-1 TCP 使用标准的 TCP/IP 通信协议,实现 S7-300(只限服务器)、S7-400(服务器和客户机)到工业以太网的连接。它自身具有处理器功能,在工业以太网上独立处理数据通信并允许进一步的连接,完成与编程器、PC、人机界面装置、S5 系列 PLC、S7 系列 PLC 的数据通信。

6. 通信处理器模块 CP343-5

CP343-5 用于实现 S7-300 到 Profibus-FMS 现场总线的连接。它分担 CPU 的通信任务,并允许进一步的其他连接,为用户提供 Profibus 总线系统服务,可以通过 Profibus-FMS 对系统进行远程组态和远程编程。

4.2.6 功能模块

1. 计数器模块

计数器模块的计数器为 32 位或 ±31 位加减计数器,可以判断脉冲的方向。有比较功能,达到比较值时,通过集成的数字量输出响应信号,或通过背板总线向 CPU 发出中断信号。可以采用 2 倍频和 4 倍频技术,4 倍频是指在两个互差 90°的 A、B 相信号的上升沿、下降沿都计数。通过集成的数字量输入直接接收启动、停止计数器等数字量信号。模块可以给编码器供电。

FM 350-1 是智能化的单通道计数器模块,FM 350-2 和 CM 35 是 8 通道智能型计数器模块。CM 35 可以计数和用于最多 4 轴的简单定位控制。

2. 位置控制和位置检测模块

定位模块可以用编码器来测量位置,并向编码器供电,使用步进电动机的位置控制系统一般不需要位置测量。在定位控制系统中,定位模块控制步进电动机或伺服电动机的功率驱动器完成定位任务,用模块集成的数字量输出点来控制快速进给、慢速进给和运动方向等。根据与目标的距离,确定慢速进给或快速进给,定位完成后给 CPU 发出一个信号。定位模块的定位功能独立于用户程序。

FM 351 是双通道定位模块,FM 352 高速电子凸轮控制器是机械式凸轮控制器的低成本替代产品。FM 352-5 高速布尔处理器高速地进行布尔控制(即数字量控制),它集成了 12 点数字量输入和 8 点数字量输出。指令集包括位指令、定时器、计数器、分频器、频率发生器和移位寄存器指令。

建议对时钟脉冲频率要求高和对动态调节特性要求高的定位系统选用 FM 353 步进电动机定位模块。对于动态性能和精度要求都很高的定位系统,最好使用 FM 354 伺服电动机定位模块。

FM 357-2 定位和连续路径控制模块用于从独立的单轴定位控制到最多 4 轴直线、圆弧插补连续路径控制,可以控制步进电动机和伺服电动机。

步进电动机功率驱动器 FM Stepdrive 与定位模块 FM 353 和 FM 357-2 配套使用,用来控制 5～600 W 的步进电动机。

SM 338 超声波位置编码器模块用超声波传感器检测位置,具有无磨损、保护等级高、精度稳定、与传感器的长度无关等优点。SM 338 POS 输入模块最多可以将 3 个绝对值编码器(SSI)信号转换为 S7-300 的数字值。FM 453 定位模块可以控制 3 个独立的伺服电动机或步进电动机,以高频率的时钟脉冲控制机械运动。

3. 闭环控制模块

S7-300/400 有多种闭控制模块,它们有自优化控制和 PID 算法,有的可使用模糊控制器。FM 355 有 4 个闭环控制通道;FM 355-2 是适用于温度闭环控制的 4 通道闭环控制模块;FM 4355 有 16 个闭环控制通道;FM 458-1DP 是为自由组态闭环控制设计的模块,它包含 300 个功能块的库函数和 CFC 图形化组态软件,带有 Profibus-DP 接口。

4. 称重模块

Siwarex U 是紧凑型电子秤,RS-232C 接口用于连接设置参数用的计算机,TTY 串行接口用于连接最多 4 台数字式远程显示器。Siwarex M 是有校验能力的电子称重和配料单元,可以安装在易爆区域,还可以作为独立于 PLC 的现场仪器使用。

5. S5 智能 I/O 模块

S5 智能 I/O 模块可以用于 S7-400,通过专门设计的适配器,可以直接插入 S7-400。它包括 IP 242B 计数器模块,IP244 温度控制模块,WF 705 位置解码器模块,WF 706 定位、位置测量和计数器模块,WF707 凸轮控制器模块,WF721 和 WF723A、B、C 定位模块。智能 I/O 模块的优点是它们能完全独立地执行实时任务,减轻了 CPU 的负担,使它能将精力完全集中于更高级的开环或闭环控制任务上。

S7-400 与 S7-300 有许多功能模块的技术规范基本上相同,模块编号的最低两位也相同,例如 FM 351 和 FM 451,这类模块的对应关系如表 4-6 所示。

表 4-6   S7-300 与 S7-400 性能接近的功能模块

功 能 模 块	S7-300 系列	S7-400 系列
计数器模块	FM 350-1	FM 450-1
定位模块	FM 351,双通道	FM 450,3 通道
定位模块	FM 353,双通道	FM 453,3 通道
电子凸轮控制器	FM 352,13 个数字量输出	FM 452,13 个数字量输出
闭环控制模块	FM 355,4 通道	FM 455,16 通道

6. 前连接器和其他模块

前连接器用于将传感器和执行元件连接到信号模块上。它被插入到模块上,有前盖板保护。更换模块时接线仍然在前连接器上,只需要拆下前连接器,不用花费很长时间重新接线。模块上有两个带顶罩的编码元件,第一次插入时,顶罩永久地插入到前连接器上。为避免更换模块时发生错误,第一次插入前连接器时,它就已被编码,以后,这个前连接器只能插入同样类型的模块。

20 针的前连接器用于信号模块(32 通道模块除外)、功能模块和 312 IFM CPU。40 针的前连接器用于 32 通道信号模块。

TOP 连接器包括前连接器模块、连接电缆和端子块。所有部件均可以方便地连接,并可以单独更换。TOP 全模块化端子允许方便、快速和无错误地将传感器和执行元件连接到 S7-300 上,最长距离为 30 m。模拟信号模块的负载电源 L+ 和地 M 的允许距离为 5 m,超过 5 m 时前连接器一端和端子块一端均需要加电源。前连接器模块代替前连接器插入到信号模块上,用于连接 16 通道或 32 通道信号模块。

如果总电流超过 4 A,不要通过连接电缆将外部电源送给信号模块。此时,电源应直接接到前连接器模块。

仿真模块 SM374 用于调试程序,用开关来模拟实际的输入信号,用 LED 显示输出信号的状态。模块上有一个功能设置开关,可以仿真 16 点输入/16 点输出,或 8 点输入/8 点输出,具有相同的起始地址。

用 STEP 7 给仿真模块的参数赋值时,应使用被仿真模块的型号,例如 SM 374 被设置为 16 点输入,组态时应输入某一 16 点数字量输入模块的订货单。

占位模块 DM370 为模块保留一个插槽,如果用一个其他模块代替占位模块,整个配置和地址设置保持不变。占用两个插槽的模块,必须使用两个占位模块。

模块上有一个开关,开关在 NA 位置时,占位模块为一个接口模块保留插槽;NA

表示没有地址,即不保留地址空间,不用 STEP 7 进行组态。开关在 A 位置时,占位模块为一个信号模块保留插槽;A 表示保留地址,需要用 STEP 7 对占位模块进行组态。

4.3　S7-300 硬件安装

4.3.1　导轨安装

正确的硬件安装是系统正常工作的前提,要严格按照电气安装规范安装。S7-300 PLC 电气安装规范如下。

(1) 在安装导轨时,应留有足够的空间用于安装模板和散热(模板上下至少应有 40 mm 的空间,左右至少应有 20 mm 空间);

(2) 在安装表面划安装孔。在所划线的孔上钻直径为 6.5 mm+0.2 mm 的孔;

(3) 用 M6 螺钉安装导轨;

(4) 把保护地连到导轨上(通过保护地螺丝,导线的最小截面积为 10 mm²)。应注意,在导轨和安装表面(接地金属板或设备安装板)之间会产生一个低阻抗连接。如果在表面涂漆或者经阳极氧化处理,应使用合适的接触剂或接触垫片。

4.3.2　模块安装

从左边开始,按照图 4-12 所示的顺序装上:① 电源模块;② CPU;③ 信号模块、功能模块、通讯模块、接口模块。

图 4-12　模块安装导轨顺序

4.3.3　模块贴标签

模块安装完毕后,给各模块指定槽号按照图 4-13 所示操作步骤在(第一个信号)模块上插入槽号标签 4,其他依次顺延。

4.3.4　模块更换

需要更换模块时,应先解锁前连接器,然后取下模块。在开始安装一个新的模块之前,应将前连接器的上半部编码插针从该模块上取下来,这样做是因为该编码部件早已插入已接线的前连接器,如不把它取下,会阻碍前连接器插回原位置。

图 4-13　将槽号标签插入模块中

4.4　模块接线

4.4.1　地线连接

连接保护接地导线至导轨,应使用 M6 保护导线螺栓;保证保护接地导线的低阻抗连接。为此,可使用尽可能短的低阻抗电缆连接到一个较大的接触表面上。保护接地导线的最小截面积为 10 mm²。

检查电源模块上的电压选择开关是否设置为所需电路电压。图 4-14 描述的是连接电源模块和 CPU 的操作过程。

4.4.2　前连接器接线

前连接器用于将系统中的传感器和执行器连接到 S7-300 PLC,将传感器和执行器连接到该前连接器,并插入模块中。

1. 前连接器类型

前连接器按端子密度不同可分为两种类型:20 针和 40 针,如图 4-15 所示。对于 CPU 31xC 和 32 通道信号模块,需要使用 40 针前连接器;按连接方式不同,又可分为弹簧负载型端子和螺钉型端子。

2. 使用弹簧端子连接的提示

为了连接一个有弹簧负载端子的前连接器中的导线,通过开启机构将螺钉旋具(螺丝刀)直接插入开口,然后将连接线插入组合端子并撤走螺丝旋具(螺丝刀)。

在实时控制系统中,接地是抑制干扰以使系统可靠工作的主要方法。在设计中如能把接地和屏蔽正确地结合起来使用,则可以解决大部分干扰问题。

PS307 除了给 CPU 供电外,还给 24 V DC 模块提供负载电流,在一些场合,可能需要参考电位不接地的 S7-300 系统,此时应该把在 CPU 313/314 上 M 端子和功能性接

图 4-14　连接电源模块和 CPU

（a）　　　　　　　　　　　　　　　　（b）

图 4-15　前连接器类型

地之间的跨接线拆下。对 CPU 312 IFM,只能实现一个接地结构,参考电位和地在内部已连接好。在带隔离的模块结构中,控制回路的参考电位和负载回路的参考电位是隔离的。

4.4.3　前连接器插入

1. 20 针前连接器

（1）将开启机构推在模块上方,如图 4-16 所示。

图 4-16 插入前连接器的步骤

(2) 在该位置保持开启机构,将前连接器插入模块。

(3) 所提供的前连接器在模块中正确定位,开启机构在释放后将自动返回初始位置。

注意:当将前连接器插入模块中时,可以在前连接器中安装一个编码机构,由此可保证下次替换模块时不会产生差错。

(4) 盖上前盖板。

2. 40 针前连接器

(1) 拧紧连接器中心的固定螺钉,这可使前连接器与模块完全接触。

(2) 盖上前盖板。

4.5 S7-300 PLC 扩展能力

4.5.1 基本原理

一台 S7-300 PLC 由一个主机架和一个或多个扩展机架组成。如果主机架的模块数量不能满足应用要求,可以使用扩展机架。安装有 CPU 的模块机架用作主机架;安装有模块的模块机架可以用作扩展机架,与系统的主机架相连。

在设计 PLC 控制系统初期,首先应根据系统的输入、输出信号的性质和点数,以及对控制系统的功能要求,确定系统的硬件配置,例如 CPU 模块与电源模块的型号,需要哪些输入/输出模块(即信号模块 SM)、功能模块(FM)和通信处理模块(CP),各种模块的型号和每种型号的块数等。确定了系统的硬件组成后,需要在 STEP 7 中完成硬件组态工作,并将组态信息下载到 CPU。

硬件组态确定了 PLC 输入/输出变量的地址,为设计用户程序打下了基础。硬件组态包括下列内容。

(1) 系统组态。从硬件目录中选择机架,将模块分配给机架中的插槽。用接口模块连接多机架系统的各个机架。对于网络控制系统,需要生成网络和网络上的站点。

(2) CPU 的参数设置。设置 CPU 模块的多种属性,如启动特性、扫描监视时间等,设置的数据储存在 CPU 的系统数据中。如果没有特殊要求,可以使用默认的参数。

(3) 模块的参数设置。定义模块所有的可调整参数。组态的参数下载后,CPU 之外的其他模块的参数一般保存在 CPU 中。在 PLC 启动时,CPU 自动地向其他模块传送设置的参数,因此在更换 CPU 之外的模块后不需要重新对它们组态和下载组态信息。

4.5.2 单机架组态

一个 S7-300 站最多可以有 4 个机架,0 号机架是主机架,1~3 号机架是扩展机架。使用单机架组态,可以使结构紧凑,可以使用价格便宜的 IM365 接口模块对,它由两个接口模块和连接它们的 1 m 长的电缆组成。CPU 312、CPU 312 IFM、CPU 312C 和 CPU 313 只能用于单机架模块配置。

组态时将两个 IM365 模块分别插到主机架和扩展机架的第 3 槽,机架之间的连线是自动生成的。由于 IM365 不能给扩展机架提供通信总线,扩展机架上只能安装信号模块,不能安装通信处理模块(CP)和功能模块(FM)。扩展机架的 DC 5 V 电源的电流之和应在允许值之内。与使用 IM360 和 IM361 的方案相比,IM365 的价格低,使用方便,只有两个机架时应优先选用。

4.5.3 多机架组态

当所需处理的信号量大和没有足够的插槽时,可以使用多机架组态。如需将 S7-300 装在多个机架上,则需要接口模块 IM。接口模块的作用是将 S7-300 背板总线从一个机架连接到下一个机架。中央处理单元(CPU)总是在 0 号机架上。接口模块分为两种,如表 4-7 所示。

表 4-7 两种接口模块的特性

特　　性	双线和多线配置	低成本双线配置
0 号机架中的发送接口模块	IM360	IM365
1~3 号机架中的接收接口模块	IM361	IM365
扩展装置的最大数量	3	1
连接电缆长度/m	1,2.5,5,10	1
注意	—	总电流负荷不能超过 1.2 A;模块机架 1 只能安装接收信号模块,最大电流不能超过 0.8 A,但是这些限制不适用于接口模块 IM360/361

中央机架使用 IM360,扩展机架使用 IM361,最多可以增加 3 个扩展机架。各相邻机架之间的电缆最长为 10 m。每个 IM361 都需要接外部的 DC 24 V 电源,用来给本扩展机架上的所有模块供电。IM360/361 有通信总线,除 CPU 和 IM360 之外的模块都可以安装在扩展机架上。组态时将 IM360 插入主机架的 3 号槽,IM361 插入扩展机架的 3 号槽,机架之间的连线是自动生成的。

4.5.4 模块地址计算

S7-300 的数字量(或称开关量)I/O 点地址由地址标识符、地址的字节部分和位部分组成,一个字节由 0~7 这 8 位组成。地址标识符 I 表示输入,Q 表示输出,M 表示位存储器。如图 4-17 所示。

除了带 CPU 的中央机架,S7-300 最多可以增加 3 个扩展机架。每个机架最多只能安装 8 个信号模块、功能模块或通信处理器模块,它们安装在 4~11 号槽。

S7-300 的信号模块的字节地址与模块所在的机架号和槽号有关,模块内各 I/O 点的位地址与信号线接在模块上的哪一个端子有关。图 4-18 所示的是 32 点数字量 I/O 模块,其起始字节地址为 X,每个字节由 8 个 I/O 点组成。图中标出了各 I/O 字节的位置和字节内各点的位置。

从 0 号字节开始,S7-300 给每个数字量信号模块分配 4 B(4 个字节)的地址,相当于 32 个 I/O 点。M 号机架(M＝0~3)的 N 号槽(N＝4~11)的数字量信号模块的起始字节地址为

$$32 * M + (N-4) * 4$$

模拟 I/O 模块每个槽划分为 16 B(等于 8 个模拟量通道),每个模拟量输入通道或输出通道的地址总是一个字地址,即模拟量模块以通道为单位,一个通道占一个字的地址。

S7-300 为模拟量模块保留了专用的地址区域,字节地址范围为 IB256~767。一个模拟量模块最多有 8 个通道,从 256 号字节开始,S7-300 给每一个模拟量模块分配 16 B 的地址。M 号机架的 N 号槽的模拟量模块的起始字节地址为

$$128 * M + (N-4) * 16 + 256$$

对信号模块组态时,将会根据模块所在的机架号和槽号,按上述的原则自动地分配模块的默认地址。表 4-8 所示的为 S7-300 信号模板的起始地址。

I1.2

输入　字节地址　位地址

图 4-17　输入量模块的地址

图 4-18　信号模块的地址

表 4-8　S7-300 信号模板的起始地址

机架	模块起始地址	槽 位 号								
		1	2	3	4	5	6	7	8	9	10	11
0	数字量	PS	CPU	IM	0	4	8	12	16	20	24	28
	模拟量				256	272	288	304	320	336	352	368
1[①]	数字量		—	IM	32	36	40	44	48	52	56	60
	模拟量				384	400	416	432	448	464	480	496
2[①]	数字量		—	IM	64	68	72	76	80	84	88	92
	模拟量				512	528	544	560	576	592	608	624
3[①]	数字量		—	IM	96	100	104	108	112	116	120	124
	模拟量				640	656	672	688	704	720	736	752

4.5.5　功耗计算

S7-300 模块使用的电源由 S7-300 背板总线提供,一些模块还需从外部负载电源供电。在组建 S7-300 应用系统时,考虑每块模块的电流耗量和功率损耗是非常必要的,

表 4-9 列出了在 24 V 直流负载电源情况下,各种 S7-300 模块的电流耗量、功率损耗以及从 24 V 负载电源吸取的电流。

表 4-9 S7-300 模块的电流耗量和功率损耗(24 V DC 负载电源)

模　块	从 S7-300 背板总线吸取的电流(最大值)	从 24 V 负载电源吸取的电流(不带负载运行)	功率损耗(正常运行)
CPU 312 IFM	0.8 A	0.8 A	9 W
CPU 313	1.2 A	1 A	8 W
CPU 314	1.2 A	1 A	8 W
接口模块 IM 360	350 mA	—	2 W
接口模块 IM 361	0.8 A	0.5 A	5 W
接口模块 IM 365	1.2 A	—	0.5 W
数字量输入模块 SM 321 16×24 V DC	25 mA	1 mA	3.5 W

表 4-10 列出了在 120/230 V AC 负载电源下,模块的电流耗量和功率损耗。一个实际的 S7-300 PLC 系统,确定所有的模块后,要选择合适的电源模块,所选定的电源模块的输出功率必须大于 CPU 模块、所有 I/O 模块、各种智能模块等总消耗功率之和,并且要留有 30% 左右的裕量。当同一电源模块既要为主机单元供电又要为扩展单元供电时,从主机单元到最远一个扩展单元的线路压降必须小于 0.25 V。

表 4-10 S7-300 模块的电流耗量和功率损耗(120/230 V AC 负载电源)

模　块	从 S7-300 背板总线吸取的电流(最大值)	功率损耗(正常运行)
SM 321,数字量输入 8×120/230 V AC	22 mA	4.8 W
SM 321,数字量输入 16×120 V AC	3 mA	4.0 W
SM 322,数字量输入 8×120/230 V AC	200 mA	9.0 W
SM 322,数字量输入 8×120 V AC	200 mA	9.0 W

例如,一个 S7-300 PLC 系统由下面的模块组成。

● 1 块中央处理单元模块 CPU 314;
● 2 块数字量输入模块 SM321,16×24 V;
● 1 块继电器输出模块 SM322,8×230 V AC;
● 1 块数字量输出模块 SM322,16×24 V DC;
● 1 块模拟量输入模块 SM331,8×12 位;
● 2 块模拟量输出模块 SM332,4×12 位;
● 各模块从 S7-300 背板总线吸取的电流 = 2×25+40+70+60+2×60 = 340 mA;
● 各模块从 24 V 负载电源吸取的电流 = 1000+2×1+75+100+200+2×240 = 1857 mA;
● 各模块的功率损耗 = 8+2×3.5+2.2+4.9+1.3+2×3 = 29.4 W。

从上面计算可知,信号模块从 S7-300 背板总线吸取的总电流是 340 mA,没有超过

CPU 314 提供的 1.2 A 电流。各模块从 24 V 电源吸取的总电流约为 1.857 A,虽没有超过 2 A,但考虑到电源应留有一定裕量,所以电源模块应选 PS307 5 A。上述计算没有考虑接输出执行机构或其他负荷时的电流消耗,设计中不应忽略这一点。PS307 5 A 的功率损耗为 18 W,所以该 S7-300 结构总的功率损耗是 18+29.4=47.4 W。该功率不应超过机柜所能散发的最大功率,在确定机柜的大小时要确保这一点。

4.6　S7-300 PLC 通信技术

本节具体介绍三种 PLC 通信与组网方式,即 MPI 方式、Profibus 现场总线通信方式和工业以太网通信方式。西门子 PLC 通信网络如图 4-19 所示。

图 4-19　西门子 PLC 通信网络

4.6.1　MPI 通信方式

当通信速率要求不高、通信数据量不大时,MPI 通信是可以采用的一种简单经济型的通信;MPI 网络的通信速率为 19.2 Kb/s～12 Mbps,通常默认设置为 187.5 Kb/s,西门子 PLC S7-200/300/400 CPU 上的 RS485 接口不仅是编程接口,同时也是一个 MPI 的通信接口。

1. MPI 网络通信与组建

MPI 是多点通信接口(multi point interface,MPI)的简称。MPI 物理接口符合 Profibus RS485(EN 50170)接口标准。MPI 网络的通信速率为 19.2 Kb/s～12 Mb/s,S7-200 只能选择 19.2 Kb/s 的通信速率,S7-300 通常默认设置为 187.5 Kb/s,只有能够设置为 Profibus 接口的 MPI 网络才支持 12Mb/s 的通信速率。MPI 网络示意图如图 4-20 所示。

用 STEP 7 软件包中的 Configuration 功能为每个网络节点分配一个 MPI 地址和最

图 4-20　MPI 网络示意图

高地址,最好标在节点外壳上;然后对 PG、OP、CPU、CP、FM 等模块包括的所有节点进行地址排序,连接时需在 MPI 网的第一个及最后一个节点接入通信终端匹配电阻。往 MPI 网添加一个新节点时,应该切断 MPI 网的电源。MPI 的缺省地址如表 4-11 所示。

表 4-11　MPI 缺省地址

节点(MPI 设备)	缺省 MPI 地址	最高 MPI 地址
PG/PC	0	15
OP/TP	1	15
CPU	2	15

为了保证网络通信质量,总线连接器或中继器上都设计了终端匹配电阻。组建通信网络时,在网络拓扑分支的末端节点需要接入浪涌匹配电阻。

2. 全局数据包通信方式

全局数据(GD)通信方式以 MPI 分支网为基础而设计的。在 S7 中,利用全局数据可以建立分布式 PLC 间的通信联系,不需要在用户程序中编写任何语句。S7 程序中的 FB、FC、OB 都能用绝对地址或符号地址来访问全局数据。最多可以在一个项目中的 15 个 CPU 之间建立全局数据通信。

在 MPI 分支网上实现全局数据共享的两个或多个 CPU 中,至少有一个是数据的发送方,有一个或多个是数据的接收方。发送或接收的数据称为全局数据,或称为全局数。具有相同 Sender/Receiver(发送者/接收者)的全局数据,可以集合成一个全局数据包(GD packet)一起发送。每个数据包用数据包号码(GD packet number)来标识,其中的变量用变量号码(variable number)来标识。参与全局数据包交换的 CPU 构成了全局数据环(GD circle)。每个全局数据环用数据环号码来标识(GD circle number)。例如,GD 2.1.3 表示 2 号全局数据环,1 号全局数据包中的 3 号数据。

在 PLC 操作系统的作用下,发送 CPU 在它的一个扫描循环结束时发送全局数据,接收 CPU 在它的一个扫描循环开始时接收 GD。这样,发送全局数据包中的数据,对于接收方来说是"透明的"。也就是说,发送全局数据包中的信号状态会自动影响接收数据包;接收方对接收数据包的访问,相当于对发送数据包的访问。

全局数据可以由位、字节、字、双字或相关数组组成,它们被称为全局数据的元素。一个全局数据包由一个或几个 GD 元素组成,最多不能超过 24 B。表 4-12 给出了全局通信的数据结构。

表 4-12　全局通信数据结构

数 据 类 型	类型所占存储字节数	在 GD 中类型设置的最大数量
相关数组	字节数＋两个头部说明字节	一个相关的 22 个字节数组
单独的双字	6 B	4 个单独的双字
单独的字	4 B	6 个单独的双字
单独的字节	3 B	8 个单独的双字
单独的位	3 B	8 个单独的双字

1) 全局数据环分类

全局数据环中的每个 CPU 可以发送数据到另一个 CPU 或从另一个 CPU 接收。全局数据环有以下 2 种。

(1) 环内包含 2 个以上的 CPU 时,其中一个是发送数据包,其他 CPU 用于接收数据;

(2) 环内只有 2 个 CPU 时,每个 CPU 可既发送数据又接收数据。

S7-300 的每个 CPU 可以参与最多 4 个不同的数据环,在一个 MPI 网上最多可以有 15 个 CPU 通过全局通信来交换数据。

其实,MPI 网络进行 GD 通信的内在方式有两种:一种是一对一方式,当 GD 环中仅有两个 CPU 时,可以采用类全双工点对点方式,不能有其他 CPU 参与,只有两者独享;另一种为一对多(最多 4 个)广播方式,一个点播,其他接收。

2) 组态前的工作

应用 GD 通信,就要在 CPU 中定义全局数据块,这一过程也称为全局数据通信组态。在对全局数据进行组态前,需要先执行下列任务。

(1) 定义项目和 CPU 程序名;

(2) 用 PG 单独配置项目中的每个 CPU,确定其分支网络号、MPI 地址、最大 MPI 地址等参数。

3) 组态步骤

在用 STEP 7 开发软件包进行 GD 通信组态时,由系统菜单"Options"中的"Define Global Data"程序进行 GD 表组态。具体组态步骤如下。

(1) 在 GD 空表中输入参与 GD 通信的 CPU 代号;

(2) 为每个 CPU 定义并输入全局数据,指定发送 GD;

(3) 第一次存储并编译全局数据表,检查输入信息语法是否为正确数据类型,是否一致;

(4) 设定扫描速率,定义 GD 通信状态双字;

(5) 第二次存储并编译全局数据表。

4.6.2　Profibus 现场总线通信方式

Profibus 是一种广泛应用的数字通信系统,特别适用于工业自动化和过程自动化领域。Profibus 适用于快速、时间要求严格的应用和复杂的通信任务,Profibus-DP 主要侧重于工业自动化,它使用的是 RS-485 传输技术;Profibus-PA 主要侧重于过程自动化,典型的使用 MBP-IS 传输技术,扩展的 Profibus-DP。

1. 协议结构

为了满足工业控制不同的要求,西门子采用多种工业通信网络,每种网络可能包含不同的通信协议和通信服务。Profibus 以其独特的技术特点、严格的认证规范、开放的标准,获得众多厂商的支持。

Profibus 是目前国际上通用的现场总线标准之一,Profibus 总线 1987 年由西门子公司等 13 家企业和 5 家研究机构联合开发,1999 年 Profibus 成为国际标准 IEC 61158 的组成部分,2001 年批准成为中国的行业标准 JB/T 10308.3—2001。

Profibus 使用 ISO/OSI 参考模型的物理层第一层作为其物理层,可以使用多种通信媒体(电、光、红外、导轨以及混合方式),传输速率为 9.6 Kb/s～12 Mb/s。每个 DP 从站的输入数据和输出数据最大为 244 B。使用屏蔽双绞线电缆时最长通信距离为 9.6 km,使用光缆时最长通信距离为 90 km,最多可以接 127 个从站。

Profibus 可以使用灵活的拓扑结构,支持线形、树形、环形结构以及冗余的通信模型。支持基于总线的驱动技术和符合 IEC 61508 的总线安全通信技术。

Profibus 协议结构如图 4-21 所示,Profibus 协议包括以下三个主要部分。

图 4-21　Profibus 协议结构

1) Profibus-DP

Profibus-DP 是一种高速低成本数据传输,用于自动化系统中单元级控制设备与分布式 I/O(如 ET 200)的通信。主站之间的通信为令牌方式,主站与从站之间的通信为主从轮询方式,以及这两种方式的混合。一个网络中有若干被动节点(从站),而它的逻辑令牌只含有一个主动令牌(主站),这样的网络为纯主-从系统。

DP 是分布式外部设备(decentralized periphery)的缩写。Profibus-DP(简称 DP)主要用于制造业自动化系统中单元级和现场级通信,特别适用于 PLC 与现场级分布式

I/O 设备之间的通信。DP 是 Profibus 中应用最广的通信方式。

Profibus-DP 用于连接下列设备:PLC、PC 和 HMI 设备,以及分布式现场设备,如 Simatic ET 200 和变频器等设备。Profibus-DP 的响应速度快,所以很适合在制造业使用。

作为 PLC 硬件组态的一部分,分布式 I/O 用 STEP 7 来组态。通过供货方提供的 GSD 文件,可以用 STEP 7 将其他制造商生产的从站设备组态到网络中。

常规站说明(general station description,GSD)文件是可读的 ASCII 码文本文件,包括通用的、和设备有关的、通信的技术规范。为了将不同厂家生产的 Profibus 产品集成在一起,生产厂家必须以 GSD 文件的方式提供这些产品的功能参数,例如 I/O 点数、诊断信息、传输速率、时间监视等。GSD 文件分为总规范、主站规范及与 DP 从站有关的规范。

如果在 STEP 7 的硬件组态工具 HW Config 右边的硬件目录窗口中没有组态时需要的 DP 从站,应安装制造商提供的 GSD 文件。GSD 文件可以在制造商的网站下载,例如在西门子中文网站的下载中心搜索和下载。

有的 S7-300/400 CPU 配备有集成的 DP 接口,S7-200/300/400 也可以通过通信处理器(CP)连接到 Profibus-DP。

2)Profibus-PA

Profibus-PA 用于过程自动化的现场传感器和执行器的低速数据传输,使用扩展的 Profibus-DP 协议。

Profibus-PA 由于采用了 IEC 1158-2 标准,确保了本质安全和通过屏蔽双绞线电缆进行数据传输和供电,可以用于防爆区域的传感器和执行器与中央控制系统的通信。

Profibus-PA 采用 Profibus-DP 的基本功能来传送测量值和状态,并用扩展的 Profibus-DP 功能来指定现场设备的参数和进行设备操作。Profibus-PA 行规保证了不同厂商生产的现场设备的互换性和互操作性。PA 行规已对所有通用的测量变送器和其他一些设备类型做了具体规定。

使用 DP/PA 连接器可以将 Profibus-PA 设备很方便地集成到 Profibus-DP 网络中。与 Profibus-DP 设备一样,Profibus-PA 设备也是用制造商的 GSD 文件来描述。

3)Profibus-FMS

Profibus-FMS 可用于车间级监控网络,FMS 提供大量的通信服务,用以完成中等级别传输速度进行的循环和非循环的通信服务。

Profibus 使用三种传输技术:Profibus DP 和 Profibus FMS 采用相同的传输技术,可使用 RS-485 屏蔽双绞线电缆传输,或光纤传输;Profibus PA 采用 IEC 1158-2 传输技术。

2. 系统配置

Profibus 通信规程采用了统一的介质存取协议,此协议由 OSI 参考模型的第 2 层来实现。使用上述的介质存取方式,Profibus 可以实现以下三种系统配置。

1)纯主-从系统(单主站)

单主系统可实现最短的总线循环时间。以 Profibus-DP 系统为例,一个单主系统由一个 DP-1 类主站和 1~125 个 DP-从站组成。

2) 纯主-主系统(多主站)

若干主站可以用读功能访问一个从站。以 Profibus-DP 系统为例,多主系统由多个主设备(1 类或 2 类)和 1~124 个 DP-从设备组成。

3) 两种配置的组合系统(多主-多从)

多主-多从系统中,可以按照主-从关系与所有从站通信,也可以按照主-主关系与所有主站通信。Profibus-DP 系统中,一条总线最多可以连接 126 个设备(主站或从站)。

3. 设备类型

在整个 Profibus 应用中,Profibus-DP 应用最多、最广泛,可以连接不同厂商提供的符合 Profibus-DP 协议的设备。Profibus-DP 定义以下三种设备类型。

1) DP-1 类主设备(DPM1)

DP-1 类主设备(DPM1)可构成 DP-1 类主站。这类设备是一种在给定的信息循环中与分布式站点(DP 从站)交换信息,并对总线通信进行控制和管理的中央控制器。典型的设备有:可编程控制器、微机数值控制或计算机等。

2) DP-2 类主设备(DPM2)

DP-2 类主设备(DPM2)可构成 DP-2 类主站。这类设备在 DP 系统初始化时用来生成系统配置,是 DP 系统中组态或监视工程的工具。除了具有 1 类主站的功能外,可以读取 DP 从站的输入/输出数据和当前的组态数据,可以给 DP 从站分配新的总线地址。属于这一类的装置包括编程器、组态装置和诊断装置、上位机等。

3) DP-从设备

DP-从设备可构成 DP 从站。这类设备是 DP 系统中直接连接 I/O 信号的外围设备。典型 DP-从设备有分布式 I/O、ET200、变频器、驱动器、阀、操作面板等。

4.6.3 工业以太网和 Profinet 通信方式

1. 西门子工业以太网

西门子公司在工业以太网领域有着非常丰富的经验和领先的解决方案。其中 Simatic NET 工业以太网基于经过现场验证的技术,符合 IEEE 802.3 标准并提供传输速率为 10 Mbps 以及 100 Mbps 的快速以太网技术。经过多年的实践,Simatic NET 工业以太网的应用已多于 400000 个节点,遍布世界各地,用于严酷的工业环境,并包括有高强度电磁干扰的地区。

1) 基本类型

10 Mbps 工业以太网应用基带传输技术,基于 IEEE 802.3,利用 CSMA/CD 介质访问方法的单元级、控制级传输网络。传输速率为 10 Mbps,传输介质为同轴电缆、屏蔽双绞线或光纤。100 Mbps 快速以太网基于以太网技术,传输速率为 100 Mbps,传输介质为屏蔽双绞线或光纤。

2) 网络硬件

网络的物理传输介质主要根据网络连接距离、数据安全以及传输速率来选择。工业以太网链路模块 OLM、ELM 依照 IEEE 802.3 标准,利用电缆和光纤技术,Simatic NET 连接模块使得工业以太网的连接变得更为方便和灵活。OLM(光链路模块)有 3 个 ITP 接口和 2 个 BFOC 接口。ITP 接口可以连接 3 个终端设备或网段,BFOC 接口可以连接 2 个光路设备(如 OLM 等),传输速率为 10 Mbps。ELM(电气链路模块)有 3

个 ITP 接口和 1 个 AUI 接口。通过 AUI 接口,可以将网络设备连接至 LAN 上,传输速率为 10 Mbps。

3）通信处理器

常用的工业以太网通信处理器(communication processor,CP),包括用在 S7 PLC 站上的处理器 CP243-1 系列、CP343-1 系列、CP443-1 系列等。S7-300 系列 PLC 的以太网通信处理器是 CP343-1 系列,按照所支持协议的不同,还可以分为 CP343-1、CP343-1 ISO、CP343-1 TCP、CP343-1 IT 和 CP343-1 PN。

4）通信方法

(1) 标准通信:标准通信运行于 OSI 参考模型第 7 层的协议。制造业自动化协议(manufacturing automation protocol,MAP)提供 MMS 服务,主要用于传输结构化的数据。MMS 是一个符合 ISO/IES 9506—4 的工业以太网通信标准,MAP3.0 版本提供了开放统一的通信标准,可以连接各个厂商的产品,但现在很少应用。

(2) S5 兼容通信:SEND/Receive 是 Simatic S5 通信的接口,在 S7 系统中,将该协议进一步发展为 S5 兼容通信"S5-compatible Communication"。ISO 传输协议支持基于 ISO 的发送和接收,使得设备(如 Simatic S5 或 PC)在工业以太网上的通信非常容易,该服务支持大数据量的数据传输(最大 8 KB)。ISO 数据接收由通信方确认,通过功能块可以看到确认信息。TCP 即 TCP/IP 中传输控制协议,提供了数据流通信,但并不将数据封装成消息块,因而用户并不能接收到每一个任务的确认信号。TCP 支持面向 TCP/IP 的 Socket。TCP 支持给予 TCP/IP 的发送和接收,使得设备(如 PC 或非西门子设备)在工业以太网上的通信非常容易。该协议支持大数据量的数据传输(最大 8 KB),数据可以通过工业以太网或 TCP/IP 网络(拨号网络或因特网)传输。通过 TCP,Simatic S7 可以通过建立 TCP 连接来发送/接收数据。

(3) S7 通信:S7 通信集成在每一个 Simatic S7/M7 和 C7 的系统中,属于 OSI 参考模型第 7 层应用层的协议,它独立于各个网络,可以应用于多种网络(MPI、Profibus、工业以太网)。S7 通信通过不断地重复接收数据来保证网络报文的正确。在 Simatic S7 中,通过组态建立 S7 连接来实现 S7 通信,在 PC 上,S7 通信需要通过 SAPI-S7 接口函数或 OPC(过程控制用对象链接与嵌入)来实现。

在 STEP7 中,S7 通信需要调用功能块 SFB(S7-400)或 FB(S7-300),最大的通信数据可以达 64 KB。对于 S7-400,可以使用系统功能块 SFB 来实现 S7 通信;对于 S7-300,可以调用相应的 FB 功能块进行 S7 通信。

(4) PG/OP 通信:PG/OP 通信分别是 PG 和 OP 与 PLC 通信来进行组态、编程、监控以及人机交互等操作的服务。

2. Profinet

Profinet 是 Profibus 和 Profinet 国际(PI)组织推出的新一代基于工业以太网技术的自动化总线标准。作为一项战略性的技术创新,Profinet 为自动化通信领域提供了一个完整的网络解决方案,它覆盖了自动化技术的所有要求,功能包括 8 个主要的模块,依次为实时通信、分布式现场设备、运动控制、分布式自动化、网络安装、IT 标准和信息安全、故障安全和过程自动化。

Profinet 基于工业以太网,符合 TCP/IP 和 IT 标准,可以完全兼容工业以太网和现有的现场总线(如 Profibus)技术,利用 TCP/IP 和 IT 标准可实现与现场总线系统的无缝集成多层次的实时概念。

1) Profinet 的特点

(1) 一根线连接所有:由于其集成基于以太网的通信,Profinet 满足很宽范围的需求,包括从数据密集的参数分配到特别快速的 I/O 的数据传输。因此,Profinet 允许实时自动化。此外,Profinet 还提供到 IT 技术的直接接口。

(2) 灵活的网络:Profinet100% 兼容 IEEE 以太网标准,并且由于其灵活的线型、环型、星型拓扑结构以及铜质和光纤的线缆类型而适应已有的工厂环境。Profinet 节省了昂贵的定制方案成本,并可以使用 WLAN 和蓝牙进行无线通信。

(3) 可伸缩的实时性:通信在所有应用(从简单控制到具有高要求的运动控制应用)内的相同线缆上发生。对应高精度闭环控制任务,抖动时间小于 1 μs 的苛刻时间要求的数据的确定和等时同步传输都是可能的。

(4) 高可用性:Profinet 自动集成冗余解决方案和智能诊断概念。非循环诊断数据传输提供了关于网络和设备状态的重要信息,包括显示网络拓扑结构。已定义的媒体冗余和系统冗余概念极大地提高了工厂的可用性。

(5) 安全集成:ProfIsafe 使标准 Profinet/Profibus 和故障安全技术合为一个系统。在一根线缆上同时实现标准通信与安全相关通信,节约了设备、工程设计和安装成本。

2) Profinet 技术内容

Profinet 概念具有两个技术内容:Profinet CBA 和 Profinet IO。

Profinet CBA 适用于机器与机器之间的通信,也适用于模块化工厂实际要求的实时通信。它通过对智能模块间的通信进行图形化组态以实现基于分布式智能工厂和生产线的简单模块化设计。Profinet IO 从 I/O 数据视角描述分布式 I/O。它包括循环过程数据的实时(RT)通信和等时同步实时通信(IRT)。

Profinet CBA 和 Profinet IO 即可独立工作,也可以 Profinet IO 单元作为 Profinet CBA 模块的方式联合工作。

3) Profinet IO 系统的系统模型

Profinet IO 采用的是 Provider/Consumer(生产者/消费者)模型进行数据交换。Profinet IO 系统组态与 Profibus 类似。Profinet IO 定义了以下设备类型。

(1) IO 控制器:典型的设备是运行自动化程序的可编程序控制器(PLC),类似 Profibus 中的 1 类主站。

(2) IO 设备:IO 设备是分布式 I/O 现场设备,通过 Profinet IO 与一个或多个 IO 控制器相连,类似 Profibus 的从站。

(3) IO 监视器:IO 监视器可以用于调试或诊断的编程设备、PC 或 HMI,对应 Profibus 中的 2 类主站。

一个工厂单元至少具有一个 IO 控制器、一个或多个 IO 设备。通常临时集成 IO 监视器用于调试或故障诊断。

4）Profinet IO 实时通信

根据响应时间的不同,Profinet 支持下列三种通信方式。

（1）TCP/IP 标准通信:Profinet 基于工业以太网技术,使用 TCP/IP 和 IT 标准,其响应时间大概在 100 ms 的量级。工程数据及非时间苛刻的数据在 TCP/IP 上传输,该标准通信可发生在所有的现场设备间。

（2）实时(RT)通信:对于传感器和执行器设备之间的数据交换,系统对响应时间的要求更为严格,大概需要 5～10 ms 的响应时间。目前,可以使用现场总线技术达到这个响应时间,如 Profibus DP。

对于基于 TCP/IP 的工业以太网技术而言,使用标准通信栈来处理过程数据包,需要很可观的时间,因此,Profinet 提供了一个优化的、基于以太网第二层(Layer 2)的实时通信通道,通过该实时通道,极大地减少了数据在通信栈中的处理时间,因此,Profinet 获得了等同、甚至超过传统现场总线系统的实时性能。RT 通道用于传输过程数据。

（3）同步实时(IRT)通信:在现场级通信中,对通信实时性要求最高的是运动控制(motion control),Profinet 的同步实时(IRT)技术可以满足运动控制的高速通信需求,对于运动控制之类的等时同步应用,使用等时同步实时通信,可实现小于 1 ms 的时钟速率和小于 1 μs 的时钟精度。

本章小结

S7-300 PLC 采用模块化结构,由机架(RACK)、电源模块(PS)、中央处理单元模块(CPU)、接口模块(IM)、信号模块(SM)、功能模块(FM)和通信处理器(CP)等部分组成。

S7-300 PLC 除了带 CPU 的中央机架(CR),最多可以增加 3 个扩展机架(ER),每个机架可以插 8 个信号模块,4 个机架最多可以安装 32 个模块。电源模块总是在 1 号槽的位置。3 号槽是接口模块。

接口模块(IM)有 IM365、IM360/361 三种规格。中央机架使用 IM360,扩展机架使用 IM361,最多可以增加 3 个扩展机架。

信号模块(SM)是数字量输入/输出模块和模拟量输入/输出模块的总称。根据负载回路使用电源的要求,数字量输出模块有晶体管输出方式、晶闸管输出方式和继电器输出方式。S7-300 的信号模块的字节地址与模块所在的机架号和槽号有关,对信号模块组态时,将会根据模块所在的机架号和槽号,自动地分配模块的默认地址。

S7-300 PLC 通信方式有 MPI 方式、Profibus 现场总线通信方式和工业以太网通信方式。

习 题

（1）构成一台 S7-300 PLC 的常用模块有哪些?各类模块的功能是什么?

（2）复位 CPU 存储器的方式有哪几种?如何操作?

（3）S7-300 系列 CPU 模块对外部电源的要求是什么？是否可以直接连接 AC 输入？

（4）S7-300 PLC 的电源模块可分为哪几类？对外部有何要求？

（5）根据负载回路使用的电源要求，数字量输出模块有哪三种规格？

（6）S7-300 PLC 的接口模块可分为哪几类？扩展连接距离各是多少？

（7）一个 S7-300 站最多可以有几个扩展机架？各机架上可以最多安装几个信号模块？

（8）简述数字量模块和模拟量模块的默认地址计算方法。

（9）简述 S7-300 的三种基本通信方式。

5

TIA 博途 STEP 7 软件使用

5.1 TIA 博途软件

TIA 博途是全集成自动化软件"Totally Integrated Automation Portal"的简称,是西门子工业自动化集团发布的一款全新的全集成自动化软件。它是世界第一款将所有自动化任务整合在一个工程设计环境下的软件,几乎适用于所有自动化任务。借助该全新的工程技术软件平台,用户能够快速、直观地开发和调试自动化系统。

TIA 博途是一个可以解决所有自动化任务的工程软件平台。TIA 博途作为一切未来软件工程组态包的基础,可以组态的产品包括控制器、触摸屏画面和上位机可视化画面等,可对西门子全集成自动化中涉及的所有自动化和驱动产品进行组态、编程和调试。博途软件自动化系统中的所有设备和网络可在一个共享编辑器内进行组态,不同功能的软件包可以在这个平台上同时运行,如 STEP 7、WinCC 等。在此共享软件平台中,项目导航、库概念、数据管理、项目存储、诊断和在线功能等均为标准配置。统一的软件开发环境由可编程控制器、人机界面和驱动装置组成,有利于提高整个自动化项目的效率。

TIA 博途采用新型、统一软件框架,可在同一开发环境中组态西门子的所有可编程控制器、人机界面和驱动装置。在控制器、驱动装置和人机界面之间建立通信时的共享任务,可大大降低连接和组态成本。例如,用户可方便地将变量从可编程控制器拖放到人机界面设备的画面中。然后在人机界面内即时分配变量,并在后台自动建立控制器与人机界面的连接,无需手动组态。

5.2 TIA 博途软件版本及界面

由于采用了全集成的技术,所以博途软件也很大,所以对电脑的要求也高,拿博途 15.1 版本来说,至少需要 CoreTM i5-3320M 3.3 GHz 或相当的处理器,8 G 内存及 300 GB SSD 硬盘才能够流畅运行。博途软件有 Basic、Comfort、Advanced 和 Professional 等不同版本,这些版本之间的区别在于所组态的设备不同。Professional 版本就可以拥有博途的几乎所有功能,不同版本的区别如图 5-1 所示。

博途 15.1 版本的 STEP 7 Professional 和 WinCC Professional 安装完成后的界面如图 5-2 所示。

说明：* 仅适用于S7-300/400/WinAC和S7-1500的STEP 7 Professional
　　　** 已安装有"STEP 7 Safety Advanced"可选包

图 5-1　博途不同版本的区别

图 5-2　博途软件界面

5.3　博途 STEP 7 的使用

5.3.1　项目结构

在设计一个自动化系统时,既可以采用先硬件组态、后创建程序的方式,也可以采用先创建程序、后硬件组态的方式。如果要创建一个使用较多输入和输出的复杂程序,建议先进行硬件组态。设计步骤如图 5-3 所示。

图 5-3 设计步骤

TIA 博途软件在自动化项目中可以使用两种不同的视图:Portal 视图或项目视图。Portal 视图是面向任务的视图,而项目视图是项目各组件的视图。可以使用链接在两种视图间进行切换。项目初期,可以选择面向任务的 Portal 视图简化用户操作,也可以选择一个项目视图快速访问所有相关工具。Portal 视图以一种直观的方式进行工程组态。不论是控制器编程、设计 HMI 画面还是组态网络连接,TIA 博途的直观界面都可以帮助新老用户事倍功半。TIA 博途平台中,每款软件编辑器的布局和浏览风格都相同。

Portal 视图提供了面向任务的视图,可以快速确定要执行的操作或任务,当双击 TIA 博途图标后,可以打开 Portal 视图界面,如图 5-4 所示。有些情况下该界面会针对所选任务自动切换为项目视图。

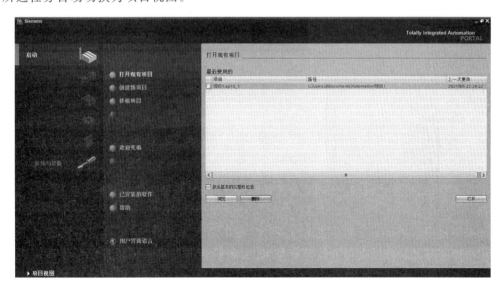

图 5-4 博途视图

项目视图是项目所有组件的结构化视图,如图 5-5 所示。

项目视图界面中主要包括标题栏、菜单栏、工具栏、项目树、工作区、任务卡、详细视图、巡视窗口、编辑器栏及带有进度显示的状态栏等。项目名称显示在标题栏中;菜单栏包含工作所需的全部命令;工具栏提供了常用命令的按钮,如上传、下载等功能,通过工具栏图标可以更快地访问这些命令;使用项目树功能可以访问所有组件和项目数据,在项目树中执行添加新组件、编辑现有组件及扫描和修改现有组件的属性等;工作区内

图 5-5　项目视图

图 5-6　项目树结构

显示进行编辑而打开的对象;根据所编辑对象或所选对象,提供了用于执行操作的任务卡;详细视图中将显示总览窗口或项目树中所选对象的特定内容,其中可以包含文本列表或变量,但不显示文件夹的内容。要显示文件夹的内容,可使用项目树或巡视窗口;编辑器栏显示已打开的编辑器。如果已打开多个编辑器,可以使用编辑器栏在打开的对象之间进行快速切换。

　　在博途软件中,项目结构为树状结构,具体如图 5-6 所示。

　　在博途 STEP 7 软件中主要有以下几种类型的程序块。

　　组织块 OB(organization block);FC(function)功能;FB(function block)功能块;DB(data block)数据块。

　　OB1 是循环执行的组织块,其优先级为最低。PLC 在运行时将反复循环执行 OB1 中的程序,当有优先级较高的事件发生时,CPU 将中断当前的任务,去执行优先级较高的组织块,执行完成以后,CPU 将回到断点处继续执行 OB1 中的程序,并反复循环下去,直到停机或者是下一个中断发生。

　　FC 和 FB 都是用户自己编写的程序块,用户可以将具有相同控制过程的程序编写在 FC 或 FB 中,然后在主程序 OB1 或其他程序块中(包括组织块和功能、功能块)调用 FC 或 FB。FC 或 FB 相当于子程序的功能,都可以定义自己的参数。除用户自己编写的程序块外,在博途软件中,提供预先编好可供用户调用的程序块,它们已经固化在 CPU 中,其功能和参数已经确定,具体调用根据功能名称调用即可。

DB 数据块有共享数据块和背景数据块。共享 DB 的主要目的是为用户程序提供一个可保存的数据区,它的数据结构和大小并不依赖于特定的程序块,而是用户自己定义。背景数据块和某个 FB 或 SFB(系统功能块)相关联,其内部数据的结构与其对应的 FB 或 SFB 的变量声明表一致。

5.3.2　创建项目

创建项目时,可使用向导创建项目。首先双击"Portal"软件图标或由 Windows 进入 Portal 窗口,弹出新建项目小窗口,单击"创建新项目",如图 5-7 所示,设置项目名称、路径、作者,添加注释。点击右下角"创建"按钮。

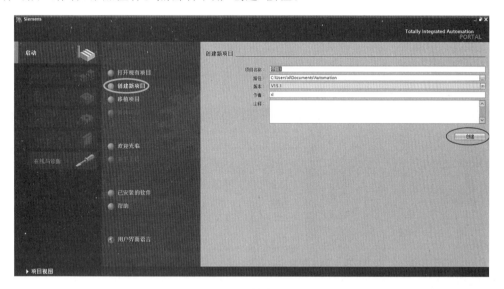

图 5-7　创建项目

创建后的项目视图如图 5-8 所示。

图 5-8　打开创建的项目

5.3.3　硬件组态

硬件组态是指在站窗口中对机架、模块、分布式 I/O 机架，以及接口子模块等进行排列。像实际的机架一样，可在其中插入特定数目的模块。硬件组态的任务就是在 Portal 中生成一个与实际的硬件系统完全相同的系统，如生成网络、网络中各个站的机架和模块及设置各硬件组成部分的参数，即给参数赋值。所有模块的参数都是用编程软件来设置的。硬件组态确定了 PLC 输入/输出变量的地址，为设计用户程序打下了基础。

首先点击"设备与网络"，点击"添加新设备"。进入硬件组态设备的界面。

1. 添加 CPU

如图 5-9 所示，点击"设备与网络"→"添加新设备"→"控制器"→"SIMATIC S7-300"→"CPU"→选择 CPU 315-2DP→选择货号 6ES7 315-2AG10-0AB0，然后点击"添加"。

图 5-9　添加 CPU

然后在"显示所有设备"中，可以看到"PLC_1"图标，双击此图标，可以进行下一步的组态。

2. 添加电源

点击"0 号导轨上的 1 号位"添加电源。点击界面右侧目录中的"PS"，在下拉选项中双击选择需要的电源进行添加，如图 5-10 所示。

3. 设置 CPU 的通信

双击导轨上的"CPU 模块"，在下方会出现 CPU 模块的选项设置。在常规选项下点选"MPI 接口[X1]"，在设置窗口中找到 MPI 地址项，设置 MPI 通信参数，点击添加新子网，如图 5-11 所示。

点选"DP 接口[X2]"，在通信接口的设置窗口中设置好 Profibus 通信参数，点击添加新子网，如图 5-12 所示。

图 5-10　添加电源

图 5-11　MPI 设置

图 5-12　Profibus 设置

4. 添加数字量输入等其他模块

点击"0 号导轨上的 4 号位"添加数字量输入模块，需要注意的是，3 号位只能放接口模块。点击右侧目录中的"PS"，在下拉选项中双击选择需要的 DI 进行添加，如图 5-13 所示。

图 5-13　添加数字量输入模块

在项目视图中，可以在"常规"中看到该模块的详细信息，如图 5-14 所示。同时，在"IO 变量"中可以看到该模块各端子的默认地址。

图 5-14　数字量输入模块的常规信息

依次类推，可以添加数字量输出模块，模拟量输入模块，模拟量输出模块等，并在视图中可以看到模块各端子的默认地址信息。

5. 保存

点击左上角"保存项目"，完成硬件组态。

5.3.4　编辑变量表

1. 符号的基本概念

1）绝对地址、符号地址

一般而言，在 PLC 程序中的所有信号都是借助于 Address（地址）进行识别与区分的，例如，当输入点 I0.0 连接了外部的电动机启动按钮 SB1 时，程序中的全部 I0.0 信号触点便代表了电动机启动按钮 SB1 的状态，这样的地址称为"绝对地址"。

使用绝对地址编程时，如果程序较复杂，编程人员必须在编程的同时编制一份地址与实际信号的对应关系表，以记录程序中每一信号的含义以及对应的 PLC 地址，以便在编程时进行随时查阅。同样，在程序阅读、调试与检查时，也必须根据对应关系表才能确认最终系统中的实际信号以及信号的状态。

虽然使用绝对地址编程容易、方便，程序简单，但是在程序较复杂时，会带来程序理解、阅读方面的难度。因此，为了便于程序的理解，方便他人阅读程序，对于较复杂的程序，在 PLC 中一般可以采用利用文字编辑的"符号（symbol）"来表示信号的地址，

图 5-15　绝对地址和符号地址

例如，在程序中直接用"start"这一名称来代表电动机启动信号的输入 I0.0 等，这样的地址称为"符号地址"，如图 5-15 所示。

为了在程序中能够使用"符号"来进行编程，同样必须在 Portal 中编写一份绝对地址与信号符号之间的对应关系表，这一对应表在 Portal 中称为变量表，如图 5-16 所示的是抢答器程序的变量表。

		名称	数据类型	地址	保持	可从 ...	在 H...	注释
1	⬛	SB1	Bool	%I0.0 ▼		☑	☑	1组选手按钮
2	⬛	SB2	Bool	%I0.1		☑	☑	2组选手按钮
3	⬛	SB3	Bool	%I0.2		☑	☑	3组选手按钮
4	⬛	start	Bool	%I0.3		☑	☑	启动开关
5	⬛	a管	Bool	%Q0.0		☑	☑	a管
6	⬛	b管	Bool	%Q0.1		☑	☑	b管
7	⬛	c管	Bool	%Q0.2		☑	☑	c管
8	⬛	d管	Bool	%Q0.3		☑	☑	d管
9	⬛	e管	Bool	%Q0.4		☑	☑	e管
10	⬛	f管	Bool	%Q0.5		☑	☑	f管
11	⬛	g管	Bool	%Q0.6		☑	☑	g管
12	⬛	reset	Bool	%I0.4		☑	☑	复位按钮
13	⬛	run	Bool	%Q0.7		☑	☑	运行指示灯
14	⬛	L1	Bool	%Q1.0		☑	☑	1组选手指示灯
15	⬛	L2	Bool	%Q1.1		☑	☑	2组选手指示灯
16	⬛	L3	Bool	%Q1.2		☑	☑	3组选手指示灯
17		<新增>				☑	☑	

默认变量表

图 5-16　抢答器程序变量表

2）全局符号、局部符号

在 PLC 程序中所使用的符号，根据用途可以分为如下两大类。

第一类是用于整个程序的通用符号，如输入 I、输出 Q、标志寄存器 M 等，这些符号在整个 PLC 程序中的意义与状态是唯一的，因此又称为"全局变量"。

另一类是仅用于某一个特定逻辑块（如 FC、FB、OB 等）的临时符号，主要有局部变量寄存器 L 等。变量寄存器是一种用于临时保存符号状态的暂存器，它仅在程序调用

到这一逻辑块时才具有实质性的含义,在程序调用完成后,其状态就失去意义,因此又称为"局部变量"。

图 5-17　使用局域符号地址的程序

对于全局变量定义的符号地址称为"共享符号"(shared symbols)或"全局符号";对于局部变量定义的符号地址称为"局部符号"(local symbols)或"局域符号"。

"共享符号"在程序中的显示加双引号,如图 5-15 所示,"局域符号"在显示时前面加"♯"标记,如图 5-17 所示。

"共享符号"是整个程序所使用的共同符号,在一个程序中,符号名称应是唯一的;而"局域符号"只是在某一特定的逻辑块中使用的临时性标记,因此,在同一程序的不同逻辑块中可重复使用。

3)变量表

"共享符号"是整个程序所使用的共同符号,可以在程序中通过统一、通用的表进行定义。用于"全局符号"定义的表,在 STEP 7 中称为"符号表(symbol table)"。

"局域符号"是某一特定逻辑块所使用的临时性标记,只能在特定的逻辑块中进行临时性定义。用于临时性的、"局域符号"定义的表被称为"变量声明表(variable declaration table)"。

表 5-1 列出了"共享符号"与"局域符号"之间的区别。

表 5-1　共享符号与局域符号比较表

项　　目	共 享 符 号	局 域 符 号
定义方式	符号表	变量声明表
有效范围	全部 PLC 用户程序; 全部块; 同一地址使用同一符号,符号唯一	指定的逻辑块; 在不同块中可以使用相同符号
符号组成	字母、数字、特殊字符; 不可以使用 Portal 的关键字	字母、数字、下划线
应用对象	I/O 信号(I、IB、IW、ID、Q、QB、QW、QD); 直接输入/输出(PI、PQ); 标志寄存器(M、MB、MW、MD); 定时器 T、计数器 C; 逻辑块(OB、FC、FB、SFC、SFB); 数据块 DB; 用户定义数据块 UDT; 变量表 VAT	块输入/输出参数(IN、OUT、IN-OUT); 静态变量(SATA); 临时变量(TEMP)

2. 变量表的编辑

1)建立变量表

点击左侧目录中"PLC_1"→点击其下拉选项"PLC 变量"→点击其下拉选项"添加新变量表",即可开始编辑变量表,如图 5-18 所示。

图 5-18　变量表的编辑

　　变量表包含全局符号的名称、数据类型、地址注释等表格栏。每个符号占用符号表的一行。将鼠标移动到符号表的最后一个空行，可以向表中添加新的符号定义。当定义一个新符号后，会自动插入一个空行。将鼠标移动到表格左边的标号处，选中一行，单击 Delete 按钮，即可删除一个变量。

　　填好后的变量表如图 5-19 所示。

		名称	数据类型	地址	保持	可从 ...	在 H...	注释
1		SB1	Bool	%I0.0		☑	☑	1组选手按钮
2		SB2	Bool	%I0.1		☑	☑	2组选手按钮
3		SB3	Bool	%I0.2		☑	☑	3组选手按钮
4		start	Bool	%I0.3		☑	☑	启动开关
5		a管	Bool	%Q0.0		☑	☑	a管
6		b管	Bool	%Q0.1		☑	☑	b管
7		c管	Bool	%Q0.2		☑	☑	c管
8		d管	Bool	%Q0.3		☑	☑	d管
9		e管	Bool	%Q0.4		☑	☑	e管
10		管	Bool	%Q0.5		☑	☑	管
11		g管	Bool	%Q0.6		☑	☑	g管
12		reset	Bool	%I0.4		☑	☑	复位按钮
13		run	Bool	%Q0.7		☑	☑	运行指示灯
14		L1	Bool	%Q1.0		☑	☑	1组选手指示灯
15		L2	Bool	%Q1.1		☑	☑	2组选手指示灯
16		L3	Bool	%Q1.2		☑	☑	3组选手指示灯
17		<新增>				☑	☑	

图 5-19　编辑好的变量表

　　2）变量表编辑器的结构

　　符号表包含全局符号的名称（symbol）、数据类型（data type）、地址（address）、注释（comment）和状态（status）等表格栏。

　　（1）变量名。符号名不能超过 24 个字符。一张符号表最多可容纳 16380 个符号。

　　数据块中的地址（DBD、DBW、DBB 和 DBX）不能在符号表中定义。它们的名字应在数据块的声明表中定义。

　　组织块（OB）、系统功能块（SFB）和系统功能（SFC）已预先被赋予了符号名，编辑符号表时可以引用这些符号名。

（2）数据类型。在 SIMATIC 中可以选择多种数据类型。输入地址后，软件将自动添加数据类型，用户可以修改它。如果所做的修改不适合该地址或存在语法错误，在退出该区域时，会显示一条错误信息。

（3）地址。地址是一个特定存储区域和存储位置。例如，输入 I12.1 时，程序要检查地址的语法，还要检查该地址是否可以赋给指定的数据类型。

（4）注释。注释是可选的输入项，简短的符号名与更详细的注释混合使用，使程序更易于理解，注释不能超过 80 个字符。输入完成后需要保存符号表。

3）变量表的编辑

PLC 变量的编辑不仅可以通过变量表进行一次性编辑，也可以选择指定的对象在程序编写的过程中进行添加。具体方法为：输入绝对地址后回车，在地址处点右键，选择"重命名变量"进行编辑，如图 5-20 所示。

图 5-20　重命名变量

5.3.5　TIA Portal STEP7 操作窗口

TIA Portal STEP7 操作界面主要由标题栏、菜单栏、工具栏、项目树等部分组成。

1. 标题栏

显示区的第一行为标题栏，标题栏显示当前正在编辑程序（项目）的名称，如图 5-21 所示。

2. 菜单栏

显示区的第二行为菜单栏，菜单栏由"项目（P）""编辑（E）""视图（V）""插入（I）""在线（O）""选项（N）""工具（T）""窗口（W）""帮助（H）"等九组主菜单栏组成，每组主菜单都含有一组命令，进入菜单后点击相应的命令即可执行所选择的操作。通过菜单栏中的对应命令，可以实现对文件的管理、编辑、视图切换等功能，如图 5-22 所示。

图 5-21　TIA Portal STEP7 操作界面中的标题栏

图 5-22　TIA Portal STEP7 操作界面中的菜单栏

3. 工具栏

显示区的第三行为工具栏，工具栏由若干工具按钮组成，工具栏的作用是方便用户更直观便捷地找到常用命令，方便程序编程以及画面编辑等。当用光标选中某个快捷键时，在状态栏会有简单的信息提示；如果某些键不能操作，则成灰色。

工具栏中，除常规的文件打开、保存、打印、打印预览等标准工具按钮外，还有很多TIA Portal 专用的快捷按钮，如图 5-23 所示。

4. 项目树

博途操作界面左侧含项目树，如图 5-24 所示。项目树中含三栏："项目名称""在线访问""读卡器/USB 存储器"。在项目树中可以访问所有组件和项目数据。可以在项目树中完成：添加新组件、编辑现有组件、扫描和修改现有组件的属性。

图 5-23　TIA Portal STEP7 操作界面中的工具栏

图 5-24　TIA Portal STEP7 操作界面中的项目树

5.3.6　在 OB1 中创建程序

在创建项目后,博途会生成一个默认的 Main(OB1)程序块,我们只用在项目中定义默认变量表,然后打开 OB1 程序块,就可以使用已定义的变量在这个程序块中编写程序了。

1. 添加变量表

打开项目,进入项目视图,点击"PLC_1[CPU 315-2 DN]"→"PLC 变量"→"默认变量表",在默认变量表里定义变量名和变量地址后,即可在程序中使用该变量。双击添加新变量表可以增加其他的变量表,如图 5-25 所示。

图 5-25 在默认变量表中定义变量

2. 编写程序

点击"程序块",双击"Main(OB1)",进入程序编写窗口。利用编程工具上的常用线圈及右边的"基本指令"可以很方便地绘制出梯形图程序,图 5-26 中举例画出了电动机正反转程序。同样,双击"添加新块"可以添加其他功能块。

图 5-26 程序编写窗口

3. 用语句表(STL)编辑器或功能块图(FBD)编写程序

在博途软件中,允许使用梯形图(LAD)、语句表(STL)或功能块图(FBD)来编写程序。但是在实际使用中,应预先设定使用哪种语言编辑器。一般从事 PLC 控制的电气技术人员常常选择梯形图编辑器;熟悉计算机编程的用户,常选择语句表编程器;而熟悉数字电路的用户,常选择功能块图编辑器。

我们常用的是梯形图 LAD 编写程序,若想使用其他编辑器编写,可右键"Main[OB1]块",点击"切换编程语言",然后选择想要使用的语言,如图 5-27 所示。或者在创建项目时的初始设置中就选中想用的语言。

图 5-27　更换编程语言

设定编程语言为 STL 后,可根据语句表逐条输入和编辑程序,如果使用符号表中不存在的符号地址或出现语法错误,则会显示为红色。

若选择 FBD 语言编程,可通过与梯形图类似的方式放置器件来编程。

5.3.7　程序编辑窗口

下面以电动机点动控制的例子说明梯形图的编辑。

在项目树内双击"PLC_1[CPU 314C-2 PN/DP]",找到"程序块"下拉菜单中的"Main[OB1]",双击打开 OB1 窗口,如图 5-28 所示。

在 OB1 程序块说明区内输入:"电动机点动控制 LAD 程序",在程序段 Network1 标题区内输入"电动机点动控制程序",在程序段 Network1 说明区内输入"SB 为常开按钮,对应输入模块的位地址为 I0.0;KM 为输出线圈,对应的输出模块的位地址为 Q4.0,用来驱动接触器",接着可以用 OB1 中工具栏┤├┤/├─○─回┌→┘完成电动机点动控制程序的编辑,如图 5-29 所示。

图 5-28　OB1 的梯形图语言环境编辑窗口

图 5-29　电动机点动控制程序

5.4　基于博途的电动机正反转控制

下面介绍 S7-300 系列 PLC 应用于电动机正反转控制的例子。

1. 电动机正反转控制的主电路及 PLC 的 I/O 接线图

首先,根据电动机正反转控制的工艺要求,电动机正反转控制的主电路如图 5-30 所示。图中 KM_1 为正转接触器,KM_2 为反转接触器。当按下正转启动按钮时,KM_1 线圈通电并自锁,电动机正转;按下停车按钮,电动机自由停车;当按下反转启动按钮时,KM_2 线圈通电并自锁,电动机反转;按下停车按钮,电动机自由停车。

根据电动机正反转控制的工艺要求,绘制 PLC 的 I/O 接线图,如图 5-31 所示。

PLC 的输入信号有停车按钮 SB_1，正转启动按钮 SB_2，反转启动按钮 SB_3 和热继电器 FR 的触点信号，PLC 的输出信号有正转接触器 KM_1 的线圈和反转接触器 KM_2 的线圈。PLC 的 I/O 接线图如图 5-31 所示，注意：为了提高正转接触器 KM_1 和反转接触器 KM_2 不同时得电的可靠性，PLC 的输出信号 KM_1 线圈和 KM_2 线圈必须进行硬件互锁。

图 5-30　电动机正反转控制主电路　　　图 5-31　电动机正反转 PLC 控制的 I/O 接线图

2. 创建 S7 项目

创建项目时，可使用向导创建项目，项目名称为"S7-电动机正反转控制"，储存路径可选择默认路径，设置完成后点击"创建"。创建新项目时如图 5-32 所示，点击"创建"后如图 5-33 所示。

图 5-32　创建项目

图 5-33 创建项目后

3. 硬件组态

点击"组态设备"后,点击"添加新设备",进入硬件组态配置。硬件组态可根据仿真需求或实物硬件配置来进行选择,以下组态过程可作为参考。

1）添加 CPU

添加 CPU 的过程如图 5-34 所示。依次选择"控制器"→"SIMATIC S7-300"→"CPU"→"CPU 315C-2 DP"→"6ES7 315-2AG10-0AB0（此为货号）",双击货号即可添加 CPU。

图 5-34 添加 CPU

2）添加电源

添加 CPU 完成后,进入硬件组态窗口,选择导轨上的 1 号槽位。打开最右侧的硬件"目录",依次点击"PS"→"PS 307 5A"→"6ES7 307-1EA07-0AA0（此为货号）"。双击货号即可添加,如图5-35所示。添加成功后,1号槽位出现电源模块,成功添加后如图5-36所示。

图5-35 添加电源

图5-36 添加电源成功

3)CPU的通信设置

双击导轨上的CPU模块,在软件正下方会出现CPU模块的各个选项设置。在常规选项下,依次点击"MPI接口[X1]"→"MPI地址",其右侧就会出现该通信接口。

设置窗口,点击"添加新子网",如图5-37所示。

4)DI/DO模块配置

(1)DI模块配置。

添加电源模块完成后,继续进入硬件组态窗口,选择导轨上的4号槽位。打开最右侧的硬件"目录",依次点击"DI"→"DI 16×24VDC"→"6ES7 321-1BH02-0AA0(此为货号)",双击货号即可添加。添加成功后,4号槽位出现DI模块,设置过程如图5-38所示。

(2)DO模块配置。

添加电源模块完成后,继续进入硬件组态窗口,选择导轨上的5号槽位。打开最右侧的硬件"目录",依次点击"DO"→"DO 8×24VDC/0.5A"→"6ES7 322-88F00-0AB0(此为货号)",双击货号即可添加。添加成功后,5号槽位出现DI模块,设置过程如图5-39所示。

5)保存

以上设置完成后,点击左上角的"保存项目",保存项目位置如图5-40所示。

4. 编辑变量

为了在程序中能够使用"变量"来进行编程,同样必须在博途中编写一份绝对地址

图 5-37 设置 MPI 地址

图 5-38 设置 DI 模块

图 5-39 设置 DO 模块

图 5-40　保存项目位置

与信号变量之间的对应关系表。在左侧项目树中，依次双击"PLC_ 1〔CPU 315C-2 DP〕"→"PLC 变量"→"添加变量表"，我们也可双击"默认变量表"，并对其进行设置。默认就可以打开变量表，如图 5-41 所示。

图 5-41　变量表

5. 在 OB1 中创建程序

根据工艺要求和逻辑关系，依次在左侧选择"PLC_ 1〔CPU 315C-2 DP〕"→"程序块"→"Main〔OB1〕"，在 OB1 中编辑程序。电动机正反转控制程序如图 5-42 所示。

图 5-42　电动机正反转控制程序

5.5 程序的下载与调试

5.5.1 程序下载与上传

程序编写完成后,通过在博途 V15 的操作,可以将程序下载到 CPU 中,程序首先下载到 CPU 的装载存储器中(EPROM 里的程序保持不需要电池,有电池时可以保持过程数据;RAM 里的程序保持需要电池)。与执行相关的部分程序存储于工作存储器中。

1. 下载的条件

(1)编程设备和 CPU 之间必须有一个连接,最常用的连接就是编程电缆。要使用户能有效访问到 PLC,不仅需要实际的物理连接,还需要设置好"下载"中的"设置 PG/PC 接口"。点击"开始搜索"后,选择下载目标设备点击"下载",如图 5-43 所示。

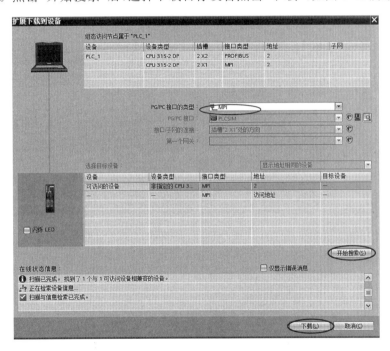

图 5-43 接口设置

(2)用户已经编译好将要下载的程序和硬件组态。建议在下载块之前,最好能在编译完后及时保存,再下载到 PLC。这样就可以保证编程设备中的程序和 PLC 中程序的一致性。"保存"的作用是将编程设备中当前的软硬件内容保存在编程设备的硬盘上;而"下载"的作用是将编程设备中当前的软硬件内容下载到 PLC 中。这是两个不同的概念。尤其是当用户在线调试时,用户会在线修改程序内容,这时一定要先将程序保存,然后再下载,以避免下载的程序与最终保存的程序版本不一致。

(3)CPU 处在允许下载的工作模式下(STOP 或 RUN-P)。在 RUN-P 模式一次只能下载一个块,这种改写程序的方式可能会出现块与块之间的时间冲突或不一致性,运行时 CPU 会进入 STOP 模式,因此建议在 STOP 模式下载。将 CPU 模块上的模式选择开关扳到 STOP 位置。STOP 的 LED 亮。

（4）下载用户程序之前应将 CPU 中的用户存储器复位，以保证 CPU 内没有旧的程序。

2. 下载的步骤

程序下载的过程如图 5-44 所示。

图 5-44　程序下载的过程

用户程序被编译后，逻辑块、数据块、符号表和注释都保存在计算机的硬盘中。在完成组态、参数赋值、程序创建和建立在线连接后，可以将整个用户程序或个别的块下载到 PLC。系统数据包括硬件组态、网络组态和连接表，也应下载到 CPU。

下载操作可以按照下述步骤进行。

（1）博途 V15，打开项目。

（2）点击工具条中的"下载"按钮，将整个 S7-300 站（包括用户程序和模块信息）下载 PLC，如图 5-45 所示。

图 5-45　下载按钮

如果在程序编辑窗口执行下载操作，则下载的对象为当前编辑的程序块或数据块；如果在硬件组态时执行下载操作，则下载的对象为正在编辑的硬件组态信息。下载硬件组态需要将 CPU 切换到 STOP 模式。

3. 程序的上传

程序的上传可以将 PLC-CPU 中的现行用户程序、配置数据等传送到编程器中，如果命名相同，则原编程器中的项目数据将被覆盖。

与程序下载一样，PLC 的程序上传同样遵守"选中什么，上传什么"的原则，方法如下。

（1）可以在博途 V15 中，通过菜单命令"在线"→"上传"将连接到 PG/PC 的 PLC 站上传到项目中，"上传"命令的上传包含了该站的硬件配置和用户程序数据。

（2）可以在博途 V15 的硬件配置窗口中，通过工具条上的" 🔼 "按钮进行上传。

要上传 PLC 至博途 V15，PLC 通信必须正常运行。确保网络硬件和 PLC 连接电缆正常操作。选择想要的块（程序块、数据块或系统块），选定要上传的程序组件就会从 PLC 复制到当前打开的项目，用户就可保存已上传的程序。

5.5.2　在线调试程序

1. 在线调试的基本内容

PLC 的用户程序的在线调试主要包括信号（包括输入、输出、定时器、计数器与内部标志寄存器等）状态的检查与程序执行过程的动态显示两方面内容。

1）梯形图动态显示

通过对运行中 PLC 程序梯形图动态显示，可以形象、直观地显示 PLC 用户程序的执行情况，这是 PLC 程序调试过程中最为常用的方法，也是当前任何 PLC 产品都应具备的基本功能之一。

梯形图动态显示的最大特点是形象、直观，但由于显示页面与程序结构的限制，它不可避免地存在一次可以显示的指令条数少，只能根据程序本身的结构逐页进行显示等方面的不足。因此，为了加快调试速度，在实际使用时往往需要结合信号状态检查进行。

2）信号状态检查

信号状态的检查一般可以通过读取输入/输出映像区、定时器、计数器或标志寄存器的内容等方法进行；也可以利用"监控与强制表"，通过对输出信号的强制操作、检查控制对象的外部连接与动作情况进行。

在大多数的 PLC 中，信号状态的检查通常采用分类显示法。分类显示法是一种根据信号的类型（如输入、输出），按照 PLC 内部地址的排列次序进行分类显示的方法。在调试与检查时，操作者需要通过调用不同的页面分别检查信号的状态。

在博途 STEP 7 中，信号状态不但可以采用常用的分类显示法进行，还可以使用变量表检查法进行检查。

2. 博途 V15 在线调试的特点

博途 V15 的 PLC 程序梯形图动态显示与其他公司生产的 PLC 在功能、使用方法等方面无本质区别，但在信号状态的检查与程序试运行方面具有自己的特色。博途 V15 的 PLC 程序调试特点如下。

1）使用监控与强制表

监控与强制表检查法的优点是可以根据程序调试的需要，将某一部分程序调试所需要查看的全部信号汇编成表格的形式，不分类型地进行集中、统一的显示，它可以为程序的调试提供较大的方便。

2）单步执行

在程序试运行阶段，STEP 7 可以采用"单步执行"与"断点设定"两项功能改变 PLC 用户程序的正常执行（循环执行）过程，以便于程序的检查与调试。

选择单步执行时，PLC 可以逐条执行 PLC 用户程序。利用单步执行功能，调试时可以逐条检查程序的正确性，从而便于程序的分析与检查。

3）断点设定

断点功能是通过人为设定的断点中断正常程序循环执行过程的一个调试方法。STEP 7 可以在调试时，通过在用户程序中设定断点，使得程序在指定的位置停止运行,并保持执行中的信息与状态。这是一种比单步执行更为灵活的程序中断方法。

3. 梯形图的动态显示

梯形图的动态显示需要在博途 V15 在线时使用。在完成 PLC 与 PG 的连接,并建立在线后,如果 PLC 的 CPU 处于"RUN"或"RUN-P"模式,点击"监视",就可以进行动态显示,如图 5-46 所示。

图 5-46　动态显示方法

在梯形图动态显示(见图 5-47)时,对于默认的情况:显示页面中处于"有效"状态的元件(如触点接通)或功能框显示为绿色的实线;处于"无效"状态(如触点断开)的元件显示为蓝色的虚线。

图 5-47　梯形图程序的动态显示

当 PLC 未运行或编程器未在线时,全部梯形图变成"状态未知"的黑色连续线显示方式;当显示区的梯形图被程序中的"跳转"指令所跳过时,被跳过的梯形图变成"状态未知"的黑色连续线显示方式。

通过点击"选项"→"设置",并选择"PLC 编程"→"LAD/FBD"选项,可以改变程序框内的显示状态,如图 5-48 所示。

对于 PLC 用户程序中的数据块(DB),可以通过数据块显示方式"Data View"在线检查数据块 DB 的内容,可以在"Actual Value(实际值)"列中显示 DB 的当前状态。

图 5-48 梯形图显示设置

5.6 S7-PLCSIM 仿真软件

5.6.1 S7-PLCSIM 的使用

仿真软件 S7-PLCSIM 集成在博途 V15 中,在博途 V15 环境下,不用连接任何 S7 系列的 PLC(CPU 或 I/O 模板),而是通过仿真的方法来模拟 PLC 的 CPU 中用户程序的执行过程和测试用户的应用程序。可以在开发阶段发现和排除错误,提高用户程序的质量和降低试车的费用。

S7-PLCSIM 提供了简单的界面,可以用编程的方法(如改变输入的通/断状态、输入值的变化)来监控和修改不同的参数,也可以使用变量表(VAT)进行监控和修改变量。

1. S7-PLCSIM 的主要功能

S7-PLCSIM 可以在计算机上对 S7-300/400 PLC 的用户程序进行离线仿真与调试,仿真时计算机不用连接任何 PLC 的硬件。S7-PLCSIM 提供了用于监视和修改程序中使用的各种参数的简单接口,如使输入变量为 ON 或 OFF。与实际 PLC 相同,在运行仿真 PLC 时可以使用变量表和程序状态等方法来监视和修改变量。

S7-PLCSIM 可以模拟 PLC 的输入/输出存储器区,通过在仿真窗口改变输入变量的 ON/OFF 状态,来控制程序的运行,通过观察有关输出变量的状态来监视程序运行的结果。

S7-PLCSIM 可以实现定时器和计数器的监视和修改,通过程序使定时器自动运行,或者手动对定时器复位。

S7-PLCSIM 还可以对下列地址的读/写操作进行模拟:位存储器(M)、外设输入(PI)变量区和外设输出(PQ)变量区及存储在数据块中的数据。

除了可以对数字量控制程序仿真以外,还可以对大部分组织块(OB)、系统功能

(SFC)仿真,包括对许多中断事件和错误事件仿真。可以对语句表、梯形图、功能块图和 S7 Graph(顺序功能图)、S7-SCL 和 CFC 等语言编写的程序仿真。

2. S7-PLCSIM 的使用方法

S7-PLCSIM 提供了一个简便的操作界面,可以监视或者修改程序中的参数,例如直接进行只存数字量的输入操作。当 PLC 程序在仿真 PLC 上运行时,可以继续使用博途 V15 软件中的各种功能,例如在变量表中进行监视或者修改变量。S7-PLCSIM 的使用步骤如下。

1)打开 S7-PLCSIM

可以通过 SIMATIC 管理器窗口中的菜单命令"Options"(选项)→"Simulate Modules"(仿真模式),也可点击图标"▦"进入仿真模式。打开 S7-PLCSIM 软件,如图 5-49 所示,此时系统自动装载仿真的 CPU,当 S7-PLCSIM 在运行时,所有的操作(如下载程序)都会自动与仿真 CPU 关联。

图 5-49 S7-PLCSIM 软件的界面

2)插入"View Object"(视图对象)

通过生成视图对象(view object),可以访问存储区、累加器和被仿真 CPU 的配置。在视图对象上可以强制操作和显示所有数据。执行菜单命令"Insert(插入)"按钮,可以在 PLCSIM 窗口中插入以下视图对象。

(1) Input Variable(输入变量):允许访问输入(I)存储区。

(2) Output Variable(输出变量):允许访问输出(O)存储区。

(3) Bit Memory(位存储器):允许访问位存储区(M)中的数据。

(4) Timer(定时器):允许访问程序中用到的定时器。

(5) Counter(计数器):允许访问程序中用到的计数器。

(6) Generic(常规):允许访问仿真 CPU 中所有的存储区,包括程序使用到的数据块(DB)。

(7) Vertical Bits(垂直位):允许通过符号地址或绝对地址来监视或者修改数据。

对于插入的视图对象,可以输入需要仿真的变量地址,而且可以根据被监视变量的情况选择显示格式:Bits(位)、Binary(二进制)、Hex(十六进制)、Decimal(十进制)和"Slider:Dec"(滑动条控制功能)等。变量显示为"Slider:Dec"的视图如图 5-50 所示,可以用滑动条的控制仿真逐渐变化的值或者在一定范围内变化的值。有三个存储区的仿真可以使用这个功能:Input Variable(输入变量)、Output Variable(输出变量)和 Bit Memory(位存储器)。

图 5-50 变量显示

3) 下载项目到 S7-PLCSIM

在博途 V15 中单击下载,将已经编译好的项目下载到 S7-PLCSIM。

4) 选择 CPU 运行的方式

执行菜单命令"Execute"→"Scan Mode"→"Single Scan",使仿真 CPU 仅执行程序一个扫描周期,然后等待开始下一次扫描;执行菜单命令"Execute"→"Scan Mode"→"Continuous scans",仿真 CPU 将会与真实 PLC 一样连续、周期性地执行程序。如果用户对定时器或计数器进行仿真,这个功能非常有用。

5) 调试程序

用各个视图对象中的变量模拟实际 PLC 的 I/O 信号,用它来产生输入信号,并观察输出信号和其他存储区中内容的变化情况。模拟输入信号的方法是:用鼠标单击图中 IB0 的第 3 位处(即 I 0.3)的单选框,则在框中出现符号"√"表示 I 0.3 为 ON;若再单击这个位置,"√"消失,则表示 I 0.3 为 OFF。在 S7-PLCSIM 中所做的改变会立即引起存储区地址中内容发生相应变化,仿真 CPU 并不等待扫描开始或者结束后才更新变换的程序。执行用户程序的过程中,可以检查并离线修改程序,保存后再下载,之后继续调试。

6) 保存文件

退出仿真软件时,可以保存仿真时生成的 LAY 文件和 PLC 文件,便于下次仿真这个项目时可以直接使用本次的各种设置。LAY 文件用于保存仿真时各视图对象的信息,例如选择的数据格式等;PLC 文件用于保存仿真运行时设置的数据和动作等,包括程序、硬件组态、设置的运行模式等。

3. 电动机正反转控制应用

以电动机正反转控制程序为例,说明用 S7-PLCSIM 进行仿真的调试方法,如图 5-51 所示。

控制要求:当按下"正转按钮"SB_2(I 0.1)时,电动机正转;当按下"反转按钮"SB_3(I 0.2)时,电动机反转;无论电动机处于何种运行方式,按下"停车按钮"SB_1(I 0.0),电动机自由停车。

在博途 V15 中保存程序并下载到 S7-PLCSIM 中,将 S7-PLCSIM 中 CPU 的操作模式置于 RUN 或 RUN-P 状态。在 S7-PLCSIM 中插入输入字节 IB0、输出字节 QB4。

用鼠标点击 I 0.1 的单选框,在框中出现符号"√",此时观察到 Q4.0 的单选框出现符号"√",说明电动机以正转方式启动;再点击 I 0.1 的单选框释放这个信号,相当于启动按钮是点动按钮,如图 5-52 所示。

用鼠标点击 I 0.0 的单选框,在框中出现符号"√",再释放 I 0.0,此时观察到 Q4.0 的单选框出现的符号"√"消失,说明电动机停车,如图 5-53 所示。

图 5-51　电动机正反转控制程序

图 5-52　电动机正转控制仿真调试界面

同理,可以调试电动机反转控制模式下的状态。

5.6.2　PLCSIM 与真实 PLC 的差别

1. 仿真 PLC 特有的功能

(1) 在 S7-PLCSIM 中可人为触发中断。主要包括 OB40～OB47(硬件中断)、OB70(I/O 冗余错误)、OB72(CPU 冗余错误)、OB73(通信冗余错误)、OB82(诊断中断)及 OB83(插入/移除模块)等,但不支持功能模块 FMS。

(2) 可以选择让定时器自动运行或者人为置位/复位。可以针对各个定时器单独

图 5-53　电动机停车控制调试界面

复位，也可以同时复位所有定时器。

（3）可以把仿真 CPU 当作真实的 CPU 那样改变它的运行模式（STOP/RUN/RUN-P）。此外 S7-PLCSIM 提供"暂停"功能，允许暂时把 CPU 挂起而不影响程序的状态输出。

（4）可以记录一系列事件（复制 I/O 存储区、位存储区、定时器、计数器），并能重放记录，实现程序测试的自动化。

（5）可选择单次扫描或连续扫描。

2. 仿真 PLC 与实际 PLC 的区别

（1）S7-PLCSIM 不支持写到诊断缓冲区的错误报文，例如，不能对电池失电和 EEPROM 故障进行仿真，但是可以对大多数 I/O 错误和程序错误进行仿真。

（2）不支持功能模块和点对点通信。

（3）S7-300 大多数 CPU 的 I/O 是自动组态的，模块出入物理控制器后被 CPU 自动识别，仿真 PLC 没有这种自动识别功能。如果将自动识别 I/O 的 S7-300CPU 的程序下载到仿真 PLC，系统数据没有包括 I/O 组态。因此在用 PLCSIM 仿真 S7-300 程序时，如果想定义 CPU 支持的模块，首先必须下载硬件组态。

（4）在视图对象中的变动会立即使对应的存储区中的内容发生相应的改变，而实际的 CPU 要等到扫描结束时才会修改存储区。

总之，利用仿真 PLC 可以基本达到调试程序的目的。

本章小结

TIA 博途软件是世界上第一款将所有自动化任务整合在一个工程设计环境下的

软件,博途软件在自动化项目中可以使用两种不同的视图,Portal 视图或者项目视图;Portal 视图是面向任务的视图,而项目视图则是项目各组件的视图。

TIA 博途是一个可以解决自动化任务的工程软件平台。创建项目时,可使用向导创建项目。硬件组态的任务就是在博途中生成一个与实际的硬件系统完全相同的系统,硬件组态确定了 PLC 输入/输出变量的地址,为设计用户程序打下了基础。

为了便于程序的理解,方便他人阅读程序,在 PLC 中一般可以采用文字编辑的符号地址来表示与之对应的绝对地址,在博途软件中,这一对应表在 Portal 中称为变量表。

仿真软件 S7-PLCSIM 通过仿真的方法来模拟 PLC 的 CPU 中用户程序的执行过程,测试用户的应用程序,可以在开发阶段发现和排除错误,提高用户程序的质量。

习　　题

(1) 简述博途软件的特点。

(2) 博途 STEP 7 软件中主要有哪几种类型的程序块? 各起什么作用?

(3) 在博途软件中,利用向导和手动方法创建项目。

(4) 什么是硬件组态? 简述硬件组态的过程。

(5) 符号地址和绝对地址有什么区别? 在博途 STEP 7 软件中如何定义符号地址?

(6) PC/PG 接口设置的含义是什么? 在博途软件中如何完成 PC/PG 接口设置?

(7) 建立 STEP 7 连接可以采用哪些方法? 各用于什么场合?

(8) 在博途 STEP 7 中有几种在线调试方法? 各有何特点?

(9) 基于博途软件,建立电动机点动和连续运行控制的项目,利用 PLCSIM 仿真调试。

(10) 基于博途软件,建立小车自动往返 A、B 两地控制的项目(即启动后,小车从 A 地自动运行到 B 地,然后返回 A 地,循环往复;按下停车键,小车可以在任意位置停车),并利用 PLCSIM 仿真调试。

6

博途 STEP 7 的基本指令

6.1 数据类型

计算机处理的数据都有一定的大小,并根据大小为其分配适当大小的存储空间。编程指令都是与一定存储空间和大小范围的数据对象结合使用的,这些数据对象具有规定的存储格式和大小范围特性就是其数据类型。S7-300/400PLC 有三种数据类型,分别是基本数据类型、复合数据类型和参数类型。

在介绍数据类型之前先介绍存储空间的命名方式。以下命名方式适用于所有可以寻址的 S7 系列 PLC 的存储区域。S7 系列 PLC 的物理存储器是以字节为单位进行编号的。比如 MB10 表示 M 存储区的第 10 号字节,如图 6-1 所示。

图 6-1　存储器的命名方式

如图 6-1 所示,连续的两个字节组成一个字,连续的两个字组成一个双字。字和双字的命名编号均以其起始字节号来命名,如 MB10 和 MB11 组成字 MW10,MB11 和 MB12 组成 MW11;MW10 和 MW12 组成双字 MD10。

需要注意的是,如果已经在 MW10 中存储了一个 16 位的数据,那么再存储数据时就不可以存于 MW11 中,否则会产生数据混乱。因为 MW10 和 MW11 都包含 MB11,发生了存储空间的重叠。同理,如果 MD10 里已经存储了数据,那么再存储不同的数据时,不可以存储于 MD11、MD12 和 MD13 中,而应存于 MD14 之后或 MD10 之前的存储空间。

一个字的存储格式如图 6-2 所示。

图 6-2　字存储格式

一个双字的存储格式如图 6-3 所示。

图 6-3　双字存储格式

6.1.1　基本数据类型

每种数据类型在分配存储空间时有确定的位数。基本数据类型用于定义不超过 32 位的数据。

1. 布尔型(BOOL)

布尔型数据占据存储位数 1 位,所以其数据范围只有 **0** 和 **1**(或 true 和 false)两个取值。STEP 7 编程软件中对布尔型数据用"字节地址. 位地址"进行寻址。其中,字节地址采用十进制,位地址采用八进制,如 M10.7 表示 M 存储区的第 10 个字节的第 7 位。

2. 字节型(BYTE)

8 位二进制数构成一个字节型数据,为无符号数,所以其数据范围可以推出为($0\sim 2^8-1$),可以表示为 W♯16♯00~W♯16♯FF。其中第 0 位为最低位,第 7 位为最高位。

3. 字型(WORD)

相邻两个字节组成一个字,字型数据为无符号数,可以表示的数据如下。

二进制数:2♯**0**~2♯**1111 1111 1111 1111**。

十六进制数:W♯16♯0~W♯16♯FFFF。

BCD 码:C♯0~C♯999。

无符号十进制数:B♯(0,0)~B♯(255,255)。

4. 双字型(DWORD)

相邻两个字组成一个双字,双字型数据为无符号数。可以表示的数据如下。

二进制数:2♯**0**~2♯**1111 1111 1111 1111 1111 1111 1111 1111**。

十六进制数:DW♯16♯0~W♯16♯FFFF FFFF。

无符号十进制数:B♯(0,0)~B♯(255,255, 255,255)。

5. 字符型(CHAR)

字符型数据占据 8 位存储空间,用于存放任何可以打印的字符。

6. 整数型(INT)

整数型数据占据 16 位存储空间,为有符号的十进制数。最高位为符号位,**0** 表示正,**1** 表示负。数据范围为－32768～＋32767。

7. 双整数型(DINT)

双整数型数据占据 32 位存储空间,为有符号的十进制数。最高位为符号位,**0** 表示正,**1** 表示负。数据范围为 L♯－214783648～L♯＋214783647(其中 L♯ 为区别于整数的双整数常数表示法)。

8. 实数型(REAL)

实数型数据占据 32 位存储空间,为有符号的 IEEE 浮点数。数据范围:上限为 ±3.402823e＋38;下限为 ±1.175495e－38。其存储格式如图 6-4 所示。

图 6-4　实数存储格式

9. 时间型(TIME)

时间型数据占据 32 位存储空间,表示 IEC 时间,精度为 1 ms,范围为 T♯-24D_20H_31M_23S_648MS～24D_20H_31M_23S_647MS(T♯ 为时间型的常数表示方法)。

10. 日期型(DATE)

日期型数据占据 16 位存储空间,表示 IEC 日期,精度为 1 天。范围为 D♯1990_1_1～2168_12_31(D♯ 为日期型的常数表示方法)。

11. 每日时间型(Time_Of_Day)

每日时间型数据占据 32 位存储空间,表示每天时间,精度为 1 ms,范围为 TOD♯0:0:0.0～TOD♯23:59:59.99(TOD♯ 为每日时间型的常数表示方法)。

12. 系统时间型(S5Time)

系统时间型数据占据 16 位存储空间,表示 S5 时间,范围为 S5T♯0H_0M_0S_0MS～S5T♯2H_46M_30S_0MS。

6.1.2　复合数据类型

复合数据类型用于定义由基本数据类型组合而成的数据。复合数据类型需要预先定义,可以在全局数据块或逻辑块的变量声明表中定义。复合数据类型有如下几种。

1. 数组(ARRAY)

数组数据是将一组同一种类型的数据组合在一起,形成一个单元,如定义一个 2×3 维的整数数组可以定义为 ARRAY[1..2,1..3]OF INT。

2. 结构(STRUCT)

结构数据是将一组不同类型的数据组合在一起,形成一个单元。

3. 字符串(STRING)

字符串数据实际上是包含了最多 254 个字符的一维数组。如果不指定字符串的字符数,系统默认值为 254 个字符,即 STRING[254]。定义时可以通过定义实际值来减少预留的存储空间,如定义 STRING[7]。

4. 日期和时间(DATE_AND_TIME)

日期和时间数据用于存储年、月、日、时、分、秒、毫秒和星期;占用 8 个字节,用 BCD 码保存。

5. 用户定义的数据类型(UDT)

由用户将基本数据类型和复合数据类型组合在一起,形成新的数据类型。

6.1.3 参数类型

参数类型是为子程序(FB、FC)的形式参数定义的数据类型,用来为这些逻辑块之间的调用传递参数。

1. 定时器(TIMER)

将定时器作为传递参数的数据类型,如在子程序中定义 T_RED 为定时器类型(形参),在调用该子程序时为其赋予实参 T1。

2. 计数器(COUNTER)

将计数器作为传递参数的数据类型,其定义类同定时器。

3. 块(BLOCK)

将块作为一个输入或输出。块参数的实参为同种类型块的地址。

4. 指针(POINTER)

将指针作为形参,用实际的指针型实参为其赋值。如定义 P 为指针型变量,实参为其赋值为 P♯M10.0。

5. 任意参数(ANY)

当实参的数据类型不能确定或者实参可以使用任何数据类型时,可使用 ANY 类型定义形参,也可以在用户自定义数据类型(UDT)中使用。

6.2 STEP 7 指令基础

6.2.1 S7-300 用户存储区的分类及其功能

S7-300 PLC 分配给用户使用的存储区主要有装载存储区、工作存储区和系统存储区,此外还有外设 I/O 存储区、累加器、地址寄存器、数据块地址寄存器及状态字寄存器,其分布区域如图 6-5 所示。

1. 装载存储区

装载存储区可能是 CPU 模块中的部分 RAM、内置的 EPROM 或可拆卸的 Flash EPROM,用于保存不包含符号地址和注释的用户程序和系统数据(组态、连接和模块参数等)。有的 CPU 模块有内置式集成装载存储器,有的 CPU 模块可通过 MMC 卡来扩展。

下载程序时,用户程序(逻辑块和数据块)被下载到 CPU 的装载存储区,CPU 把可执行部分复制到工作存储区中,注释和符号表被保留在编程设备中。

图 6-5 S7-300 PLC 的用户存储区域

2. 工作存储区

工作存储区为高速存取 RAM，为了保证程序执行的快速性和不占用过多的工作存储区，在执行时，只把与程序执行有关的块（OB、FB、FC、DB）装入工作存储区。

临时本地数据存储区（L 堆栈）用来存放程序调用时的临时数据。生产块时，可以声明临时变量（TEMP），它们只在块执行时有效，块执行完后就被覆盖了。也就是说，执行新的块时，系统会为新的块分配临时数据区。

3. 系统存储区

系统存储区为不能扩展的 RAM，被划分为若干不同区域，用来存放不同的数据。系统存储区内的数据，可通过指令直接进行寻址。系统存储区有输入映像存储区（I）、输出映像存储区（Q）、位存储区（M）、定时器存储区（T）、计数器存储区（C）。

4. 外设 I/O 存储区

通过外设 I/O 存储区，用户可以不经过输入映像寄存器和输出映像寄存器直接访问本地或分布式的输入、输出模块。

除上述存储区域以外，还有存放特定数据的一些寄存器。如图 6-5 所示，累加器（2个，每个 32 位）用于处理与字节、字、双字相关的指令运算。地址寄存器（2个，每个 32位）用于在间接寻址时存放地址指针。数据块地址寄存器（2个，每个 32 位）用于存储打开的数据块的块号。状态字寄存器（一个，16 位）用于存储 CPU 执行指令后的状态。

6.2.2 状态字寄存器

S7-300 PLC 的 CPU 运算结果会随时在状态字寄存器中显示出来。状态字寄存器为 16 位,但仅使用了第 0 位到第 8 位共 9 位,第 9～15 位未使用,如图 6-6 所示。

15 … 9	8	7	6	5	4	3	2	1	0
未用	BR	CC1	CC0	OS	OV	OR	STA	RLO	$\overline{\text{FC}}$

图 6-6 S7-300 PLC 的状态字结构

1. 首位检测位($\overline{\text{FC}}$)

状态字的第 0 位为首位检测位($\overline{\text{FC}}$)。CPU 对逻辑串的第一条指令的检测称为首位检测。若该位状态为 **0**,则表明一个梯形网络的开始或者指令为逻辑串的第一条指令。该位在逻辑串开始时总为 **0**,在逻辑串执行过程中该位为 **1**。输出指令或与逻辑运算有关的转移指令(表示一个逻辑串结束)将该位清零。

2. 逻辑操作结果位(RLO)

状态字的第 1 位为逻辑操作结果位(RLO)。该位用来存储逻辑指令或比较指令的结果。在梯形图程序中,RLO 为 **1** 表示有能流流到运算点处;RLO 为 **0** 表示无能流流过运算点。还可以用 RLO 触发跳转指令。

3. 状态位(STA)

状态字的第 2 位为状态位。该位不能用指令来检测,只能在程序调试中被 CPU 解释并使用。对位逻辑指令读写存储器位时,STA 位的值总与该位一致。非位逻辑指令执行时,STA 总为 **1**。

4. 或位(OR)

状态字的第 3 位为**或**位(OR)。在先逻辑"**与**"后逻辑"**或**"的逻辑串中,OR 位暂存逻辑"**与**"的操作结果,以便进行后面逻辑"**或**"运算。其他指令 OR 位清零。

5. 溢出位(OV)

状态字的第 4 位为溢出位(OV)。当算术运算或浮点数比较指令执行时出现错误(如溢出、非法操作或不规范格式),OV 位被置 **1**,后面同类指令执行正常,该位被清零。

6. 溢出状态保持位(OS)

状态字的第 5 位为溢出状态保持位(OS)。它保存了 OV 位的状态,可用于指明在先前的一些指令执行过程中产生过错误。OV 位置 **1** 时,OS 位也置 **1**;OV 位清零时,OS 位仍保持 **1**。使 OS 位复位的指令有:JOS 指令(OS＝**1** 时跳转)、块调用指令、块结束指令。

7. 条件码 0(CC0)和条件码 1(CC1)

状态字的第 6 位和第 7 位分别称为条件码 **0**(CC0)和条件码 **1**(CC1)。这两位结合起来用于表示:

(1)累加器 1 产生的算术运算结果与 **0** 的大小关系,如表 6-1 所示。

(2)比较指令的结果、字移位指令的移出位状态、逻辑指令运算结果与 **0** 的关系。如表 6-2 所示。

表 6-1　算术运算后的 CC1 和 CC0

CC1	CC0	算术运算无溢出	整数算术运算有溢出	浮点数算术运算有溢出
0	**0**	结果＝0	整数加时产生负溢出	正负绝对值过小
0	**1**	结果＜0	整数乘除时负溢出,加减时正溢出	负溢出
1	**0**	结果＞0	整数乘除时正溢出,加减时负溢出	正溢出
1	**1**	—	除数为 0	非法操作

表 6-2　比较、移位、字逻辑运算后的 CC1 和 CC0

CC1	CC0	比 较 指 令	移位和循环移位指令	字逻辑指令
0	**0**	累加器 2＝累加器 1	移出位＝0	结果＝**0**
0	**1**	累加器 2＜累加器 1	—	—
1	**0**	累加器 2＞累加器 1	—	结果＜＞0
1	**1**	不规范	移出位＝1	—

8. 二进制结果位(BR)

状态字的第 8 位为二进制结果位(BR)。它将字处理程序与位处理联系起来,在一段既有位操作又有字操作的程序中,用于表示字操作结果是否正确。将 BR 位加入程序后,无论字操作结果如何,都不会造成二进制逻辑链中断。在梯形图的方框图指令中,BR 位与 ENO 有对应关系,用于表明方框指令是否被正确执行。如果执行出现错误,BR 位为 0,ENO 也为 0;如果执行正确,BR 位为 1,ENO 也为 1。

在用户编写的 FB 或 FC 程序中,必须对 BR 位进行管理。当功能块正确执行后,应使 BR 位为 1,否则使其为 0。使用 SAVE 指令可以将 RLO 存入 BR 位中,从而达到管理 BR 位的目的。当 FB 或 FC 执行无错误时,使 RLO 位为 1,并存入 BR 位;否则,在 BR 位存入 0。

6.2.3　S7-300 PLC 用户存储区

PLC 的用户存储区必须按功能区分使用。表 6-3 列出了 S7-300 PLC 的用户存储区、功能及标识符。

表 6-3　S7-300 PLC 的用户存储区、功能及标识符

用户存储区	功　能	运算单位	标识符
输入映像寄存器(I)	输入映像寄存器也可以形象地称为输入继电器,用来在每个扫描周期的输入采样阶段存储数字量输入点的信号状态。在输入采用阶段,CPU 集中采样所有数字量输入信号,并存放于输入映像寄存器中	位	I
		字节	IB
		字	IW
		双字	ID
输出映像寄存器(Q)	输出映像寄存器也可以形象地称为输出继电器,用来存放程序经过逻辑运算后的输出状态信号。在一个扫描周期中,输出映像寄存器的值只有在用户程序执行完后才会统一输出到数字量输出模块上去	位	Q
		字节	QB
		字	QW
		双字	QD

续表

用户存储区	功　能	运算单位	标识符
位存储器 （M）	位存储器也可形象地称为辅助继电器,类似于继电器线路中的中间继电器的功能。但它属于存储逻辑,属于虚拟继电器,PLC 内部并不存在实际的中间继电器。位存储器用来存放程序运算的中间结果,它并不直接与外部的输入输出信号联系	位	M
		字节	MB
		字	MW
		双字	MD
定时器 （T）	相当于继电器系统中的时间继电器,不同 CPU 型号,可以使用的定时器数量不同。定时器区用于存放定时器的定时值和定时器的输出状态	定时器	T
计数器 （C）	计数器区用于存放计数器的当前计数值和计数器的输出状态。不同 CPU 型号,可以使用的计数器数量不同	计数器	C
数据块 （DB）	数据块用来存放程序的数据信息。数据块可以分为能被所有逻辑块共用的共享数据块(DB)和只能被特定的功能块使用的背景数据块(DI)	位	DBX
		字节	DBB
		字	DBW
		双字	DBD
外部输入寄存器 （PI）	用户可以通过外部输入寄存器 PI 直接访问模拟量输入模块,接收现场模拟输入信号	字节	PIB
		字	PIW
		双字	PID
外部输出寄存器 （PQ）	用户可以通过外部输出寄存器 PQ 直接访问模拟量输出模块,以便将模拟量输出信号送给外部执行元件	字节	PQB
		字	PQW
		双字	PQD
本地数据寄存器 （L）	本地数据寄存器用来存放程序调用时的临时数据	位	L
		字节	LB
		字	LW
		双字	LD

6.2.4　S7-300 PLC 的寻址方式

指令是程序的单位,程序是由若干条指令按照一定的逻辑顺序组合成一个整体,来完成某种需要的功能。一般情况下,一条指令包含操作码和操作数两部分。操作码(即指令名称)用来表明指令的功能;操作数则是指令的操作对象。CPU 执行指令时,如何获得操作对象,即如何获得操作数的方式,即为寻址方式。

S7-300/400 PLC 有 4 种寻址方式:立即寻址、直接寻址、存储器间接寻址和寄存器间接寻址。

1. 立即寻址

立即寻址的特点是操作数直接出现在指令中,或者当操作数是唯一时,指令中不写

出操作数。对常数或常量采取立即寻址,如:

```
L   36              //将操作数 36 装入累加器 1
SET                 //将 RLO 置 1
+   -8              //将累加器 1 的值加-8,结果仍然存于累加器 1 中
```

2. 直接寻址

直接寻址就是通过在指令中直接给出操作数所在存储单元的地址(绝对地址或符号地址)来获得操作数,如:

```
A   I0.2            //将地址为 I0.2 的存储单元的值和 RLO 进行"与"运算
R   Q4.0            //将地址为 Q4.0 的存储单元的值复位为 0
L   C0              //将计数器当前的计数值装入累加器 1
T   MW0             //将累加器 1 的内容传送到地址为 MW0 的存储空间
```

3. 存储器间接寻址

存储器间接寻址的特点是用地址指针进行寻址。所谓地址指针是一个存储单元,但该存储单元里面存储的不是操作数,而是操作数所在单元的地址。地址指针需要写在方括号"[ ]"内,用于区别一般的地址标示符,如[MW0]就表示 MW0 是地址指针。根据需要描述的地址的复杂程度,地址指针可以是字或双字。对于地址范围小于65535(即 16 位二进制数的最大值)的存储器(如 T、C、DB、FC、FB 等),可以使用字指针,字指针格式如图 6-7 所示。对于其他存储器(如 I、Q、M 等)则要使用双字指针,双字指针格式如图 6-8 所示。

图 6-7　字指针格式

图 6-7 中,位 0～位 15 用来存储 T、C、DB、FB、FC 的编号。

字指针格式寻址示例如下:

```
L   6               //将整数 6 装入累加器 1
T   MW20            //将累计器 1 的内容传送至 MW20
L   DBW[MW20]       //将 DBW6(6 即是指针[MW20]代表的地址编号)的内容
                      装入累加器 1
```

图 6-8　双字指针格式

图 6-8 中,位 3～位 18 是被寻址字节的字节编号(范围 0～65535);位 0～位 2 是被寻址字节的位编号(范围 0～7)。

存储器间接寻址示例如下:

```
L   P# 8.7          //将指针型常数 P# 8.7 装入累加器 1
T   MD10            //将累加器 1 的内容(即 P# 8.7)传送至 MD10
=   Q[MD10]         //将 RLO 的值赋值给由[MD10]指向的存储器(即 Q8.7)
```

4. 寄存器间接寻址

寄存器间接寻址就是通过地址寄存器进行寻址。S7 PLC 中有 2 个地址寄存器 AR1 和 AR2。地址寄存器的内容加上偏移量形成地址指针,该地址指针指向操作数所在的存储单元。地址寄存器及偏移量必须写在方括号"[ ]"内。

寄存器间接寻址有两种方式:区域内寄存器间接寻址和区域间寄存器间接寻址。寄存器间接寻址的指针格式如图 6-9 所示。

31		26	24		18			3	2	0
×0 0 0 0 r r r 0 0 0 0 0 b b b b b b b b b b b b b b b c c c										

图 6-9   寄存器间接寻址的指针格式

图 6-9 中,位 31＝0 表示区域内寄存器间接寻址,位 31＝1 表示区域间寄存器间接寻址;位 24～位 26(rrr)是区域标识(见表 6-4);位 3～位 18(bb……b)是被寻址字节的字节编号(范围 0～65535)。

表 6-4   区域间寄存器间接寻址的区域标识位的含义

位 24～位 26 的二进制数	对应的存储区	区域标识符
000	外设 I/O 存储区	P
001	输入映像寄存器区	I
010	输出映像寄存器区	Q
011	位存储区	M
100	共享数据块存储区	DB
101	背景数据块存储区	DI
111	正在执行块的局域数据	L

(1) 区域内寄存器间接寻址。

当位 31＝0 时,表示区域内寄存器间接寻址,此时位 24～位 26 也为 0,存储区域的类型要在指令中给出,例如:

```
L P# 7.2          //将指针型常量 P# 7.2(对应的二进制码为:00000000 00000000
                    00000000 00111010)装入累加器 1
LAR1              //将累加器 1 的内容传送至地址寄存器 1
A I[AR1,P# 0.6]   //地址寄存器 1 的内容(P# 7.2)加偏移量(0.6)为 P# 8.0,
                    将 RLO 和输入位 I8.0 进行逻辑与运算。
=   Q[AR1,P# 4.0] //地址寄存器的内容(P# 7.2)加偏移量(4.0)为 P# 11.2,
                    将 RLO 的值赋给 Q11.2
```

(2) 区域间寄存器间接寻址。

当位 31＝1 时,表示区域间寄存器间接寻址,此时存储区域由位 24～位 26 决定(见表 6-4),通过改变位 24～位 26 的数值实现跨区寻址,例如:

```
L P# I3.7         //将指针型常数 P# I3.7(对应的二进制码为:10000001
                    00000000 00000000 00011111)装入累加器 1
LAR1              //将累加器 1 的内容(P# I3.7)传送至地址寄存器 1
L P# Q4.5         //将指针型常数 P# Q4.5(对应的二进制码为 10000010
```

```
                        00000000 00000000 00100101）装入累加器 1
   LAR2              //将累加器 1 的内容 (P# Q4.5) 传送至地址寄存器 2
   O  [AR1,P# 0.3]   //AR1 的内容 (P# I3.7) 加偏移量 (P# 0.3) 形成地址指针 (指
                       向 Q4.0)，将 RLO 和位 Q4.0 进行逻辑或运算。
   =  [AR2,P# 0.2]   //AR2 的内容 (P# Q4.5) 加偏移量 (P# 0.2) 形成地址指针 (指
                       向 Q4.7)，将 RLO 的值赋给 Q4.7
```

6.3 位逻辑指令

位逻辑指令负责处理位与位之间的逻辑运算，其运算结果在状态字的 RLO 位体现出来。由于位的取值只能为 **0** 或 **1**，其逻辑运算结果在梯形图程序中，可以用 **1** 形象地表示常开"触点"接通或"线圈通电"；用 **0** 形象地表示常开"触点"断开或"线圈断电"。这里的"触点"及"线圈"均是指软触点和软线圈。

位逻辑指令有：基本逻辑指令、输出指令、逻辑串嵌套指令、置位/复位指令、跳变沿检测指令。

梯形图编程语言被称为 PLC 第一编程语言，并且被广大电气工作者喜爱和使用，所以有必要介绍梯形图中最基本的编程元件——触点与线圈。

在梯形图中，沿用了继电器控制线路中触点和线圈的概念，但这种沿用仅仅是逻辑运算上的等效，在实际的 PLC 内部，并不存在这样的触点和线圈。在 S7 梯形图中用 ┤├ 表示常开触点，用 ┤/├ 表示常闭触点。当程序扫描到该触点时，如果该位地址存储为 **1**，则常开触点接通，常闭触点断开；如果该位地址存储为 **0**，则常开触点断开，常闭触点接通。实际上，┤├ 表示位地址的原码值，┤/├ 表示位地址的反码值。常开、常闭点所表示的逻辑值与位地址的关系如图 6-10 所示。在 S7 梯形图中用 ─( )─ 表示线圈，线圈必须置于梯形图最右边的输出位置，表示逻辑运算结果的输出。

位地址	*位地址* ┤├	*位地址* ┤/├
0	**0**	**1**
1	**1**	**0**

图 6-10 常开、常闭点所表示的逻辑值与位地址的关系

6.3.1 基本逻辑指令

基本逻辑指令包括逻辑与、与非、或、或非、异或、异或非、取反等。

1）逻辑与

在梯形图中，两个或两个以上的常开触点串联构成逻辑与的关系。在语句表中用 "A 位地址"来表示。举例如表 6-5 所示。

表 6-5　基本逻辑指令举例

逻 辑 指 令	梯 形 图	对应语句表
与	%I0.0 "SB1"　　%I0.1 "SB2"　　┤├────┤├	A　　"SB1" A　　"SB2"
与非	%I0.0 "SB1"　　%I0.1 "SB2"　　┤├────┤/├	A　　"SB1" AN　　"SB2"
或	%I0.0 "SB1"　　┤├ %I0.1 "SB2"　　┤├	O　　"SB1" O　　"SB2"
或非	%I0.0 "SB1"　　┤├ %I0.1 "SB2"　　┤/├	O　　"SB1" ON　　"SB2"
异或	%I0.0 "SB1"　　%I0.1 "SB2"　　┤├────┤/├ %I0.0 "SB1"　　%I0.1 "SB2"　　┤/├────┤├	A　　"SB1" AN　　"SB2" O AN　　"SB1" A　　"SB2" ＝　　"Q4.0"
异或非	%I0.0 "SB1"　　%I0.1 "SB2"　　┤├────┤├ %I0.0 "SB1"　　%I0.1 "SB2"　　┤/├────┤/├	A　　"SB1" A　　"SB2" O AN　　"SB1" AN　　"SB1"
取反	%I0.0 "SB1"　　%I0.1 "SB2"　　┤├────┤├────┤NOT├	A　　"SB1" A　　"SB2" NOT

2) 逻辑与非

在梯形图中,和常闭触点串联构成逻辑与非的关系。在语句表中用"AN 位地址"来表示,其功能是先对常闭触点所对应位取非,再和常开触点所对应位进行逻辑与运算。举例如表 6-5 所示。

3）逻辑**或**

在梯形图中,两个或两个以上的常开触点并联构成逻辑**或**的关系。在语句表中用"O 位地址"来表示。举例如表 6-5 所示。

4）逻辑**或非**

在梯形图中,和常闭触点并联构成逻辑**或非**的关系。在语句表中用"ON 位地址"来表示,其功能是先对常闭触点所对应位取**非**,再和常开触点所对应位进行逻辑**或**运算。举例如表 6-5 所示。

5）逻辑**异或**

逻辑**异或**的关系同数字逻辑运算,当两个输入位取相同取值时,其运算结果为 **0**;只有当两个输入位取值相反时,其运算结果才为 **1**。举例如表 6-5 所示。

6）逻辑**异或非**（即逻辑**同或**）

逻辑**异或非**（即逻辑**同或**）的运算结果与逻辑**异或**的结果正好相反,当两个输入位取相同取值时,其运算结果为 **1**;当两个输入位取值相反时,其运算结果为 **0**。举例如表 6-5 所示。

7）对 RLO 取反指令 NOT

该指令用梯形图表示为—|NOT|—,表示对该指令之前的逻辑操作结果 RLO 取反。如果前面的 RLO=0（能流断）,执行指令后 RLO=1（能流通）;反之,如果前面 RLO=1（能流通）,则执行指令后 RLO=0（能流断）。语句表指令为:"NOT"。举例如表 6-5 所示。

6.3.2 输出指令

输出指令有两种:逻辑串输出指令（即输出线圈）和中间输出指令。

1. 逻辑串输出指令

逻辑串输出指令在梯形图中用输出线圈 $\frac{"位地址"}{(\ )}$ 表示,在语句表中用"= 位地址"表示。它用来结束一段逻辑串,所以必须放到梯形图网络的最右边。执行该指令时,将 RLO 赋值给输出所指定的位地址。举例如表 6-6 所示。

表 6-6　逻辑串输出指令举例

梯　形　图	对应语句表
%I0.0 "SB1"　—| |—　%I0.1 "SB2"　—| |—　%Q4.0 "out1"　—( )—	A　"SB1" A　"SB2" =　"Q4.0"

【例 6-1】 用基本逻辑指令编写电动机启停控制程序。

控制要求:点按（按一下即松开,若非特指,按动按钮均指点按）启动按钮 SB_1（常开）,电动机持续运转;点按停止按钮 SB_2（常开）,电动机停转。电动机的定子绕组通电、断电通过接触器 KM 的主触点控制。电动机启停控制的主电路如图 6-11(a)所示。

首先为所需的控制电器分配地址,如表 6-7 所示。

（a）电动机启停控制主电路   （b）PLC的I/O接线

图 6-11   电动机启停 PLC 控制的硬件线路图

表 6-7   PLC 地址分配表

电 器 元 件	PLC 的 I/O 地址	说　　明
启动按钮 SB_1	I0.0	常开按钮
停止按钮 SB_2	I0.1	常开按钮
热继电器	I0.2	常闭触点
接触器 KM	Q4.0	三相接触器,其主触点控制鼠笼式电动机定子绕组通电、断电

根据主电路和所需的控制电器分配地址可以绘制 PLC 的 I/O 接线,如图 6-11(b)所示。

按照已经分配好的 PLC 的 I/O 地址,沿用继电器控制线路中自锁的思路,可以直接编写出电动机启停控制的梯形图程序,如图 6-12 所示。这里需要注意的是:由于热继电器的常闭触点作为 PLC 的输入(I0.2),在逻辑上,梯形图程序中,I0.2 需要用常开触点信号,即取 I0.2 信号的原码。

图 6-12   电动机启停 PLC 控制程序

【例 6-2】 用基本逻辑指令编写电动机正反转的控制程序。

控制要求:三相鼠笼式异步电动机主电路如图 6-13(a)所示,现要求用 PLC 对电动机正反转进行控制,分别设正向启动按钮 SB_1、反向启动按钮 SB_2、停止按钮 SB_3 三个按钮均使用常开触点,分别实现"正-停-反"和"正-反-停"两种要求的控制。

（a）电动机主电路　　　　　　　　（b）PLC的I/O接线

图 6-13　笼式异步电动机正反转 PLC 控制的硬件线路图

1）"正-停-反"控制

（1）电动机停止时,任何时刻按 SB_1,电动机正向持续运转。

（2）电动机停止时,任何时刻按 SB_2,电动机反向持续运转。

（3）电动机运转时,任何时刻按 SB_3,电动机停止运转。

（4）在电动机正向运转期间,按动反向启动按钮不起作用;反之亦然(即正反向运转切换时,必须首先按下停止按钮使电动机停下来才能进行)。

（5）当电动机过载时,由热继电器 FR 的常开触点送给 PLC 信号,PLC 控制自动切断主电源,实现过载保护。

【分析】 由例 6-1 可推出:我们可以设计两段类似的自锁程序分别实现电动机正转和反转,由前面低压电器控制电路可知,KM_1 和 KM_2 主触点不允许同时接通,否则短路。所以我们必须首先在程序中加入互锁环节,这样控制要求(4)即可实现。对于控制要求(5)我们自然想到:电动机过载时,FR 常开触点闭合,送给 PLC 输入点 **1** 信号,用这个信号切断正转输出和反转输出即可。

这里需要特别指出的是:为了防止意外,在连接 PLC 的输出给 KM_1 和 KM_2 线圈时,两个线圈之间还是要实现硬件上的电气互锁。如图 6-13(b)所示。

根据上述分析,可以写成电动机正-停-反控制程序如图 6-14 所示。

2）"正-反-停"控制

（1）、（2）、（3）、（5）控制要求与"正-停-反"控制相同;控制要求不同的只有第(4)条,"正-反-停"控制要求在电动机正向运转时,按下反向启动按钮 SB_3 即可使

图 6-14 电动机正-停-反控制程序

电动机变为反向运转;反之,电动机反向运转期间,按下正向启动按钮 SB₁ 即可使电动机变为正向运转(即正-反向切换既可以先按停止按钮使电动机停下来进行切换,又可以无须使电动机停下来而实现直接切换)。

沿用我们在低压电器控制中学到的机械互锁的思想,控制程序很容易就可以写出,如图 6-15 所示。

图 6-15 电动机正-反-停控制程序

6.3.3 逻辑串的嵌套指令

对于程序是触点的串并联的复杂组合时,CPU 扫描的顺序是先**与**后**或**,对应于梯形图,CPU 先运算串联的块,再运算并联的块,如图 6-16 所示。

对于需要先**或**后**与**运算的(对应于梯形图中块先并联后串联)的情况,在语句表指令中需要用括号。CPU 扫描程序时先扫描括号内的逻辑运算,如图 6-17 所示。

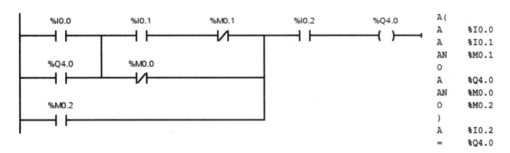

图 6-16 逻辑串先与后或

图 6-17 逻辑串先或后与

这种加括号的方法可以进行多层嵌套,对应于梯形图就是更加复杂的串并联触点的组合,如图 6-18 所示。

图 6-18 逻辑串的多层嵌套

6.3.4 置位与复位指令

置位、复位指令格式如表 6-8 所示。置位、复位指令的功能如下。

表 6-8 置位、复位指令格式

指 令 名 称	LAD 指令	STL 指令	位地址存储区
置位指令	"位地址" —(S)—	S "位地址"	I、Q、M、D、L
复位指令	"位地址" —(R)—	R "位地址"	I、Q、M、D、L、T、C

(1) 置位指令:如果 RLO 的值为 **1**,则将指令中给出的位地址置为 **1**,之后即使 RLO 变为 **0**,该位地址仍然保持为 **1**。

(2) 复位指令:如果 RLO 的值为 **1**,则将指令中给出的位地址清 **0**,之后即使 RLO

变为 **0**,该位地址仍然保持为 **0**。

如图 6-19 所示,其中图 6-19(b)为对应于图 6-19(a)所示置位、复位指令的时序图。

（a）程序段　　　　　　　　　　　　　（b）时序图

图 6-19　置位、复位指令及其时序图

【例 6-3】　用置位、复位指令编写电动机启停控制程序。

控制要求:与例 6-1 相同,电动机启停 PLC 控制的硬件线路图也与例 6-1 相同,如果改用置位、复位指令进行编程,梯形图程序如图 6-20 所示。

图 6-20　用置位、复位指令编写的电动机启停控制程序

6.3.5　触发器指令

触发器指令实际是将置位、复位指令合在一起用一个指令框的形式表现出来,所以没有特定的对应于触发器的 STL 指令。触发器指令分为置位优先型和复位优先型,如表 6-9 所示。

表 6-9　触发器指令

指令名称	LAD 指令	数据类型	操作数	功能说明
RS 触发器 （置位优先型）	"位地址" **RS** R　　Q …—S1	BOOL	R	复位输入端
			S	置位输入端
SR 触发器 （复位优先型）	"位地址" **SR** S　　Q …—R1		Q	输出端 （输出数值与位地址相同）
			"位地址"	表示要置位、 复位的位

【例 6-4】 用触发器指令编写电动机启停控制程序。

控制要求：与例 6-1 相同，电动机启停 PLC 控制的硬件线路图也与例 6-1 相同，如果改用触发器指令进行编程，梯形图程序如图 6-21 所示。

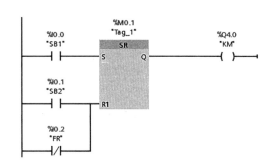

图 6-21 用触发器指令编写的电动机启停控制程序

注意：使用复位优先的触发器有利于防止误动作的发生，如当启动、停止按钮被同时按下，S、R 端都为 1 信号，由于使用了复位优先的触发器，此时输出为 0。

6.3.6 跳变沿检测指令

当信号状态发生变化时，产生跳变沿。若信号状态由 0 变到 1，产生正跳沿（或上升沿）；若信号状态由 1 变到 0，产生负跳沿（或下降沿）；在 STEP 7 指令中，有两类跳变沿检测指令：一类是对 RLO 跳变沿的检测；另一类是对触点跳变沿的检测。

（1）RLO 跳变沿检测的指令，如表 6-10 所示。

表 6-10 RLO 跳变沿检测指令

指 令 名 称	LAD 指令	STL 指令	指 令 功 能
RLO 正跳沿检测	P_TRIG CLK Q "位地址"	FP "位地址"	当 RLO 产生正跳沿时，Q 只接通一个扫描周期
RLO 负跳沿检测	N_TRIG CLK Q "位地址"	FN "位地址"	当 RLO 产生负跳沿时，Q 只接通一个扫描周期

表中的"位地址"用于存储上一个扫描周期 RLO 的值。在 OB1 的每一个扫描周期，RLO 位的信号状态都将与前一周期获得的结果进行比较。

RLO 跳变沿检测指令工作时序如图 6-22 所示，当 I0.0 由断开变为接通时，产生正跳沿，Q4.0 仅在出现正跳沿的下一个扫描周期接通一个扫描周期。当 I0.0 由接通变为断开时，产生负跳沿，Q4.1 仅在出现负跳沿的下一个扫描周期接通一个扫描周期。

（2）触点跳变沿检测的指令，如表 6-11 所示。

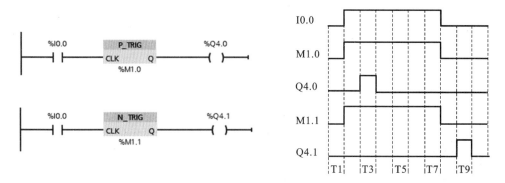

图 6-22 RLO 跳变沿检测指令的使用和工作时序

表 6-11 触点跳变沿检测指令

指令名称	LAD 指令	指令功能	位地址 2
触点正跳沿检测	"启动条件" "位地址 1" —| |— —|P|— "位地址 2"	"启动条件"接通,且"位地址 1"产生正跳沿时,输出端接通一个扫描周期	存储上一个扫描周期"位地址 1"的状态,用于与当前状态比较以判断是否跳变
触点负跳沿检测	"启动条件" "位地址 1" —| |— —|N|— "位地址 2"	"启动条件"接通,且"位地址 1"产生下降沿时,输出端接通一个扫描周期	

【例 6-5】 物体直线运动方向的检测。

控制要求:如图 6-23 所示传送带一侧装有两个反射式光传感器 PEB₁ 和 PEB₂,PEB₁ 和 PEB₂ 之间的距离小于传送带上输送物体的长度,这两个传感器可以用于检测物体的直线运动方向。配置两个指示灯 HL₁ 和 HL₂ 分别用于指示物体的运动方向。已知光传感器触点均为常开触点,当物体经过传感器时,传感器触点动作(变为闭合)。应用所学的位逻辑指令来设计 PLC 控制系统,当物体右行时,将指示灯 HL₁ 点亮;当物体左行时,将指示灯 HL₂ 点亮。

图 6-23 物体直线运动方向检测示意图

【分析】　本例中只考虑如何检测物体运动方向，不考虑传送带控制。首先为光传感器和指示灯分配地址，绘制 PLC 的 I/O 接线图如图 6-24(a)所示。

（a）PLC的I/O接线图　　　　　　　　（b）控制程序

图 6-24　物体运动方向检测 PLC 的 I/O 接线图及控制程序

当物体左行和右行时，光传感器 PEB_1 和 PEB_2 给出的信号关系分别如表 6-12 所示。

表 6-12　例 6-5 物体左行和右行时光传感器的状态

物体运动方向	右　行		左　行	
	PEB_1　PEB_2		PEB_1　PEB_2	
依次经历的各阶段的传感器状态	沿运动方向　↓	0　　0 1　　0 1　　1 0　　1 0　　0	0　　0 0　　1 1　　1 1　　0 0　　0	沿运动方向　↓

由表 6-12 中分析可见，当物体左行和右行时，传感器 PEB_1 和 PEB_2 依次要经历 5 个阶段的状态变化，这 5 个阶段中第 1、3、5 阶段左行和右行传感器状态是完全一样的；而第 2 和第 4 阶段，左行和右行传感器状态正好对调。由此可见，不能仅通过传感器状态的静态组合来判断物体运动方向。我们用动态的思路来研究的时候，就会发现左行和右行过程中第 1、2 阶段的状态变化是唯一的，即当 PEB_1 由 **0** 跳变到 **1** 的过程中 PEB_2 保持为 **0** 的状态变化，只有在右行中才有；同理，当 PEB_2 由 **0** 跳变到 **1** 的过程中 PEB_1 保持为 **0** 的状态变化，也只有在左行中才有。于是，我们就可以依据这一点进行判断和编写程序。程序如图 6-24(b)所示。

6.4 定时器指令

6.4.1 定时器基本知识

定时器相当于继电器电路中的时间继电器,但定时器提供了比时间继电器更丰富的功能和种类。定时器是系统存储区中的存储区域,S7 PLC 为每个定时器分配了一个字和一个位的存储区域,字用来存储定时器的定时值,位用来存储定时器的输出状态(相当于定时器指令框中输出端 Q 的信号)。不同 S7-300 PLC 的 CPU 模块,可供使用的定时器数目不同,最多为 128(CPU 312)～2048(CPU 319-3 PN/DP)个。

1. 定时器时间格式

定时器的时间格式如图 6-25 所示。

图 6-25 定时器的时间格式

在图 6-25 中,用一个字来设置定时器的时间值,其第 0～11 位(低 12 位)是用 BCD 码表示的定时值,第 12、13 位用二进制码表示时基。第 14、15 位未使用。时基表示定时器的最小定时单位,定时值×时基＝定时时间。图 6-25 所示的定时时间为 329 s。时基与二进制码之间的对应关系如表 6-13 所示。

表 6-13 定时器的时基

时 基	对应的二进制代码	分辨率/s	定时范围
10 ms	**0 0**	0.01	10 ms～9.99 s
100 ms	**0 1**	0.1	100 ms～1 min 39 s 900 ms
1 s	**1 0**	1	1 s～16 min 39 s
10 s	**1 1**	10	10 s～2 h 46 min 30 s

2. 定时器的时间设定方法

定时器的时间设定可以用如下两种方式:

(1) 十六进制数格式。格式为 W♯16♯wxyz,其中 W 是用二进制代码表示的时基,对应关系见表 6-13;xyz 是三位十进制数,表示定时值。

(2) S5 时间格式。格式为 S5T♯aHbMcSdMS,其中 H、M、S、MS 分别表示小时、分、秒、毫秒,a、b、c、d 代表具体数值。也就是说用 S5 时间格式,不管时基是多少,时基是 CPU 自动选定的,是按满足定时范围的最小时基选定的。

3. 定时器的运行

定时器是这样运行的:定时器启动后,定时值被置于定时器中,每隔一个时基的时间,定时值减 1,当定时值减到 0 时,表示定时到。定时到,触点按照其时序逻辑动作。

4. 定时器种类

博途软件中,定时器分为 IEC 定时器和 SIMATIC S5 定时器。IEC 定时器采用正向计时,S5 定时器采用倒向计时;每次使用 IEC,系统自行分配背景数据块,用户不用考虑系统资源分配问题;S5 定时器可表示为 T0、T1、T2 等;而 IEC 没有从 0 开始的序号关系,用 DB 块表示即可。IEC 定时器有 3 种类型的定时器:生成脉冲,接通延时,关断延时。SIMATIC S5 定时器有 5 种类型的定时器:脉冲定时器、扩展脉冲定时器、接通延时定时器、保持接通延时定时器、关断延时定时器。在梯形图中,这 5 种定时器每种都有指令框格式和线圈格式。线圈格式功能单一,指令框格式功能较全。使用时可以根据需要灵活选用。

6.4.2　IEC 定时器

IEC 定时器的种类,梯形图指令及功能如表 6-14 所示。

表 6-14　IEC 定时器指令

种　类	LAD 指令框	功　能　说　明
生成脉冲	TP Time IN　　Q PT　　ET	使用"生成脉冲"指令,可以将输出 Q 置位为预设的一段时间。执行该指令需要一个前置逻辑运算,当输入 IN 的逻辑运算结果(RLO)从 0 变为 1(信号上升沿)时,启动该指令。指令启动时,预设的时间 PT 即开始计时。无论后续输入信号的状态如何变化,都将输出 Q 置位由 PT 指定的一段时间
接通延时	TON Time IN　　Q PT　　ET	可以使用"接通延时"指令将 Q 输出的设置延时 PT 指定的一段时间。当输入 IN 的逻辑运算结果(RLO)从 0 变为 1(信号上升沿)时,启动该指令。指令启动时,预设的时间 PT 即开始计时。当持续时间 PT 计时结束后,输出 Q 的信号状态为 1
关断延时	TOF Time IN　　Q PT　　ET	可以使用"关断延时"指令将 Q 输出的复位延时 PT 指定的一段时间。当输入 IN 的逻辑运算结果(RLO)从 0 变为 1(信号上升沿)时,将置位 Q 输出。当输入 IN 处的信号状态变回 0 时,预设的时间 PT 开始计时。只要持续时间 PT 仍在计时,则输出 Q 就保持置位

IEC 定时器的 3 种类型(生成脉冲,接通延时,关断延时)的时序图分别如图 6-26、图 6-27、图 6-28 所示。

由图 6-26 可见,对于 IEC 生成脉冲定时器,当输入 IN 的逻辑运算结果(RLO)从 0 变为 1(信号上升沿)时,启动该指令。指令启动时,预设的时间 PT 即开始计时。无论后续输入信号的状态如何变化,都将输出 Q 置位由 PT 指定的一段时间。PT 持续时间正在计时时,即使检测到新的信号上升沿,输出 Q 的信号状态也不会受到影响。

由图 6-27 可见,对于 IEC 接通延时定时器,当输入 IN 的逻辑运算结果(RLO)从 0 变为 1(信号上升沿)时,启动该指令。指令启动时,预设的时间 PT 即开始计时。当持续时间 PT 计时结束后,输出 Q 的信号状态为 1。只要启动输入仍为 1,输出 Q 就保持

图 6-26　生成脉冲指令时序图

图 6-27　接通延时指令时序图

图 6-28　关断延时指令时序图

置位。启动输入的信号状态从 **1** 变为 **0** 时,将复位输出 Q。在启动输入检测到新的信号上升沿时,该定时器功能将再次启动。

　　由图 6-28 可见,对于 IEC 关断延时定时器,当输入 IN 的逻辑运算结果(RLO)从 **0** 变为 **1**(信号上升沿)时,将置位 Q 输出。当输入 IN 处的信号状态变回 **0** 时,预设的时间 PT 开始计时。只要持续时间 PT 仍在计时,则输出 Q 就保持置位。当持续时间 PT 计时结束后,将复位输出 Q。如果输入 IN 的信号状态在持续时间 PT 计时结束之前变为 **1**,则复位定时器,输出 Q 的信号状态仍将为 **1**。

6.4.3 脉冲定时器

S5 脉冲定时器指令格式如图 6-29 所示。指令框的输入输出端功能说明如下(其他类型定时器类同)。

(a) LAD指令框格式   (b) LAD线圈格式

图 6-29 脉冲定时器指令格式

S——定时器的启动输入端。有效信号为信号的上升沿(除关断延时定时器外的其余四种定时器)或下降沿(关断延时定时器)。在 S 端出现有效信号时,将 TV 端的定时时间值装入定时器,并启动定时器。

TV——定时时间设置端。可以接受 S5 格式或十六进制格式的存储字。

R——定时器复位端。有效信号为逻辑 **1**,如果定时器复位,则定时时间值清 **0**,位输出复位为 **0**。

Q——定时器的位输出端。具体状态需要结合各种定时器的时序逻辑。

BI——输出定时时间剩余值的二进制格式。

BCD——输出定时时间剩余值的 BCD 码格式。

脉冲定时器的时序逻辑如图 6-30 所示。如果脉冲定时器的启动输入 I0.0 有一个上升沿,则定时器预置的定时值被装入定时器,并且定时器启动,同时定时器位输出

图 6-30 脉冲定时器时序图

Q4.0 为 **1**。只要启动端一直维持为 **1**，定时器会保持运行，随着时间的推移，定时器的当前时间值逐渐减少，当定时器的时间值减少到 **0** 时，表示定时时间到。定时时间到，即使启动端仍然为 **1**，定时器输出 Q4.0 也会变为 **0**。如图 6-30 中所示 t 为定时时间。如果定时期间启动端变为 **0**，则定时器停止定时，同时输出变为 **0**。任何时刻，只要复位输入 I0.1 为 **1**，则定时器定时值清零，输出 Q4.0 变为 **0**。

6.4.4 扩展脉冲定时器

S5 扩展脉冲定时器指令格式如图 6-31 所示。

（a）LAD指令框格式 （b）LAD线圈格式

图 6-31　扩展脉冲定时器指令格式

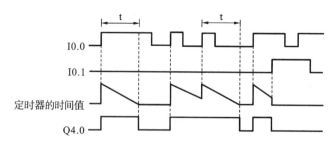

图 6-32　扩展脉冲定时器时序图

扩展脉冲定时器的时序逻辑如图 6-32 所示。对比扩展脉冲定时器与脉冲定时器时序的不同点在于：如果定时期间，启动输入 I0.0 由 **1** 变为 **0**，扩展脉冲定时器并不会停止定时，定时器会维持运行，直到定时的时间到，即只要 S 端有上升沿信号就开始定时。在定时期间及定时到时的位输出 Q4.0 与脉冲定时器相同。

6.4.5　接通延时定时器

S5 接通延时定时器指令格式如图 6-33 所示。

（a）LAD指令框格式　　　　　（b）LAD线圈格式

图 6-33　接通延时定时器指令格式

接通延时定时器的时序逻辑如图 6-34 所示。如果启动输入 I0.0 出现上跳沿并且之后维持为 1,接通延时定时器启动,定时器运行期间,其位输出 Q4.0 为 0,定时器定时到,位输出 Q4.0 变为 1 并保持,直到定时器启动输入 I0.0 变为 0,Q4.0 也随之变为 0。定时器运行期间如果启动输入 I0.0 由 1 跳变为 0,则定时器停止定时;当 I0.0 再从 0 跳变到 1 时,定时器重新开始定时。任何时刻,只要复位输入 I0.1 为 1,则定时器定时值清零,输出 Q4.0 变为 0。

图 6-34　接通延时定时器的时序

6.4.6　保持接通延时定时器

S5 保持接通延时定时器指令格式如图 6-35 所示。

保持接通延时定时器的时序逻辑如图 6-36 所示。对比接通延时定时器与保持接

(a) LAD指令框格式   (b) LAD线圈格式

图 6-35　保持接通延时定时器指令格式

通延时定时器的时序图,可以发现其不同点如同脉冲定时器与扩展脉冲定时器类似:如果定时器运行期间,启动输入 I0.0 由 **1** 跳变为 **0**,保持型接通延时定时器并不会停止定时,定时器仍然继续运行,直到定时时间到,如果定时期间启动输入再次从 **0** 跳变到 **1**,则定时器重新开始定时。定时期间及定时到,其位输出 Q4.0 与接通延时定时器相同。任何时刻,只要复位输入 I0.1 为 **1**,则定时器定时值清零,输出 Q4.0 变为 **0**。

图 6-36　保持接通延时定时器的时序

6.4.7　关断延时定时器

S5 关断延时定时器指令格式如图 6-37 所示。

关断延时定时器的时序逻辑如图 6-38 所示。由图可见,在定时器启动输入 I0.0 由 **0** 跳变到 **1** 时,定时器没有启动,但其位输出由 **0** 变为 **1**。在启动输入 I0.0 出现下跳沿时,定时器启动,定时器运行期间,其位输出 Q4.0 保持为 **1**。定时器定时到,其位输出 Q4.0 变为 **0**。定时器定时期间,如果启动输入 I0.0 从 **0** 跳变为 **1**,定时器停止定时,但其位输出 Q4.0 仍然保持为 **1**,当启动输入 I0.0 再次从 **1** 跳变为 **0** 时,定时器重新开始定时。任何时刻,只要复位输入 I0.1 为 **1**,则定时器定时值清零,输出 Q4.0 变为 **0**。

（a）LAD指令框格式　　　　　　　（b）LAD线圈格式

图 6-37　关断延时定时器指令格式

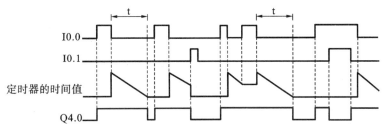

图 6-38　关断延时定时器的时序

6.4.8　五种 S5 定时器的比较

为了在应用定时器时更方便、正确地选择定时器的种类,下面将五种定时器指令的主要特征进行区别及比较,如表 6-15 所示。

表 6-15　五种定时器指令的主要区别及比较

定时器类型	定时器指令名称	区别及比较
脉冲定时器	S_PULSE	若复位信号 R 为 0,则 S 输入信号为 1,Q 即有输出。Q 输出信号为 1 的最大时间等于设定的时间值 t,且若该输出时间要求达到设定值的时间 t,则 S 输入的 1 信号要大于等于 t,即定时器 S 端信号电平信号有效
扩展脉冲定时器	S_PEXT	输出形式与脉冲定时器相同,不同之处在于定时器 S 端信号上升沿信号有效
接通延时定时器	S_ODT	S 端上升沿标志着准备"接通",延时预定的时间后输出 1 信号,但前提是 S 端信号需要一直为 1,即定时器计时 S 端信号电平信号有效

续表

定时器类型	定时器指令名称	区别及比较
保持型接通延时定时器	S_ODTS	与接通延时定时器的区别在于：保持型接通延时定时器 S 端信号上升沿信号有效。因此，若要"断开"定时器，只能通过复位的方式
关断延时定时器	S_OFFDT	Q 输出 1 信号与 S 输入信号是同时的，这一点与脉冲定时器和扩展脉冲定时器相同，但是，定时器的计时是当 S 端信号出现下降沿时开始，延时时间 t 后断开 Q

6.4.9　定时器应用举例

【例 6-6】　定时器延时范围扩展举例。

在 S7-300 中，单个定时器的最大定时范围是 9990S(2H46M30S)，如果超过这个定时范围，可以用两个或多个定时器级联的方法定时。

图 6-39　扩展定时器定时范围程序

控制要求：设计一个延时为 5 h 的控制任务。开关 K(I0.0)接通开始定时，5 h 后信号灯 HL (Q4.0)接通。开关 K 断开，灯 HL 熄灭。

根据控制要求，可选用接通延时定时器(S_ODT)。控制程序如图 6-39 所示。

【例 6-7】　信号灯闪烁(报警)控制(脉冲信号发生器)。

控制要求：在工业控制系统中，经常需要产生周期性重复的占空比可调的脉冲信号。比如用脉冲信号去控制声光报警。可以用定时器产生占空比可调的脉冲信号。

当开关 K(接 PLC 输入点 I0.0)接通后，某信号灯 HL(接 PLC 输出点 Q4.0)即以灭 1 s、亮 2 s、灭 1 s、亮 2 s……的频率不断闪烁，开关 K 断开，信号灯熄灭。要求设计出 PLC 控制程序。

绘制信号灯时序图如图 6-40 所示。

图 6-40　信号灯闪烁时序

控制程序一：根据时序图，应用接通延时定时器设计出控制程序如图 6-41 所示。

【分析】　当开关 K 接通(I0.0 出现上跳沿时)，定时器 T0 开始定时，定时期间定时

图 6-41 应用接通延时定时器实现信号灯闪烁的控制程序

器 T0 位输出为 **0**(接 Q4.0(控制信号灯)),信号灯未点亮,T0 定时 1 s 到,其位输出为 **1**,信号灯被点亮,同时定时器 T1 启动,T1 定时期间其位输出为 **0**,常闭点 T1 仍然接通,维持 T0 输出 Q4.0 为 **1**。当 T1 定时时间(2 s)到;下一扫描周期,T1 常闭点断开,使 T0 位输出 Q4.0 为 **0**,信号灯灭,同时 T1 启动输入端也变为 **0**,T1 位输出变为 **0**;下一扫描周期,T1 常闭点又接通,T0 重新开始定时,……,如此不断循环,信号灯以灭 1 s,亮 2 s 的间隔不断闪烁。当开关 K 断开时,I0.0 常开点断开,定时器 T0、T1 均停止定时,同时 T0、T1 位输出均变为 **0**,Q4.0 变为 **0**,信号灯熄灭。

控制程序二:根据时序图,应用脉冲定时器设计出控制程序如图 6-42 所示。

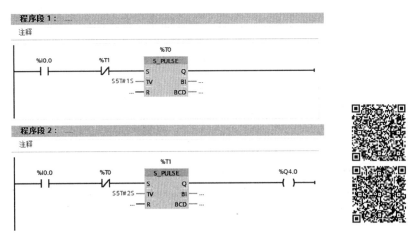

图 6-42 应用脉冲定时器实现信号灯闪烁的控制程序

【分析】 当开关 K 接通(I0.0 出现上跳沿)时,定时器 T0 开始定时,由于定时器 T0 开始定时,其常闭点断开,所以 Network2 中的 T1 不能启动定时,故 Q4.0 在 T0 定时期间为 **0**(信号灯 HL 灭),当 T0 定时 1 s 到,T0 输出为 **0**,所以 Network2 中的 T1 的 S 端由断开变为接通,于是定时器 T1 启动定时,T1 定时期间,其输出为 **1**,故 T1 定时期间(2 s)Q4.0 为 **1**(信号灯 HL 亮)。T1 定时期间,定时器 T0 的 S 端断开,T0 不能定时,等 T1 定时到,其常闭点重新接通,于是 T0 又开始定时,……,如此循环,Q4.0 所接的信号灯就会以灭 1 s,亮 2 s 的间隔不断循环,直到开关 K 断开,信号灯熄灭。

【例 6-8】 两节传送带的顺序启停控制。

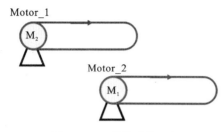

图 6-43　两节传送带示意图

控制要求:图 6-43 所示的是两节传送带示意图,传送带均向右运行,如图 6-43 中箭头所示。传送带分别由电动机 Motor_1 和 Motor_2 驱动。设启动按钮 SB₁ 和停止按钮 SB₂ 均为常开按钮。

为了使两节传送带正常运行,控制要求如下。

启动:按启动按钮 SB₁,皮带电动机 Motor_2 立即启动,延时 5 s 后,皮带电动机 Motor_1 自动启动;

停止:按停止按钮 SB₂,Motor_1 立即停机,延时 10 s 后,Motor_2 自动停机。

根据配置的输入输出器件,首先列出各器件的地址分配表如表 6-16 所示。

表 6-16　传送带启停控制 I/O 地址分配表

I/O 器件名称		分配地址	说　明
数字量输入	启动按钮 SB₁	I0.0	常开按钮
	停止按钮 SB₂	I0.1	常开按钮
	热继电器触点 FR₁	I0.2	常闭触点,Motor_1 过载保护
	热继电器触点 FR₂	I0.3	常闭触点,Motor_2 过载保护
数字量输出	接触器 KM₁	Q4.0	其主触点控制皮带电机 Motor_1
	接触器 KM₂	Q4.1	其主触点控制皮带电机 Motor_2

根据地址分配表,绘制出电动机控制的主回路和 PLC 的 I/O 端子接线图如图 6-44 所示。

（a）主电路　　　　　　　　　（b）PLC的I/O接线图

图 6-44　传送带顺序启停控制硬件接线图

根据分配好的 I/O 地址和控制要求,编写控制程序如图6-45所示。

在程序中,接通延时定时器 T0 用于延时启动 Motor_1,保持型接通延时定时器 T1 用于延时停止 Motor_2。需要注意的是:在定时器 T1 的复位端需要接启动按钮所对应的地址 I0.0,这是因为对于保持型接通延时定时器 T1 来说,当它定时到时,其输出端 Q 输出为 1,并且保持为 1,必须使用复位指令才可以使 Q 端重新为 0。如果不接 I0.0 的话,当第一次两节皮带均按控制要求启停后,T1 的 Q 端会一直为 1,也就是使 Q4.0

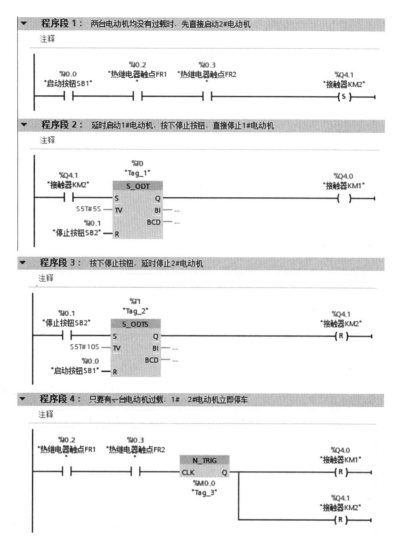

图 6-45　传送带顺序启停控制程序一

复位一直生效,那么,下一次传送带将启动不了。也就是说,如果 T1 复位输入端 R 不接 I0.0 的话,传送带只能在 PLC 启动之后成功运行一次完整的启停操作,之后,再按下启动按钮 SB₁,传送带将启动不了,所以定时器 T1 的 R 端必须接 I0.0。

也可以应用两个接通延时定时器来设计程序,如图 6-46 给出了用两个接通延时定时器设计的程序,程序中定时器使用了线圈格式。

【例 6-9】　运料小车自动来回往返控制。

控制要求:图 6-47 所示为自动运料小车示意图。小车在最左端起始装料位置装有限位行程开关 SQ₁,在最右端的卸料位置装有限位行程开关 SQ₂,小车停止在起始位置装料,装料完成,操作人员按下右行启动按钮 SB₁,小车启动右行,当右行到卸料位时撞击行程开关 SQ₂ 后,小车自动停止,延时 15 s 用于卸货,15 s 延时到,小车自动返回,返回到装料位置时,撞击行程开关 SQ₁,小车自动停止在装料位,自动延时 30 s 用于装料,30 s 延时到,小车自动右行启动,……如此不断往复,直到操作人员随时按下停止按钮 SB₃,小车停止。为方便操作人员,另设左行启动按钮 SB₂,如果小车

图 6-46　传送带顺序启停控制程序二

图 6-47　自动运料小车示意图

处于停止状态时，按下左行 SB_2，小车左行启动。小车的运动由一台三相异步电动机拖动，要求对电动机设有短路、过载及失压保护。小车在任意位置停车。根据上述小车控制要求设计出电动机主电路、PLC 的 I/O 分配表、PLC 的 I/O 接线图及控制程序。

根据配置的输入输出器件，首先列出各器件的地址分配表如表 6-17 所示。

表 6-17　运料小车自动往返控制 I/O 地址分配表

I/O 器件名称		分配地址	说　　明
数字量输入	右行按钮 SB₁	I0.0	常开按钮
	左行按钮 SB₂	I0.1	常开按钮
	停车按钮 SB₃	I0.2	常开按钮
	左侧行程开关 SQ₁	I0.3	常开触点
	右侧行程开关 SQ₂	I0.4	常开触点
	热继电器触点 FR	I0.5	常闭触点，Motor 过载保护
数字量输出	接触器 KM₁	Q4.0	正转接触器（右行）
	接触器 KM₂	Q4.1	反转接触器（左行）

根据地址分配表,绘制出电动机控制的主回路和 PLC 的 I/O 端子接线图如图 6-48 所示。

（a）主电路　　　　　　　　　（b）PLC的I/O接线图

图 6-48 运料小车自动往返控制硬件接线图

根据分配好的 I/O 地址和控制要求,编写控制程序如图 6-49 所示。注意:M0.0 的使用可以实现任意位置停车的目的。

图 6-49 运料小车自动往返控制程序

续图 6-49

6.5 计数器指令

6.5.1 计数器基本知识

1. 计数器的存储器区

S7-300 CPU 为计数器保留了一片计数器存储区,每一个计数器有一个 16 位的字和一个二进制的计数位。计数器字用来存储它的当前计数值,计数器位用来存储计数器的输出状态(与其常开触点状态相同)。不同 CPU 模块可供使用的计数器数目不同,最多可以允许使用 128(CPU 312)～2048(CPU 319-3PN/DP)个。

2. 计数器的功能

计数器用于对计数器指令前面(计数输入前)的逻辑操作结果 RLO 的正跳沿(上跳沿)计数。计数器的计数输入端有正跳沿时,计数器的计数值从预置的初始值开始计数(增加或减少)。每一个计数器的计数范围为 0～999,当计数值达到上限 999 时,即使 RLO 仍有正跳沿,计数值保持为 999 不再增加。反之,当计数值达到下限 0 时,即使 RLO 仍有正跳沿,计数值保持为 0 不再减少。只要计数器的计数值不为 0,计数器的位输出为 **1**,只有计数值为 0,其位输出才为 **0**。

3. 计数器初始值(预置值)的设定

在对计数器设置预置值时,累加器 1 低位(第 0～11 位)的内容(预置值)作为计数器的初始值被装入计数器的字存储器中,计数器的计数值是在初始值的基础上增加或减少的。计数器的计数值的数据格式如图 6-50 所示。计数器字的 0～11 位为计数值的 BCD 码。图中所示的计数值为 136。用格式 C♯136 表示 BCD 码的常数值 136。

图 6-50   计数器计数值的数据格式

4. 计数器种类

加计数器:加计数端每来一个正跳沿,计数值加 1,计数值加到 999,计数器停止计数,计数值保持为 999。

减计数器:减计数端每来一个正跳沿,计数值减 1,计数值减到 0,计数器停止计数,计数值保持为 0。

加/减计数器:有加减两个计数输入端,加计数输入每来一个正跳沿,计数值加 1,减计数端每来一个正跳沿,计数值减 1,加、减计数输入端同时有正跳沿,不计数,计数值保持当前值。

6.5.2   计数器指令

与定时器一样,计数器在梯形图中也有两种格式:线圈格式和指令框格式。同样,计数器也可以用语句表格式编程。

1. 计数器指令内容

1)线圈格式的计数器指令

线圈格式的计数器指令如表 6-18 所示。

表 6-18   线圈格式的计数器指令

功　　能	指　令　格　式	说　　　明	操　作　数
设定计数值	"C no." —（SC）— "预置值"	SC 线圈前有上跳沿时,将预置值装入计数器 C no.	C no.：no. 为计数器编号,从 0 起,如 C0,C1……； 预置值:字型存储器(如 MW0)或 BCD 码常数(如 C♯23)
加计数线圈	"C no." —（CU）—	CU 线圈前有上跳沿时,计数器 C no. 的计数值加 1	
减计数线圈	"C no." —（CD）—	CD 线圈前有上跳沿时,计数器 C no. 的计数值减 1	

2)指令框格式的计数器指令

指令框格式的计数器指令如表 6-19 所示。

3)语句表格式的计数器指令

语句表格式的计数器指令如表 6-20 所示。

表 6-19　指令框格式的计数器指令

加 计 数 器	减 计 数 器	加/减计数器

（指令框图略）

操 作 数	数据类型	说　　明
C no.	Counter	计数器编号
CU	Bool	加计数输入端,有效信号为上跳沿
CD	Bool	减计数输入端,有效信号为上跳沿
S	Bool	计数器预置控制输入端,有效信号为上跳沿
PV	Word	计数器的预置(初始值)输入端,可以用字形存储器或 BCD 码常数
R	Bool	计数器复位端,有效信号为逻辑 **1**,当计数器被复位时,其计数值清零,位输出也为逻辑 **0**
Q	Bool	计数器的位输出,只要当前计数值不为 0,Q 端输出逻辑 **1**,只有计数器当前计数值为 0,Q 端才输出逻辑 **0**
CV	Word	当前计数值输出(整数格式)
CV_BCD	Word	当前计数值输出(BCD 码格式)

表 6-20　语句表格式的计数器指令

指 令 功 能	指 令 格 式	说　　明
将计数器的预置值装入计数器	SC 计数器号(如 C1)	当 RLO 由 **0** 跳变到 **1** 时,将累加器 1 的低字装入计数器
加计数	CU 计数器号(如 C1)	当 RLO 由 **0** 跳变到 **1** 时,如果当前计数值小于 999,当前计数值加 1
减计数	CD 计数器号(如 C1)	当 RLO 由 **0** 跳变到 **1** 时,如果当前计数值大于 0,当前计数值减 1

2. 计数器的工作过程

以可逆的加减计数器为例(加计数器和减计数器类同),在 S 信号的上升沿,PV 值被装入计数器中,当前计数值为 PV 值。在 CU 信号的上升沿,如果当前计数值小于 999,计数值加 1,如果当前计数值等于 999,则不进行计数操作。在 CD 信号的上升沿,如果当前计数值大于 0,则计数值减 1,如果当前计数值等于 0,则不进行计数操作。如果 CU 和 CD 两个计数端同时有上升沿出现,则计数值保持不变。只要计数值不为 0,计数器输出 Q 即为 **1**,任何时刻,当复位输入端 R 有逻辑 **1** 信号时,计数器被复位,计数值清零,计数器输出 Q 变为 **0**。其时序逻辑如图 6-51 所示。

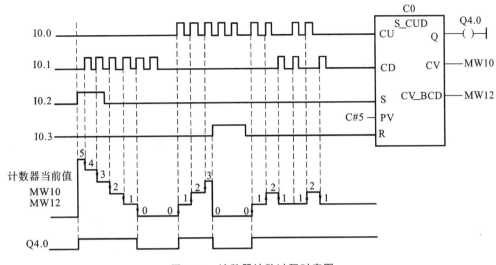

图 6-51 计数器计数过程时序图

6.5.3 计数器应用举例

【例 6-10】 会展中心人数统计。

控制要求:某会展中心可以容纳 900 人
同时参观,在会展中心的入口和出口分别装
一个光电检测器,当有人经过检测器时,检测
器发出一个脉冲信号,并在门口装设指示灯,
当会展中心人数不足 900 人时,绿指示灯亮,
表示允许参观者继续进入;当会展中心人数
达到 900 人时,红指示灯亮,表示不允许参观
者再进入。其示意图如图 6-52 所示。

图 6-52 会展中心人数统计示意图

【分析】 根据控制要求,知识需要 3 个输入,即启动按钮、检
测器 A、检测器 B;2 个输出,即红灯、绿灯。会展中心人数的动态
变化可以用计数器来统计。

根据控制要求,列出 PLC 的 I/O 地址分配表如表 6-21 所示。

表 6-21 PLC 的 I/O 地址分配表

输入输出器件		PLC 的 I/O 地址	说　　明
名称	符号		
启动开关	SA	I0.0	接通表示启动,断开表示停止
光电检测器 A	SP_1	I0.1	没有人经过时,检测器断开,当有人经过时接通
光电检测器 B	SP_2	I0.2	没有人经过时,检测器断开,当有人经过时接通
绿指示灯	HL_1	Q4.0	PLC 输出 1 时点亮
红指示灯	HL_2	Q4.1	PLC 输出 1 时点亮

根据地址分配表,绘制 PLC 的 I/O 接线图如图 6-53 所示。

根据控制要求与 I/O 分配,编制会展中心人数统计控制程序如图 6-54 所示。

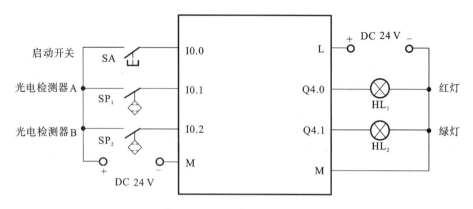

图 6-53　PLC 的 I/O 接线图

图 6-54　会展中心人数统计控制程序

需要注意的是：

(1) 根据控制要求，启动开关接通时表示计数开始，所以计数器的复位端 R 应该接启动开关地址 I0.0 的常闭点。

(2) 计数器的 S 端和 PV 端必须联合使用，由于本例中不需给计数器赋初始值（因为计数器启动开关转到断开位置时，停止计数，同时计数器被复位，复位时计数值为 0，当启动开关接通开始计数时，计数值从 0 开始计起，相当于赋了计数初始值为 0），所以这两个输入端可以不必输入。

【例 6-11】　计数器扩展举例。

控制要求：单个计数器的最大计数值是 999，如果我们要计数的范围超过 999，那么用单个计数器就无法实现了。下面举例说明应用计数器级联实现计数器的扩展的方法。

其思路类似于我们通常应用的二进制、八进制、十进制、十六进制中使用的计数方法：当低一数量级的位计数满后，该位清零，同时向高一数量级的位进 1。

如图 6-55 的程序所示，应用两个计数器可以实现 999^2 的计数。同理如果有 n 个计数器，可以实现最大 999^n 的计数。这样我们可以实现任何范围的计数。

图 6-55　两个计数器级联实现计数器扩展程序

【例 6-12】　用计数器扩展定时器的定时范围举例。

控制要求：前面我们举例说明了通过定时器级联实现定时器定时范围的扩展，但定时器级联实现的定时范围仍然比较有限。当定时范围需要继续增大时，用定时器级联的方法实现起来不仅困难，程序会很冗长，而且占用大量的定时器。下面举例说明用计数器扩展的思路来实现定时范围的扩展。

【思路】　首先用定时器产生连续的脉冲，然后用计数器来统计脉冲的个数，从而实现定时范围的扩展。如图 6-56 所示是用两个定时器产生连续脉冲信号，用 2 个计数器级联来实现对脉冲的统计。

在图 6-56 所示程序中，定时器 T0、T1 产生周期为 4 h 的脉冲。计数器 C0、C1 级联实现对脉冲周期的计数。定时器 T0 每 4 h 产生一个下跳沿，由例 6-10 已知，计数器

图 6-56 应用计数器实现定时范围的扩展

C0、C1 级联最大可计数 999^2。我们可以计算出,从启动信号 I0.0 接通到计数器 C1 计数满 999 时,共延时:$999^2 \times 4$ h$=3992004$ h,折合如下。

$$3992004 \text{ h} \div 24 \Rightarrow 166333.5 \text{ day} \div 365 \Rightarrow 455 \text{ Year}$$

由此可以推知,我们不仅可以实现任何范围的计数,而且可以实现任何范围的定时。

6.6 数据处理和运算指令

数据处理包括数据的装入与传送、数据类型的转换、数据的比较、数据的移位,与之相对应的,数据处理指令包括移动操作指令、转换操作指令、比较操作指令、移位和循环指令。数据运算指令包括数学函数指令、字逻辑运算指令。

6.6.1　移动操作指令

1. 移动操作指令的格式与功能

移动操作指令有移动值、移动块和填充块等。最基本的移动值指令用于数据的装入与传送，主要用于处理字节、字、双字型数据在各存储区之间交换数据的问题。这些数据在存储区之间进行交换时，并不是直接进行的，而是通过累加器进行的。累加器是 CPU 中的一种专用寄存器，可以看作是"缓冲器"。S7-300 CPU 中有两个累加器：累加器 1（ACCU1）和累加器 2（ACCU2），每个累加器均是 32 位。

1）语句表格式

装入指令格式：L　操作数

传送指令格式：T　操作数

CPU 每次扫描装入指令与传送指令时，都是无条件地执行这些指令，指令的执行不受逻辑操作结果 RLO 的影响。

执行装入指令时进行如下操作：将指令中给出的源操作数装入累加器 1，而累加器 1 原有的数据移入累加器 2，累加器 2 中的原有数据被覆盖。

执行传送指令时进行如下操作：将累加器 1 中的内容写入指令给出的目的存储区中，累加器 1 的内容不变。

装入与传送指令可以对字节、字、双字数据进行操作。位数不足 32 位时，右对齐，其余各位填 0。

2）梯形图格式

在梯形图中没有独立的装入或传送指令，而是把这两条指令合起来，用一个 MOVE 指令框来实现。MOVE 指令框的输入端 IN 接源操作数，输出端 OUT 接目标存储区。如图 6-57 所示。

图 6-57　MOVE 指令框

MOVE 指令的执行受输入使能端 EN 的控制，即：当 EN 端信号为 1 时，执行 MOVE 指令，否则，不执行；如果执行无误，则使能输出 ENO 为 1。图中当 MOVE 指令执行时，将 MW2 的内容传送至 MW4（转换成语句表其实还是 L MW2；T　MW4 两条语句）。

2. 装入定时器剩余时间值和计数器当前计数值

(1) 定时器的剩余时间可以通过装入指令读出，分别如下。

  L　Tno   //将定时器 Tno（代表定时器编号如 T1）的二进制格式的当前剩余时间值（不包含时基）装入累加器 1 的低字。

  LC　Tno //将定时器 Tno 的 BCD 码格式的当前剩余时间值（包含时基）装入累加器 1 的低字。

（2）计数器的当前计数值也可通过上述方式读出，分别如下。

L   Cno   //将计数器 Cno（代表计数器编号如 C1）的二进制格式的当前计数值装入累加器 1 的低字。

LC Cno   //将计数器 Cno 的 BCD 码格式的当前计数值装入累加器 1 的低字。

3. 对地址寄存器的装入和传送指令

在 S7-300 中，有两个地址寄存器 AR1 和 AR2，对于地址寄存器可以不经过累加器 1，直接将操作数装入地址寄存器，或从地址寄存器中把数据传送出来。涉及的指令如表 6-22 所示。

表 6-22   对地址寄存器的装入和传送指令

指 令 格 式	指 令 说 明	举 例
LAR1 操作数	将操作数装入 AR1，操作数可以是立即数、存储区或 AR2，如果在指令中没有给出操作数，则将累加器 1 中的内容装入 AR1	LAR1 P♯20.0 LAR1 %DBD20 LAR1 AR2 LAR1
LAR2 操作数	将操作数装入 AR2，操作数可以是立即数或存储区，如果在指令中没有给出操作数，则将累加器 1 中的内容装入 AR2	LAR2 P♯M20.0 LAR2 %DBD20 LAR2
TAR1 操作数	将 AR1 的内容传送至操作数给出的存储区或 AR2。如果在指令中没有给出操作数，则直接将 AR1 的内容传送至累加器 1	TAR1 TAR1 AR2 TAR1 %DBD20
TAR2 操作数	将 AR2 的内容传送至操作数给出的存储区。如果在指令中没有给出操作数，则直接将 AR2 的内容传送至累加器 1	TAR2 TAR2 %DBD20
CAR	交换 AR1 和 AR2 的内容	CAR

6.6.2 转换操作指令

转换操作指令是将操作数 1 进行数据类型转换，转换的结果仍然存放在操作数 2 中。

TIA Portal 中的转换指令有七种：①CONVERT（转换值指令）；②ROUND（取整指令）；③CEIL（浮点数向上取整指令）；④FLOOR（浮点数向下取整指令）；⑤TRUNC（截尾取整指令）；⑥SCALE（缩放指令）；⑦UNSCALE（取消缩放指令）。

这七种转换指令参数的数据类型、存储区、说明如表 6-23 所示。

表 6-23   转换操作指令参数表

指 令	参 数	声 明	数 据 类 型	存 储 区	说 明
CONVERT	EN	Input	BOOL	I、Q、M、D、L	使能输入
	ENO	Output	BOOL	I、Q、M、D、L	使能输出
	IN	Input	整数、浮点数、BCD16、BCD32	I、Q、M、D、L、P 或常数	要转换的值
	OUT	Output	整数、浮点数、BCD16、BCD32	I、Q、M、D、L、P	转换结果

续表

指　令	参　数	声　明	数据类型	存　储　区	说　明
ROUND	EN	Input	BOOL	I、Q、M、D、L	使能输入
	ENO	Output	BOOL	I、Q、M、D、L	使能输出
	IN	Input	REAL	I、Q、M、D、L、P 或常数	取整的输入值
	OUT	Output	DINT	I、Q、M、D、L、P	取整的结果
CEIL	EN	Input	BOOL	I、Q、M、D、L	使能输入
	ENO	Output	BOOL	I、Q、M、D、L	使能输出
	IN	Input	浮点数	I、Q、M、D、L、P 或常数	输入值
	OUT	Output	整数、浮点数	I、Q、M、D、L、P	结果位相邻的较大数
FLOOR	EN	Input	BOOL	I、Q、M、D、L	使能输入
	ENO	Output	BOOL	I、Q、M、D、L	使能输出
	IN	Input	浮点数	I、Q、M、D、L、P 或常数	输入值
	OUT	Output	整数、浮点数	I、Q、M、D、L、P	结果位相邻的较大数
TRUNC	EN	Input	BOOL	I、Q、M、D、L	使能输入
	ENO	Output	BOOL	I、Q、M、D、L	使能输出
	IN	Input	浮点数	I、Q、M、D、L、P 或常数	输入值
	OUT	Output	整数、浮点数	I、Q、M、D、L、P	输入值的整数部分
SCALE	EN	Input	BOOL	I、Q、M、D、L	使能输入
	ENO	Output	BOOL	I、Q、M、D、L	使能输出
	IN	Input	INT	I、Q、M、D、L、P 或常数	待缩放的输入值
	HI_LIM	Input	REAL	I、Q、M、D、L、P 或常数	上限
	LO_LIM	Input	REAL	I、Q、M、D、L、P 或常数	下限
	BIPOLAR	Input	BOOL	I、Q、M、D、L 或常数	指示参数 IN 的值将解释位单极性或者双极性,该参数可采用以下值:1 为双极性,0 为单极性
	OUT	Output	REAL	I、Q、M、D、L、P	指令的结果
	RET_VAL	Output	WORD	I、Q、M、D、L、P	错误信息

续表

指　令	参　数	声　明	数据类型	存　储　区	说　明
UNSCALE	EN	Input	BOOL	I、Q、M、D、L	使能输入
	ENO	Input	BOOL	I、Q、M、D、L	使能输出
	IN	Input	INT	I、Q、M、D、L、P 或常数	待取消缩放并转换为整数的输入值
	HI_LIM	Input	REAL	I、Q、M、D、L、P 或常数	上限
	LO_LIM	Input	REAL	I、Q、M、D、L、P 或常数	下限
	BIPOLAR	Input	BOOL	I、Q、M、D、L、P 或常数	指示参数 IN 的值将解释位单极性或者双极性，该参数可采用以下值：**1** 为双极性，**0** 为单极性
	OUT	Output	REAL	I、Q、M、D、L、P	指令的结果
	RET_VAL	Output	WORD	I、Q、M、D、L、P	错误信息

1. BCD 码和整数、双整数的互转

BCD 码与整数、双整数之间转换的指令如表 6-24 所示。

表 6-24　BCD 码与整数、双整数之间转换的指令

STL 指令	LAD 指令框及功能说明	功能说明
BTI		将类型为 3 位 BCD 码的"Input_Bcd16"转换为类型为 16 位整数的"Output_Int"
BTD		将类型为 7 位 BCD 码的"Input_Bcd32"转换为类型为 32 位整数的"Output_Dint"
ITB		将类型为 16 位整数的"Input_Int"转换为类型为 3 位 BCD 码的"Output_Bcd16"
DTB		将类型为 32 位整数的"Input_Dint"转换为类型为 7 位 BCD 码的"Output_Bcd32"

表 6-24 中,如果"Tag_In"的信号状态为 **1**,则发生数据类型的转换和存储。如果转换指令执行无错误,则输出"Tag_Out"置位为 **1**。

在执行 BCD 码转换为整数或双整数时,如果 BCD 码的某位出现无效数据(如 2#1010~2#1111,对应十进制数 10~15),将不能进行正确转换,并导致出现"BCDF"错误,此时系统的正常运行顺序被终止,将出现下列事件之一:

① CPU 进入 STOP 状态,"BCD 转换错误信息"写入诊断缓冲区;

② 调用组织块 OB121(OB121 已经编程,用户可以在 OB121 中编写错误响应程序)。

由于 3 位 BCD 码的有效数据范围是 $-999 \sim +999$,而 16 位整数的有效范围是 $-32767 \sim +32767$,所以不是所有整数都可以转换为 BCD 码的,当被转换的整数超出了 BCD 码的范围时,在累加器 1 中将得不到正确的转换结果,同时状态字的溢出位 OV 和溢出保持位 OS 被置 1。在程序中,用户可以根据 OV 和 OS 位的状态判断转换结果是否正确,以避免产生进一步的运算错误。

2. 整数转换为双整数

整数转换为双整数的指令格式如表 6-25 所示。

表 6-25   整数转换为双整数指令

STL 指令	LAD 指令框	功能说明
ITD	CONV Int to Dint "Tag_In"——EN ENO——"Tag_Out" "Input_Int"——IN OUT——"Output_Dint"	将类型为 16 位整数的"Input_Int"转换为类型为 32 位整数的"Output_Dint"

3. 双整数与实数之间的转换

双整数与实数之间的转换指令如表 6-26 所示。

表 6-26   双整数与实数之间的转换指令

STL 指令	LAD 指令框	功能说明
DTR	CONV Dint to Real "Tag_In"——EN ENO——"Tag_Out" "Input_Dint"——IN OUT——"Output_Real"	将类型为 32 位整数的"Input_Dint"转换为类型为 32 位浮点数的数据"Output_Real"
RND	ROUND Real to Dint "Tag_In"——EN ENO——"Tag_Out" "Input_Real"——IN OUT——"Output_Dint"	将类型为 32 位浮点数的"Input_Real"转换为最接近的 32 位双整数,即四舍五入,结果放在"Output_Dint"中。如果小数部分是 5,则选择偶数结果,如 102.5 转换为 102,103.5 转换为 104
RND+	CEIL Real to Dint "Tag_In"——EN ENO——"Tag_Out" "Input_Real"——IN OUT——"Output_Dint"	将类型为 32 位浮点数的"Input_Real"转换为大于或等于该实数的最小双整数

续表

STL 指令	LAD 指令框	功能说明
RND－	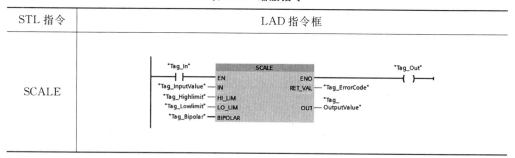	将类型为 32 位浮点数的"Input_Real"转换为小于或等于该实数的最大双整数
TRUNC		将类型为 32 位浮点数的"Input_Real"截去小数部分得到双整数

4. 缩放指令

缩放指令如表 6-27 所示。

表 6-27 缩放指令

STL 指令	LAD 指令框
SCALE	

缩放指令的语句表为：

```
1        A      "Tag_Bipolar"
2        =      %L20.0
3        BLD    103
4        A      "TagIn"
5        JNB    Label_0
6        CALL   SCALE
7            IN      :="Tag_InputValue"
8            HI_LIM  :="Tag_Highlimit"
9            LO_LIM  :="Tag_Lowlimit"
10           BIPOLAR :=%L20.0
11           RET_VAL :="Tag_OutputValue"
12           OUT     :="Tag_ErrorCode"
13 Label_0 : A BR
14       =      "TagOut"
```

（1）功能说明：缩放指令可以将数据类型为整数的"Tag_InputValue"转换为浮点数，并将转换后的浮点数在介于上下限之间的物理单位内进行缩放。"Tag_Highlimit"为上限，"Tag_Lowlimit"为下限，指令结果从 OUT 口输出。缩放公式为：

$$OUT = [((FLOAT(IN) - K1)/(K2 - K1)) * (HI\_LIM - LO\_LIM)] + LO\_LIM$$

（2）K1、K2 值的确定：公式中 K1、K2 的值由参数"Tag_Bipolar"决定。

● Tag_Bipolar＝**1**：此时"Tag_InputValue"的值为双极性且取值范围为－27648～27648。这种情况下，K1＝－27648.0，K2＝＋27648.0。

● Tag_Bipolar=**0**:此时"Tag_InputValue"的值为单极性且取值范围为 0～27648。这种情况下,K1=0.0,K2=+27648.0。

(3) 错误信息的输出:错误信息在 RET_VAL 端口输出。

● 如果 Tag_InputValue>K2,则指令输出结果为上限值"Tag_Highlimit"的值,RET_VAL 端口输出错误代码 0008。

● 如果 Tag_InputValue<K1,则指令输出结果为下限值"Tag_Lowlimit"的值,RET_VAL 端口输出错误代码 0008。

● 无错误时,RET_VAL 端口输出的代码是 0000。当 Tag_Lowlimit>Tag_Highlimit 时,会对指令输入值进行反向缩放。

5. 取消缩放指令

取消缩放指令如表 6-28 所示。

表 6-28　取消缩放指令

STL 指令	LAD 指令框
UNSCALE	

(1) 功能说明:取消缩放指令可以取消在上限和下限之间以物理单位为增量对参数 IN 中的浮点数进行的缩放,并将其转换为整数。"Tag_Highlimit"为上限,"Tag_Lowlimit"为下限,指令结果从 OUT 口输出。取消缩放公式为:

$$OUT=[((IN-LO\_LIM)/(HI\_LIM-LO\_LIM))*(K2-K1)]+K1$$

(2) K1、K2 值的确定:公式中 K1、K2 的值由参数"Tag_Bipolar"决定。

● Tag_Bipolar=**1**:此时"Tag_InputValue"的值为双极性且取值范围为-27648～27648。这种情况下,K1=-27648.0,K2=+27648.0。

● Tag_Bipolar=**0**:此时"Tag_InputValue"的值为单极性且取值范围为 0～27648。这种情况下,K1=0.0,K2=+27648.0。

(3) 错误信息的输出:错误信息在 RET_VAL 端口输出。

如果 Tag_InputValue 超出上下限,则指令输出结果为最接近的限值,RET_VAL 端口输出错误代码 0008。当 Tag_Lowlimit>Tag_Highlimit 时,会对指令输入值进行反向缩放。

6.6.3　比较操作指令

比较操作指令用于比较操作数 1 和操作数 2 的大小,被比较的两个数据的数据类型应该相同。数据类型可以是整数、双整数或实数。如果比较的条件满足,则 RLO 为 **1**,否则为 **0**。状态字中 CC0 和 CC1 位的组合可以表示两个数的大于、小于和等于关系。

TIA Portal 中的比较指令有六种:① CMP=(等于);② CMP<>(不等于);③ CMP>=(大于等于);④ CMP<=(小于等于);⑤ CMP>(大于);⑥ CMP<(小于)。

这六种比较指令参数的数据类型、存储区、说明如表 6-29 所示。

表 6-29　比较操作指令参数表

指　令	参　数	声　明	数 据 类 型	存　储　区	说　明
CMP=	〈操作数 1〉	Input	位字符串、整数、浮点数	I、Q、M、D、L、P 或常量	第一个比较值
	〈操作数 2〉	Intput	位字符串、整数、浮点数	I、Q、M、D、L、P 或常量	要比较的第二个值
CMP<>	〈操作数 1〉	Input	位字符串、整数、浮点数	I、Q、M、D、L、P 或常量	第一个比较值
	〈操作数 2〉	Intput	位字符串、整数、浮点数	I、Q、M、D、L、P 或常量	要比较的第二个值
CMP>=	〈操作数 1〉	Input	整数、浮点数	I、Q、M、D、L、P 或常量	第一个比较值
	〈操作数 2〉	Intput	整数、浮点数	I、Q、M、D、L、P 或常量	要比较的第二个值
CMP<=	〈操作数 1〉	Input	整数、浮点数	I、Q、M、D、L、P 或常量	第一个比较值
	〈操作数 2〉	Intput	整数、浮点数	I、Q、M、D、L、P 或常量	要比较的第二个值
CMP>	〈操作数 1〉	Input	整数、浮点数	I、Q、M、D、L、P 或常量	第一个比较值
	〈操作数 2〉	Intput	整数、浮点数	I、Q、M、D、L、P 或常量	要比较的第二个值
CMP<	〈操作数 1〉	Input	整数、浮点数	I、Q、M、D、L、P 或常量	第一个比较值
	〈操作数 2〉	Intput	整数、浮点数	I、Q、M、D、L、P 或常量	要比较的第二个值

1. 整数比较指令

整数比较指令如表 6-30 所示。

表 6-30　整数比较指令

STL 指令	LAD 指令框	功 能 说 明
==I	"操作数1" ┤ == ├ Int "操作数2"	判断操作数 1 是否等于操作数 2
<>I	"操作数1" ┤ <> ├ Int "操作数2"	判断操作数 1 是否不等于操作数 2

续表

STL 指令	LAD 指令框	功 能 说 明
>I	"操作数1" ─┤ > ├─ Int "操作数2"	判断操作数 1 是否大于操作数 2
<I	"操作数1" ─┤ < ├─ Int "操作数2"	判断操作数 1 是否小于操作数 2
>=I	"操作数1" ─┤ >= ├─ Int "操作数2"	判断操作数 1 是否大于等于操作数 2
<=I	"操作数1" ─┤ <= ├─ Int "操作数2"	判断操作数 1 是否小于等于操作数 2

2. 双整数比较指令

双整数比较指令如表 6-31 所示。

表 6-31　双整数比较指令

STL 指令	LAD 指令框	功 能 说 明
==D	"操作数1" ─┤ == ├─ DInt "操作数2"	判断操作数 1 是否等于操作数 2
<>D	"操作数1" ─┤ <> ├─ DInt "操作数2"	判断操作数 1 是否不等于操作数 2
>D	"操作数1" ─┤ > ├─ DInt "操作数2"	判断操作数 1 是否大于操作数 2
<D	"操作数1" ─┤ < ├─ DInt "操作数2"	判断操作数 1 是否小于操作数 2
>=D	"操作数1" ─┤ >= ├─ DInt "操作数2"	判断操作数 1 是否大于等于操作数 2

STL 指令	LAD 指令框	功 能 说 明
<=D	"操作数1" —| <= Dint |— "操作数2"	判断操作数 1 是否小于等于操作数 2

3. 实数比较指令

实数比较指令如表 6-32 所示。

表 6-32　实数比较指令

STL 指令	LAD 指令框	功 能 说 明
==R	"操作数1" —| == Real |— "操作数2"	判断操作数 1 是否等于操作数 2
<>R	"操作数1" —| <> Real |— "操作数2"	判断操作数 1 是否不等于操作数 2
>R	"操作数1" —| > Real |— "操作数2"	判断操作数 1 是否大于操作数 2
<R	"操作数1" —| < Real |— "操作数2"	判断操作数 1 是否小于操作数 2
>=R	"操作数1" —| >= Real |— "操作数2"	判断操作数 1 是否大于等于操作数 2
<=R	"操作数1" —| <= Real |— "操作数2"	判断操作数 1 是否小于等于操作数 2

【例 6-13】　简单压力控制。

控制要求：当压力达到 10 MPa 时,启动气泵(Q4.0)工作,当压力低于 5 MPa 时,启动压缩机(Q4.1)工作,压力检测值存放于 MD0 中。

控制程序如图 6-58 所示。

图 6-58　简单压力控制程序

6.6.4　移位和循环移位指令

1. 移位指令

在 PLC 的应用中经常要用到移位指令。移位指令就是指将累加器 1 中的数据或累加器 1 低字中的数据逐位左移或逐位右移。STEP 7 中的移位指令有：有符号数（整数/双整数）右移指令，无符号数（字/双字）左右移指令。

无符号数移位后空出来的位填 0；有符号数右移后空出来的位填与符号位对应的二进制数（正数的符号位为 0，负数的符号位为 1），最后移出的位被装入状态字的 CC1 位。

移位的位数可以用如下两种方法指定：

（1）直接在指令中给出；

（2）指令中没有给出，移位位数存放于累加器 2 的最低字节中。

上述两种情况无论哪种，如果移位位数为 0，则移位指令被当作 NOP（空操作）指令来处理（即不移位）。

TIA Portal 移位和循环指令有四种：① SHR（右移指令）；② SHL（左移指令）；③ ROR（循环右移指令）；④ ROL（循环左移指令）。

这四种指令参数的数据类型、存储区、说明如表 6-33 所示。

表 6-33　移位和循环移位指令参数表

指　　令	参　　数	声　　明	数据类型	存　储　区	说　　明
SHR	EN	Input	BOOL	I、Q、M、D、L	使能输入
	ENO	Output	BOOL	I、Q、M、D、L	使能输出
	IN	Input	BYTE、WORD、DWORD、INT、DINT	I、Q、M、D、L、P 或常量	要移位的值
	N	Input	BYTE、WORD、INT	I、Q、M、D、L、P 或常量	对要移位的值进行移位的位数
	OUT	Output	BYTE、WORD、DWORD、INT、DINT	I、Q、M、D、L	指令的结果

续表

指 令	参 数	声 明	数据类型	存 储 区	说 明
SHL	EN	Input	BOOL	I、Q、M、D、L	使能输入
	ENO	Output	BOOL	I、Q、M、D、L	使能输出
	IN	Input	BYTE、WORD、DWORD、INT、DINT	I、Q、M、D、L、P 或常量	要移位的值
	N	Input	BYTE、WORD、INT	I、Q、M、D、L、P 或常量	对要移位的值进行移位的位数
	OUT	Output	BYTE、WORD、DWORD、INT、DINT	I、Q、M、D、L	指令的结果
ROR	EN	Input	BOOL	I、Q、M、D、L	使能输入
	ENO	Output	BOOL	I、Q、M、D、L	使能输出
	IN	Input	BYTE、WORD、DWORD、DINT	I、Q、M、D、L、P 或常数	要循环移位的值
	N	Input	BYTE、WORD、INT	I、Q、M、D、L、P 或常数	对要循环的值循环移动的位数
	OUT	Output	BYTE、WORD、DWORD、DINT	I、Q、M、D、L	指令的结果
ROL	EN	Input	BOOL	I、Q、M、D、L	使能输入
	ENO	Output	BOOL	I、Q、M、D、L	使能输出
	IN	Input	BYTE、WORD、DWORD、DINT	I、Q、M、D、L、P 或常数	要循环移位的值
	N	Input	BYTE、WORD、INT	I、Q、M、D、L、P 或常数	对要循环的值循环移动的位数
	OUT	Output	BYTE、WORD、DWORD、DINT	I、Q、M、D、L	指令的结果

移位指令具体功能如表 6-34 所示。

移位位数 N 存储在"Tag_Number"中。

表 6-34 移位指令

STL 指令	LAD 指令框	功 能 说 明
SSI 位数		有符号整数右移：当 EN 为 **1** 时，将"TagIn_Value"中的整数向右逐位移动 N 位后，结果输出到"TagOut_Value"。右移后空出的位补符号位

续表

STL 指令	LAD 指令框	功 能 说 明
SSD 位数	SHR Dint，"Tag_In"、EN ENO、"TagIn_Value" IN OUT "TagOut_Value"、"Tag_Number" N、"Tag_Out"(S)	有符号双整数右移：当 EN 为 1 时，将"TagIn_Value"中的字型数据向右逐位移动 N 位后，结果输出到"TagOut_Value"。右移后空出的位补符号位
SLW 位数	SHL Word，"Tag_In"、EN ENO、"TagIn_Value" IN OUT "TagOut_Value"、"Tag_Number" N、"Tag_Out"(S)	无符号字型数据左移：当 EN 为 1 时，将"TagIn_Value"中的字型数据向左逐位移动 N 位后，结果输出到"TagOut_Value"。左移后空出的位补 0
SRW 位数	SHR Word，"Tag_In"、EN ENO、"TagIn_Value" IN OUT "TagOut_Value"、"Tag_Number" N、"Tag_Out"(S)	无符号字型数据右移：当 EN 为 1 时，将"TagIn_Value"中的字型数据向右逐位移动 N 位后，结果输出到"TagOut_Value"。右移后空出的位补 0
SLD 位数	SHL Word，"Tag_In"、EN ENO、"TagIn_Value" IN OUT "TagOut_Value"、"Tag_Number" N、"Tag_Out"(S)	无符号双字型数据左移：当 EN 为 1 时，将"TagIn_Value"中的字型数据向左逐位移动 N 位后，结果输出到"TagOut_Value"。左移后空出的位补 0
SRD 位数	SHR DWord，"Tag_In"、EN ENO、"TagIn_Value" IN OUT "TagOut_Value"、"Tag_Number" N、"Tag_Out"(S)	无符号双字型数据右移：当 EN 为 1 时，将"TagIn_Value"中的字型数据向右逐位移动 N 位后结果输出到"TagOut_Value"。右移后空出的位补 0

【例 6-14】 有符号整数右移。

(1) 将整数＋5 右移 2 位,移动前后数据如图 6-59(a)所示。

(a) 整数＋5右移2位结果

(b) 整数－5右移2位结果

图 6-59 整数右移指令举例

(2) 将整数 −5 右移 2 位，移动前后数据如图 6-59(b)所示。

需要注意的是，图 6-59 中 −5 在计算机中是按 5 的补码来存储的。

【例 6-15】 无符号数的移位过程。

(1) 将无符号数 W♯16♯1234，右移 4 位，移动前后数据如图 6-60(a)所示。

(2) 将无符号数 W♯16♯1234，左移 4 位，移动前后数据如图 6-60(b)所示。

(a) 无符号数 W♯16♯1234 右移 4 位结果

(b) 无符号数 W♯16♯1234 左移 4 位结果

图 6-60　无符号数右移、左移指令举例图

【例 6-16】 物品分选系统设计。

如图 6-61 所示为一简单的物品分选系统。物品由传送带进行传送，传送带的主动轮由一台交流电动机 M 拖动，该电动机的通断由接触器 KM 控制。在传送带起始端安装有一个脉冲发生器，每有一个物品进入传送带并且经过 LS，LS 会发出一个脉冲信号。次品的检测在第 1 号位置进行，由光传感器 PH_1 完成，如果是次品，PH_1 的触点动作。当次品继续移动到第 4 号位置时，电磁铁 YV 线圈通电，由电磁铁推杆将次品推下传送带，落入次品箱中，当光传感器 PH_2 检测到次品落下时，给出信号，使电磁铁 YV 线圈断电，推杆缩回。次品推下过程中传送带不停。正品继续沿传送带向前行进，到第 9 号位置时，正品落入成品箱中，每有一个正品落下，光传感器 PH_3 的触点会动作一次。正品累计达到 20 个时，传送带自动停止，同时点亮装箱满信号灯 HL。等待装箱完成后，由工作人员再次按下启动按钮 SB_1，启动传送带。为了使系统操作方便，设传送带停止按钮 SB_2，供操作人员随时停止传送。设次品复位按钮 SB_3，计数复位按钮 SB_4，这些按均为常开按钮。

图 6-61　物品分选系统示意图

列出 PLC 的输入输出端连接电器并为其分配 I/O 地址，如表 6-35 所示。

表 6-35　物品自动分选 I/O 器件地址分配

	I/O 电器名称	电器符号	I/O 地址	说　明
数字量输入	脉冲发生器	LS	I0.0	用于进入传送带的物品检测
	光传感器	PH$_1$	I0.1	次品检测,常开触点
	光传感器	PH$_2$	I0.2	次品落下检测,常开触点
	光传感器	PH$_3$	I0.3	正品落下检测,常开触点
	传送带启动按钮	SB$_1$	I0.4	传送带启动按钮,常开按钮
	传送带停止按钮	SB$_2$	I0.5	传送带停止按钮,常开按钮
	次品标志复位按钮	SB$_3$	I0.6	次品标志复位按钮,常开按钮
	计数复位按钮	SB$_4$	I0.7	计数复位(重新计数)按钮,常开按钮
数字量输出	接触器	KM	Q4.0	主触点控制传送带电动机 M
	电磁铁	YV	Q4.1	用于推下次品
	信号灯	HL	Q4.2	表示装箱满

为了增强程序的可读性和便于分析记忆,本例对程序的编制采用符号地址,所以在 STEP 7 的项目管理中,首先编辑变量表如图 6-62 所示。

图 6-62　变量表编辑

根据地址分配绘制 PLC 的 I/O 接线图,如图 6-63 所示。

编制控制程序如图 6-64 所示。

【程序分析】

① 程序段 1:传送带启停控制。正品计数应用了减计数器,计数器计数期间,其位输出为 **1**,只有程序首次扫描计数器处于初始状态,或计数器的计数值减到 0 表示计数到时,其位输出才为 **0**,故程序中,计数满自动停止传送带,用了计数器的常开触点。

② 程序段 2:次品检测标志。当 PH$_1$ 检测到次品时,将标志位(M0.1)置 **1**。

③ 程序段 3:次品标志位移位。次品标志位(M0.1)随着物品检测脉冲的到来,依次向左移位,标志位 1 依次移至→M0.2→M0.3→M0.4,当物品在传送带上依次从 1 号位置移动到 4 号位置时,次品标志位在 MW0 中也依次由 M0.1 移位至 M0.4。其移位过程如图 6-65 所示。

图 6-63　PLC 的 I/O 接线图

图 6-64　传送带顺序启停控制程序

续图 6-64

图 6-65 次品标志位移位过程

④ 程序段 4：电磁铁动作，同时复位次品标志位。当次品标志位移至 M0.4 时，次品正好移动至传送带 4 号位置，此处用 M0.4 的次品标志 1 使 SR 触发器的输出 **1**，使电磁铁线圈得电，次品被推下，同时将 M0.4 的次品标志复位为 **0**。当次品落下被 PH₂

检测到时,由 PH_2 将触发器复位。

⑤ 程序段5:正品计数。应用了减计数器C0,当C0计数值为0时按下传送带启动按钮,或者根据需要随时按下计数复位按钮 SB_4 均可将计数值初值20装入计数器C0。PH_3 每检测一个物品,计数值减1,计数期间计数值不等于0,C0的Q端输出为**1**,计数值减至0时,Q端输出为**0**,Q端信号与信号灯 HL 所需信号正好相反,故将Q端信号取反之后赋值给信号灯 HL。

⑥ 次品标志位复位。需要时,按下次品标志位复位按钮 SB_3,将 MW0 清零,次品标志位被清零。

2. 循环移位指令

循环移位指令是指将累加器1的整个内容逐位循环左移或逐位循环右移指定位数。从累加器1一端移出的数据又送回累加器1的另一端空出的位。循环移位既可以循环左移,又可以循环右移。

循环移位指令如表6-36所示。移位位数 N 存储在"Tag_Number"中。

表6-36　循环移位指令

STL 指令	LAD 指令框	功 能 说 明
RLD 位数	ROL DWord; EN ENO; "Tag_In" — IN OUT — "TagOut_Value"; "Tag_Number" — N; "Tag_Out" (S)	无符号双字型数据循环左移:当 EN 为 **1** 时,将"TagIn_Value"(指令表中对应于累加器1)中的双字型数据向左循环移动 N 位后输出到"TagOut_Value"。数据从最高位移出后送最低位
RRD 位数	ROR DWord; EN ENO; "Tag_In" — IN OUT — "TagOut_Value"; "Tag_Number" — N; "Tag_Out" (S)	无符号双字型数据循环右移:当 EN 为 **1** 时,将"TagIn_Value"(指令表中对应于累加器1)中的双字型数据向右循环移动 N 位后送"TagOut_Value"。数据从最低位移出后送最高位
RLDA	无	无符号双字型数据通过 CC1 位循环左移:将累加器1中的内容逐位左移1位,移出的最高位装入CC1,CC1的原有内容装入累加器1的最低位
RRDA	无	无符号双字型数据通过 CC1 位循环右移:将累加器1中的内容逐位右移1位,移出的最低位装入CC1,CC1的原有内容装入累加器1的最高位

6.6.5　数学函数指令

数学函数指令包括整数、双整数的加、减、乘、除四则运算和双整数除法求余数,实数(浮点数)的加、减、乘、除四则运算,浮点数的平方、平方根、自然对数、指数函数、三角函数等常用函数运算,以及获取整数、双整数及实数的最大值、最小值等。

1. 整数、双整数算术运算指令

整数、双整数算术运算指令对累加器 1 和累加器 2 中的整数进行算术运算,运算结果保存在累加器 1 中。指令如表 6-37 所示。

表 6-37 整数算术运算指令

STL 指令	LAD 指令框	功 能 说 明
+I	ADD Int（EN ENO IN1 OUT IN2）	将输入 IN1 和 IN2 的 16 位整数相加,并在输出 OUT 处查询总和。 Tag_Result = Tag_Value1 + Tag_Value2
−I	SUB Int（EN ENO IN1 OUT IN2）	将输入 IN1 和 IN2 的 16 位整数相减,并在输出 OUT 中查询差值。Tag_Result = Tag_Value1 − Tag_Value2
*I	MUL Int（EN ENO IN1 OUT IN2）	将输入 IN1 和 IN2 的 16 位整数相乘,并在输出 OUT 处查询乘积 Tag_Result = Tag_Value1 * Tag_Value2
/I	DIV Int（EN ENO IN1 OUT IN2）	将输入 IN1 和 IN2 的 16 位整数相除,并在输出 OUT 处查询商值。 Tag_Result = Tag_Value1/Tag_Value2
+D	ADD Dint（EN ENO IN1 OUT IN2）	将输入 IN1 和 IN2 的 32 位整数相加,并在输出 OUT 处查询总和。Tag_Result = Tag_Value1 + Tag_Value2
−D	SUB Dint（EN ENO IN1 OUT IN2）	将输入 IN1 和 IN2 的 32 位整数相减,并在输出 OUT 中查询差值。Tag_Result = Tag_Value1 − Tag_Value2
*D	MUL Dint（EN ENO IN1 OUT IN2）	将输入 IN1 的 32 位整数与输入 IN2 的 32 位整数相乘,并在输出 OUT 处查询乘积 Tag_Result = Tag_Value1 * Tag_Value2
/D	DIV Dint（EN ENO IN1 OUT IN2）	将输入 IN1 和 IN2 的 32 位整数相除,并在输出 OUT 处查询商值。 Tag_Result = Tag_Value1/Tag_Value2

续表

STL 指令	LAD 指令框	功 能 说 明
MOD	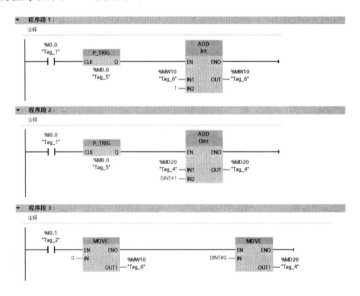	将输入 IN1 和 IN2 的 32 位整数相除,并在输出 OUT 处查询余数
+		累加器 1 中加一个整数/双整数的常数,运算结果存于累加器 1 中

【例 6-17】 应用整数加减法指令实现计数器功能。

前面我们已经讨论过,当单个计数器的计数范围不能满足要求时,可以通过计数器的级联实现计数范围的任意扩展。本例应用整数的加、减法来实现计数器功能。实现方法是,控制加减运算的使能输入 EN 端,使其只有计数脉冲来的时候进行加减运算。加计数器实现程序如图 6-66 所示。

图 6-66 应用加法指令实现加计数器功能

程序中,应用整数加法指令可以将计数范围扩展至 32767;应用双整数加法指令可以将计数范围扩展至 214783647。

需要注意的是:

① 加法指令的 EN 端必须使用跳变沿检测指令,否则每个扫描周期都会使加计数生效,存储器 MW10 和 MD20 很快会达到上限而溢出,而且根本达不到计数目的。

② 类似地,应用减法运算可以实现减计数器的功能。

2. 浮点数运算指令

浮点数运算指令用于完成 32 位浮点数的加、减、乘、除算术四则运算及常用的函数运算。指令如表 6-38 所示。

表 6-38　浮点数运算指令

STL 指令	LAD 指令框	功能说明
+R	ADD Real, EN ENO, "Tag_In", "Tag_Value1"—IN1, "Tag_Value2"—IN2, OUT—"Tag_Result", "Tag_Out"(S)	将输入 IN1 和 IN2 的 32 位实数相加,并在输出 OUT 处查询结果。Tag_Result＝Tag_Value1＋Tag_Value2
−R	SUB Real, EN ENO, "Tag_In", "Tag_Value1"—IN1, "Tag_Value2"—IN2, OUT—"Tag_Result", "Tag_Out"(S)	用输入 IN1 和 IN2 的 32 位实数相减,并在输出 OUT 处查询结果。Tag_Result＝Tag_Value1−Tag_Value2
*R	MUL Real, EN ENO, "Tag_In", "Tag_Value1"—IN1, "Tag_Value2"—IN2, OUT—"Tag_Result", "Tag_Out"(S)	将输入 IN1 和 IN2 的 32 位实数相乘,并在输出 OUT 处查询结果。Tag_Result＝Tag_Value1 * Tag_Value2
/R	DIV Real, EN ENO, "Tag_In", "Tag_Value1"—IN1, "Tag_Value2"—IN2, OUT—"Tag_Result", "Tag_Out"(S)	用输入 IN1 和 IN2 的 32 位实数相除,并在输出 OUT 处查询结果。Tag_Result＝Tag_Value1/Tag_Value2
ABS	ABS Real, EN ENO, "Tag_In", "Tag_InValue"—IN, OUT—"TagOut_Value", "Tag_Out"(S)	对输入 IN 中的 32 位实数取绝对值
SQR	SQR Real, EN ENO, "Tag_In", "TagIn_Value"—IN, OUT—"TagOut_Value", "Tag_Out"(S)	求实数的平方
SQRT	SQRT Real, EN ENO, "Tag_In", "TagIn_Value"—IN, OUT—"TagOut_Value", "Tag_Out"(S)	求实数的平方根
EXP	EXP Real, EN ENO, "Tag_In", "TagIn_Value"—IN, OUT—"TagOut_Value", "Tag_Out"(S)	求实数的自然指数
LN	LN Real, EN ENO, "Tag_In", "TagIn_Value"—IN, OUT—"TagOut_Value", "Tag_Out"(S)	求实数的自然对数
SIN	SIN Real, EN ENO, "Tag_In", "TagIn_Value"—IN, OUT—"TagOut_Value", "Tag_Out"(S)	求实数的正弦函数

续表

STL 指令	LAD 指令框	功 能 说 明
COS	"Tag_In" —||— [COS Real] EN ENO "TagIn_Value"—IN OUT—"TagOut_Value" "Tag_Out"—(S)—	求实数的余弦函数
TAN	"Tag_In" —||— [TAN Real] EN ENO "TagIn_Value"—IN OUT—"TagOut_Value" "Tag_Out"—(S)—	求实数的正切函数
ASIN	"Tag_In" —||— [ASIN Real] EN ENO "TagIn_Value"—IN OUT—"TagOut_Value" "Tag_Out"—(S)—	求实数的反正弦函数
ACOS	"Tag_In" —||— [ACOS Real] EN ENO "TagIn_Value"—IN OUT—"TagOut_Value" "Tag_Out"—(S)—	求实数的反余弦函数
ATAN	"Tag_In" —||— [ATAN Real] EN ENO "TagIn_Value"—IN OUT—"TagOut_Value" "Tag_Out"—(S)—	求实数的反正切函数

需要注意的是：

① 整数、双整数、实数运算结果正常或溢出均会影响状态字的 CC1、CC0、OV、OS 位。

② 在进行运算时要确保参与运算的两个数据具有相同的数据类型。

【例 6-18】 模拟量的数值变换。

压力变送器的量程为 $0 \sim 10$ MPa，输出信号为 $4 \sim 20$ mA，S7-300 的模拟量输入模块量程为 $4 \sim 20$ mA，对应 A/D 转换后的数字量为 $0 \sim 27648$，设压力测量值经 A/D 转换后的数字量为 N，N 存储于 MD6 中，求以 KPa 位单位的压力值。

【分析】 首先压力变送器输出信号和模拟量输入模块的量程均为 $4 \sim 20$ mA，所以可以直接根据 0 MPa 对应数字量 0，10 MPa 对应数字量 27648，求出压力 MPa 值和数字量值之间的对应关系为：

$$P_{(MPa)} = \frac{10N}{27648} \tag{6-1}$$

题目要求的是以 KPa 为单位的压力值，再乘以 1000 即可。

$$P_{(KPa)} = \frac{10000N}{27648} \tag{6-2}$$

将以上算式用运算指令实现即可，程序如图 6-67 所示。

图 6-67   压力测量的变换单位

需要注意的是：

① 在求解式(6-2)的压力值时,要先算乘法再算除法,否则会损失原始数据的精度。

② 16 位整数的上限值为＋32767,则 10000 * N 的范围超过了 16 位整数的上限值,会发生溢出,所以应选择双整数的乘除运算指令。

③ 上述程序中 MD20 存储的实际就是以 KPa 为单位的压力值,我们经过估算,其压力值在 16 位整数的表示范围内,所以可以直接取 MD20 的低字 MW22 中的数值作为 KPa 为单位的压力值送给存储器 MW10。

④ 尽管常数 10000、27648 都在 16 位整数的范围之内,但运用双整数运算指令时要求其输入 IN、输出 OUT 端数据类型均为双整型数据,所以输入时需写作双整型常数格式 L♯10000、L♯27648。

6.6.6　字逻辑运算指令

字逻辑运算指令就是对两个 16 位字或两个 32 位双字逐位进行逻辑运算(**与、或、异或**运算)。参与运算的两个操作数,一个在累加器 1 中,另一个在累加器 2 中,或者是立即数在指令中给出。字逻辑运算的结果在累加器 1 的低字中,双字逻辑运算的结果在累加器 1 中。指令如表 6-39 所示。

表 6-39　字逻辑运算指令

STL 指令	LAD 指令框	功能说明
AW	"Tag_In" — AND Word — EN ENO "Tag_Out" —(S)— "Tag_Value1" — IN1 OUT — "Tag_Result" "Tag_Value2" — IN2	将两个 16 位字逐位进行逻辑与运算
OW	"Tag_In" — OR Word — EN ENO "Tag_Out" —(S)— "Tag_Value1" — IN1 OUT — "Tag_Result" "Tag_Value2" — IN2	将两个 16 位字逐位进行逻辑或运算
XOW	"Tag_In" — XOR Word — EN ENO "Tag_Out" —(S)— "Tag_Value1" — IN1 OUT — "Tag_Result" "Tag_Value2" — IN2	将两个 16 位字逐位进行逻辑异或运算
AD	"Tag_In" — AND DWord — EN ENO "Tag_Out" —(S)— "Tag_Value1" — IN1 OUT — "Tag_Result" "Tag_Value2" — IN2	将两个 32 位双字逐位进行逻辑与运算

STL 指令	LAD 指令框	功 能 说 明
OD	*Tag_In*　OR DWord　*Tag_Out*　EN ENO　*Tag_Value1*—IN1 OUT—*Tag_Result*　*Tag_Value2*—IN2　(S)	将两个 32 位双字逐位进行逻辑**或**运算
XOD	*Tag_In*　XOR DWord　*Tag_Out*　EN ENO　*Tag_Value1*—IN1 OUT—*Tag_Result*　*Tag_Value2*—IN2　(S)	将两个 32 位双字逐位进行逻辑**异或**运算

【例 6-19】　用 BCD 拨码开关实现定时值的输入。

如果 PLC 控制系统中某些参数需要经常进行人工修改,可以使用 BCD 拨码开关与 PLC 连接,在 PLC 外部进行参数的设定或修改。本例应用 BCD 拨码开关实现定时器定时值设定或修改。

BCD 拨码开关是十进制输入,BCD 码输出的编码输入器件。如图 6-68(a)所示。每位 BCD 码开关可以输入 1 位十进制数,每个 BCD 拨码开关有 5 个接点,如图 6-68(b)所示。其中 C 为输入控制线,另外 4 个接点分别为 BCD 码输出信号线。当拨盘拨到不同位置时,输入控制线 C 分别和输出信号线中的某一根或某几根接通,其接通的 BCD 信号线正好与输入的十进制数符合二-十进制编码关系。

（a）前端操作面板　　　（b）后端接点　　　（c）内部原理

图 6-68　用 BCD 拨码开关

要求:将 3 位 BCD 拨码开关的个位、十位、百位分别接于 PLC 的数字量输入模块,分别占用输入点 IW0 的低 12 位(I0.0～I0.3,I1.0～I1.7)。假设计时单位为秒,要求通过程序读出 BCD 码的设定值,并存于 MW12 里作为定时器的定时时间设定值。

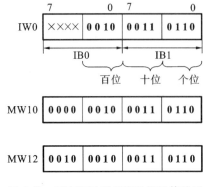

图 6-69　设定定时时间字逻辑运算前后

【分析】　因为 3 位 BCD 码占用了 IW0 的低 12 位,还有高 4 位与 BCD 码输入无关(高 4 位可以接其他输入信号),如果直接读 IW0,那么读出的数据是连同高 4 位一起读入了。这时可以用字与指令将高 4 位屏蔽掉,同时把低 12 位取出来,显然可以将 IW0 与 W#16#0FFF 进行字与运算,运算结果高 4 位变为 0,字与运算之后的结果如图 6-69 所示 MW10 中的数值。

作为定时器时间设定值,还需在 BCD 码的基础上设定时基,设定方法前文已有叙述。题目要求设定单位为秒,所以需要将 MW10 的第 12、13 位分别设定为 1、0。这步操作可以通过将 MW10 的数值与 W♯16♯2000 进行字或运算得到,最后的字或逻辑运算结果输出 MW12 即为所求的定时器时间设定值。程序设计如图 6-70 所示。

图 6-70　用 BCD 拨码开关设定定时运算程序

6.7　程序控制指令

程序控制指令主要是用于打开数据块和跳转指令等。

6.7.1　数据块指令

数据块指令如表 6-40 所示。

表 6-40　数据块指令

LAD 指令	STL 指令	功　能　说　明
—(OPN)—	OPN	打开一个共享数据块
—(OPNI)—	OPNDI	打开一个背景数据块
无	CDB	交换共享数据块和背景数据块
无	L　DBLG	将共享数据块的长度(字节数)装入累加器 1
无	L　DBNO	将共享数据块的块号装入累加器 1
无	L　DILG	将背景数据块的长度(字节数)装入累加器 1
无	L　DINO	将背景数据块的块号装入累加器 1

访问数据块时有以下两种方式。

① 直接访问:此时需要在指令的操作数里把访问的地址详细写出,比如要访问数据块 DB1 的 6.0 位,操作数必须写作 DB1.DBX6.0。

② 先打开数据块再访问:此时操作数只需写出数据在数据块里的地址即可,而不需要写出要访问的数据块号。同样对于访问数据块 DB1 的 6.0 位,打开数据块后再访问,操作数只需写作 DBX6.0 即可,这是因为使用打开数据块指令时最多只能同时打开一个共享数据块和一个背景数据块,所以打开的数据块是唯一的。

CDB 指令交换两个数据寄存器的内容,即交换共享数据块和背景数据块,使共享数据块变为背景数据块,背景数据块变为共享数据块,两次使用 CDB 指令,使数据块还原。

梯形图指令中,与数据块操作相关的指令只有无条件打开数据块—(OPN)—一条线圈指令。

```
OPN DB1        //打开数据块 DB1 作为共享数据块
L    DBW6      //将打开的数据块 DB1 的数据字 DBW6 装入累加器 1
T    MW12      //将累加器 1 的低字传送至 MW12
OPN DI2        //打开数据块 DB2 作为背景数据块
L  DIB6        //将打开是背景数据块 DB2 中的数据字节 DIB6 装入累加器 1 的最低字节
T  DBB12       //将累加器 1 的最低字节传送至共享数据块 DB1 的数据字节 DBB12
```

6.7.2 跳转指令

在没有跳转指令时,程序中的各条语句是按从上到下(梯形图按照从左到右、从上到下)的顺序逐条执行,这种执行方式称为线性扫描。执行跳转指令时,将中断程序的线性扫描,跳转到指令中的地址标号所在的目的地址。跳转时不执行跳转指令和地址标号之间的程序段,跳转到目标地址后,程序继续按线性扫描的方式执行。跳转可以是从上往下跳,也可以是从下往上跳。

地址标号最多由 4 个字符组成,第一个字符必须是字母,其余的可以是字母或数字。在语句表中地址标号与指令之间要用冒号分隔。梯形图中地址标号必须位于一个梯形网络的开始。地址标号在一个程序中必须唯一,在不同程序中可以重复。

梯形图中有线圈形式的 JMP、JMPN 指令、用于标明跳转目标的标号 LABEL 指令和返回指令。其具体格式及含义如表 6-41 所示。

表 6-41 梯形图中的跳转指令

指 令 格 式	指 令 功 能
标号 ——(JMP)—┤	表示当该指令前面的逻辑操作结果 RLO＝1 时,跳转到标号所指向的目标地址执行。分两种情况: ① 如果 JMP 线圈直接与左母线相连(JMP 线圈与左母线之间无任何指令),相当于无条件跳转指令。 ② 如果 JMP 线圈与左母线之间有其他指令,则相当于 RLO＝1 时的条件跳转指令
标号 ——(JMPN)—┤	表示当该指令前面的逻辑操作结果 RLO＝0 时,跳转到标号所指向的目标地址执行
标号	表示目标标号,即跳转指令有效时,需要跳转的目标地址。标号可以由 1～4 个字符组成,且第一个字符必须是字母,其他字符可以是字母或数字
RLO ——(RET)—┤	如果"返回"指令输入端的逻辑运算结果(RLO)为 1,则结束当前所调用块中的程序运行,如果该指令输入处逻辑运算结果(RLO)为 0,则该指令不执行。该程序块在所调用程序块的下一段程序中继续执行

【例 6-20】 应用跳转指令实现多台电动机的手动/自动启停控制。

控制要求:

① 电动机 $M_1 \sim M_3$ 有手动和自动两种启动和停止工作方式,这两种工作方式应用选择开关 SA 进行选择:当 SA 闭合时为

自动工作方式,当 SA 断开时为手动工作方式。

② 手动工作方式:分别用每台电动机各自的启动停止按钮控制电动机 $M_1 \sim M_3$ 的启动、停止。电动机 $M_1 \sim M_3$ 的手动启动按钮依次为 SB_3、SB_5、SB_7,手动停止按钮依次为 SB_4、SB_6、SB_8。

③ 自动工作方式:按下启动按钮 SB1,电动机 M_1 启动,电动机 M_2、M_3 依次延时 5 s 启动;按下停止按钮 SB_2,电动机 $M_1 \sim M_3$ 同时停止。

首先为 PLC 的各输入/输出电器分配地址,如表 6-42 所示。

表 6-42　PLC 的 I/O 地址分配表

电器名称及符号	PLC 的 I/O 地址	说　　明
选择开关 SA	I0.0	接通时为自动,断开时为手动
自动启动按钮 SB_1	I0.1	自动启动按钮,常开按钮
自动停止按钮 SB_2	I0.2	自动停止按钮,常开按钮
手动启动按钮 SB_3	I0.3	手动启动电动机 M_1,常开按钮
手动停止按钮 SB_4	I0.4	手动停止电动机 M_1,常开按钮
手动启动按钮 SB_5	I0.5	手动启动电动机 M_2,常开按钮
手动停止按钮 SB_6	I0.6	手动停止电动机 M_2,常开按钮
手动启动按钮 SB_7	I0.7	手动启动电动机 M_3,常开按钮
手动停止按钮 SB_8	I1.0	手动停止电动机 M_3,常开按钮
接触器 KM_1	Q4.0	控制电动机 M_1
接触器 KM_2	Q4.1	控制电动机 M_2
接触器 KM_3	Q4.2	控制电动机 M_3

根据上述分配的 I/O 地址绘制 I/O 接线图,如图 6-71 所示。

图 6-71　I/O 接线图

编写控制程序如图 6-72 所示。

图 6-72　多台电动机启停手动/自动控制程序

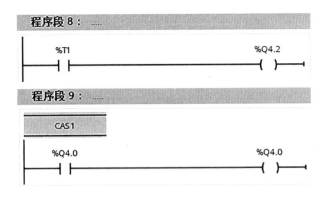

续图 6-72

【分析】 在图 6-72 给出的控制程序中,程序段 2~程序段 4 为三台电动机的启停手动控制程序,程序段 6~程序段 8 为三台电动机的启停的自动控制程序。手动控制与自动控制只能选择其一,其选择通过选择开关 SA(I0.0)进行,如果 SA 接通,执行程序段 1 后,会跳转到标号 CAS0(即自动控制程序的起始网络程序段 6)开始执行,此时,手动控制程序被跳过、不执行,所以手动控制无效。如果 SA 断开,则执行程序段 1 后,不满足跳转条件,不跳转,于是从程序段 2(即手动控制程序的起始网络)开始顺序执行手动控制程序,当执行到程序段 5 时,满足跳转条件,于是跳转到 CAS1 继续执行,此时自动控制程序段 6~程序段 8 是被跳过不执行的,所以自动控制不起作用。这样就实现了手动/自动控制要求。

6.7.3 循环指令

如果需要在一个扫描周期内重复执行若干次相同的程序段,可以使用循环指令。循环指令的格式为:

```
LOOP  标号
```

当执行循环指令时,循环的次数(循环计数器)保存在累加器 1 的低字中,即以累加器 1 作为循环计数器。当执行到 LOOP 指令时,将累加器 1 低字中的值减 1,减 1 后的数值仍然放在累计器 1 中,然后对累加器 1 中的数值与 0 进行比较,如果累加器 1 中的值大于 0,则跳转到标号所指向的地址执行。如果累计器中的值等于 0,则退出循环,继续执行 LOOP 指令的下一条指令。

累加器 1 中的数值不能为负值,程序设计时要求保证累加器 1 中数值为正整数(范围 0~32767)或字型数据(范围 W♯16♯0000~W♯16♯FFFF)。

【例 6-21】 应用循环指令求 8!

指令	注释
L L♯ 1	//将双整型数据 L♯ 1 装入累加器 1
T MD20	//将 L♯ 1 传送至 MD20
L 8	//将循环次数 8 装入累加器 1
NEXT: T MW10	//将累加器 1 中的循环变量值传送至 MW10 暂存
L MD20	//将 MD20 中的累乘初值 L♯ 1 装入累加器 1,累加器 1 原来的数值转存至累加器 2
* D	//将累加器 1 和累加器 2 中的双整数进行翔相乘,结果存于

累加器 1 中

```
T MD20                //将累加器 1 中的相乘结果传送至 MD20
L  MW10               // 将 MW10 中的循环计数值装入累加器 1
LOOP  NEXT            //累加器 1 中的循环计数值减 1,如果减 1 之后的循环计数
                        值仍大于 1,则跳转到标号为 NEXT 的程序段再次执行标号
                        NEXT 与 LOOP 之间的程序段
……                   //循环结束后继续执行其他的程序
```

6.8 其他指令

其他指令包括调用块指令、主令指令等。

6.8.1 调用块指令

调用块指令如表 6-43 所示。

表 6-43 逻辑块调用指令

STL 指令	LAD 指令	功能说明
CALL "块_3", "块_1_DB_1"	将已经编辑的块(FB、FC) 放置在编程位置	无条件或条件调用(条件取决于该指令前面的逻辑指令)逻辑块。调用 FB 还需提供相应的背景数据块;调用时需要为有形式参数的块提供实际参数,实际参的数据类型要与形式参数的数据类型一致。那些未提供参数的功能块的参数会保留它们的当前值。 注:指令中的块_3 指需要调用的块名称,块_1_DB_1 指需要调用的背景名;如无须调用背景数据块则不需写
UC	%FC1 ——(CALL)┤	调用没有参数的函数(FC)
CC	%FC1 ——(CALL)┤	仅当逻辑运算结果 RLO 为 1 时,才执行有条件调用

6.8.2 主控继电器指令

主控继电器(master control relay,MCR)相当于一个用来接通或断开后续电路的主开关,即其后电路均受控于此开关,或者相当于在原来的电源主母线的基础上,用主令控制器引出一条新的母线,这条母线称为子母线,MCR 区的电路均连于此子母线上。对于使用指令"启用 MCR 区域"(MCRA)启用主控继电器的块,应注意以下事项。

(1) 若 MCR 关闭,则在指令"打开 MCR 区域"(MCR( ))和"关闭 MCR 区域"之间的程序段中,所有赋值指令都为 0 值。

(2) 若指令"打开 MCR 区域"(MCR( ))前的逻辑运算结果(RLO)=0,则立即关闭 MCR。

主控继电器指令如表 6-44 所示。

表 6-44 主控继电器指令

STL 指令	LAD 指令	功 能 说 明
MCRA	—(MCRA)—	激活 MCR 区:从该指令开始,可按照 MCR 指令控制
MCRD	—(MCRD)—	取消 MCR 区:从该指令开始,将禁止 MCR 指令控制
MCR(	—(MCR<)—	主控继电器接通:将 RLO 保存在 MCR 堆栈中,并产生一条新的子母线,其后的连接均受控于该子母线
)MCR	—(MCR>)—	主控继电器断开:恢复 RLO,结束子母线

激活 MCR 区后,如果 MCR 状态位为 **1**,可视为子母线"通电",MCR 区的程序正常执行。如果 MCR 位的状态为 **0**,子母线"断电"。

本章小结

S7-300 有三种数据类型,分别是基本数据类型、复合数据类型和参数类型。PLC 的用户存储区必须按功能区分使用。S7-300 有 4 种寻址方式:立即寻址、直接寻址、存储器间接寻址和寄存器间接寻址。

位逻辑指令有:基本逻辑指令、输出指令、逻辑串嵌套指令、置位/复位指令、跳变沿检测指令。在梯形图中,沿用了继电器控制线路中触点和线圈的概念,但这种沿用仅仅是逻辑运算上的等效。常开触点表示位地址的原码,常闭触点表示位地址的反码。

博途软件中,定时器分为 IEC 定时器和 SIMATIC S5 定时器。SIMATIC 有 5 种类型的定时器:脉冲定时器、扩展脉冲定时器、接通延时定时器、保持型接通延时定时器、关断延时定时器。

计数器指令有加计数器、减计数器和加减计数器。

数据处理指令包括:移动操作指令、转换操作指令、比较操作指令、移位和循环指令。数据运算指令包括:数学函数指令、字逻辑运算指令。

程序控制指令主要是打开数据块和跳转指令等。

其他指令包括调用块指令、主令指令等。

习 题

(1) S7-300 PLC 有几种数据类型? 各举例说明。

(2) S7-300 PLC 有几种寻址方式? 每种寻址方式的特点是什么?

(3) 说明绝对地址 M7.0、MB7、MW7、MD7 之间的关系。

(4) 一个连接于数字量输入端子的常开按钮按下再松开的过程中,输入点信号发生了几次跳变?如何检测这些跳变?

（5）S5 定时器有几种类型？简述 S5 定时器的特点？

（6）应用定时器指令编写符合图 6-73 时序逻辑的脉冲信号发生器程序。

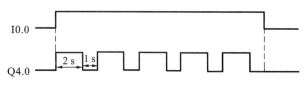

图 6-73 脉冲发生器时序

（7）设计基于 PLC 的三相异步电动机星型-三角形启动控制系统，绘制其主电路图，PLC 硬件接线图，并在博途软件平台下进行程序的仿真调试。

（8）设计基于 PLC 的三相异步电动机反接制动的控制程序系统，绘制其主电路图，PLC 硬件接线图，并在博途软件平台下进行程序的仿真调试。

（9）用一个按钮控制一个指示灯，控制要求：第一次按按钮时，指示灯常亮；第二次按按钮时，指示灯以亮 0.5 s、灭 0.5 s、亮 0.5 s……的间隔闪亮；第三次按按钮时，指示灯熄灭。编制 PLC 控制程序。

（10）某车间有 1♯～6♯共 6 个工作台，运料车往返于各工作台之间送料，每个工作台设有一个到位行程开关 $SQn(n=1\sim6)$ 和一个呼叫按钮 $SBn(n=1\sim6)$。其行驶示意图如图 6-74 所示。

图 6-74 转运小车运行与停靠示意图

控制要求如下：

① 运料车开始应能停留在 6 个工作台中任意一个到位开关所在位置。

② 运料车现暂停于 m 号工作台（SQm 接通处），这时 n 号工作台呼叫（SBn 被人按动）。

如果 $n>m$，运料车右行，直至 SQn 动作，到位停车。

如果 $n<m$，运料车左行，直至 SQn 动作，到位停车。

如果 $n=m$，运料车原位不动。

根据上述控制要求，设计出 PLC 的 I/O 接线图及控制程序。

（11）试编写流水灯控制程序。同一时刻亮起的灯间隔 3 个灯位，如图 6-75 所示。

图 6-75 同一时刻亮起的灯示意图

控制要求：

① 右行流动按钮，流水灯不停向右流动，流动速度每 0.5 s 流动一次。

② 按下左行流动按钮，流水灯不停向左流动，流动速度每 0.2 s 流动一次。

③ 按下停止按钮，所有灯均熄灭。

7

博途 STEP 7 编程

7.1 博途 STEP 7 编程语言

STEP 7 是 S7-300/400/1500 系列 PLC 应用设计软件包,所支持的 PLC 编程语言非常丰富。该软件的标准版支持 STL(语句表)、LAD(梯形图)及 FBD(功能块图)三种基本编程语言,并且这三种编程语言在 STEP 7 中可以相互转换。专业版中还附加了对 GRAPH(顺序功能图)、SCL(结构化控制语言)、HiGraph(图形编程语言)、CFC(连续功能图)等编程语言的支持。不同的编程语言可供不同知识背景的用户采用。

S7-300/400 有 350 多条指令,其编程软件 STEP 7 功能强大,使用方便。STEP 7 的 FBD(功能块图)和 LAD(梯形图)编程语言符合 IEC 61131 标准,STL(语句表)编程语言与 IEC 标准稍有不同,以保证与 STEP 5 的兼容。

IEC 61131 是 PLC 的国际标准,1992—1995 年发布了 IEC 61131 标准中的 1~4 部分,我国在 1995 年 11 月发布了 GB/T 15969-1/2/3/4(等同于 IEC 61131-1/2/3/4)。

IEC 61131-3 广泛地应用 PLC 、DCS 和工控机、"软件 PLC "、数控系统、RTU 等产品。

7.1.1 语句表

STL(语句表)是一种类似于计算机汇编语言的一种文本编程语言,由多条语句组成一个程序段。语句表可供习惯汇编语言的用户使用,在运行时间和要求的存储空间方面最优。在设计通信、数学运算等高级应用程序时建议使用语句表。

STL 适合经验丰富的用户使用,可以实现其他编程语言不能实现的功能。

7.1.2 梯形图

LAD(梯形图)是一种图形语言,比较形象直观、容易掌握,用得最多,堪称用户第一编程语言。梯形图与继电器控制电路图的表达方式极为相似,适合于熟悉继电器控制电路的用户使用,特别适用于数字量逻辑控制。

7.1.3 功能块图

FBD(功能块图)使用类似于布尔代数的图形逻辑符号来表示控制逻辑,一些复杂的功能用指令框表示。FBD 比较适合于有数字电路基础的用户使用。

LAD、FBD 和 STL 这三种基本编程语言，每种表示方法都有其特殊性质，有其特定的优势。以 STL 方式编写的程序软件不一定能以 FBD 或 LAD 形式输出。以图形表示的 FBD 和 LAD 方法之间也不全部兼容。但以 FBD 和 LAD 编写的程序总可以转换为 STL 程序。图 7-1 表示了 STL、LAD 和 FBD 三种表示方式的兼容性。

例如，将下列由启动 SB_1 按钮和停止 SB_2 按钮控制接触器输出 KM 动作的控制电路图（见图 7-2）分别用 STEP 7 语言的 LAD、FBD 和 STL 三种方式编程。程序如下。

图 7-1　STL、LAD 和 FBD 的兼容性　　　图 7-2　控制电路图

（1）用 LAD 梯形图编程，如图 7-3 所示。

图 7-3　梯形图 LAD 编程方式

（2）用 FBD 功能块图编程，如图 7-4 所示。

（3）用 STL 语句表编程，如图 7-5 所示。

7.1.4　顺序控制

Graph（顺序控制）类似于解决问题的流程图，适用于顺序控制的编程。利用 S7-Graph 编程语言，可以清楚快速地组织和编写 S7 PLC 系统的顺序控制程序。它根据功能将控制任务分解为若干步，其顺序用图形方式显示出来并且可形成图形和文本方式的文件。对应的 Graph 程序范例如图 7-6 所示。

图 7-4   功能块图 FBD 编程方式

程序段 1:	电动机启停程序控制段		
1	A(		
2	O	"启动按钮"	%I0.0
3	O	"接触器驱动"	%Q4.0
4	)		
5	AN	"停止按钮"	%I0.1
6	=	"接触器驱动"	%Q4.0

图 7-5   语句表 STL 编程方式

Graph 用来表达复杂的顺序控制非常清晰,用于编程及故障诊断更为有效,特别适合熟悉流程生产工艺的用户使用。

7.1.5 图形编程语言

图形编程语言 S7 HiGraph 属于可选软件包,它用状态图(state graphs)来描述异步、非顺序过程的编程语言。HiGraph 允许用状态图描述生产过程,将自动控制下的机器或系统分成若干个功能单元,并为每个单元生成状态图,然后利用信息通信将功能单元组合在一起形成完整的系统。对应的 HiGraph 程序范例如图 7-7 所示。

HiGraph 这种"面向对象"的方法非常适合机器和系统制造厂家(机械工程)、自动化专家(电气工程)、试车工程师和维护专家等用户使用。

7.1.6 结构化控制语言

结构控制语言(structured control language,SCL)是一种类似于 PASCAL 的高级文本编辑语言,用于 S7-300/400 和 C7 的编程,可以简化数学计算、数据管理和组织工作。S7-SCL 具有 PLC 公开的基本标准认证,符合 IEC 61131-3(结构化文本)标准。SCL 适合于复杂的公式计算、复杂的计算任务和最优化算法,或管理大量的数据等。对应的 SCL 程序范例如图 7-8 所示。

利用 SCL,可以省时经济地完成自动化控制任务,具有如下优点:

(1)编程语言简单易学,尤其对初学者;

(2)程序容易理解;

(3)复杂的算法和暑假处理,编程更容易;

(4)完整的源代码符号调试功能(单步、断点等)。

SCL 语言比较适合熟悉高级语言的用户使用。

图 7-6　Graph 程序范例

7.1.7　连续功能图

可选软件包连续功能图(continuous function chart,CFC)用图形方式连接程序库中以块的形式提供的各种功能。可以通过绘制工艺设计图来生成 SIMATIC S7 和 SIMATIC M7 的控制程序,该方法类似于 PLC 的 FBD 编程语言。

在这种图形编程方法中,块被安放在一种绘图板上并且相互连接。利用 CFC,用户可以快速、容易地将工艺设计图转化为完整的可执行程序。

7.1.8　编程语言的相互转换与选用

在 STEP 7 编程软件中,如果程序块没有错误,并且每一网络程序段被正确地划

图 7-7 HiGraph 程序范例

```
FUNCTION_BLOCK Intearator
VAR_INPUT
    Init    :BOOL;    //Reset output value
    x       :REAL;    //Input value
    Ta      :TIME;    //Sampling interval in ms
    Ti      :TIME;    //Integration time in ms
    olim    :REAL;    //Output value upper limit
    ulim    :REAL;    //Output value lower limit
END_VAR

VAR_OUTPUT
    y   :REAL:=0.0;    //Initialize output value with 0
END_VAR

BEGIN
    IF TIME_TO_DINT(Ti)=0 THEN                    //Division by?
        OK:=FALSE;
        y:=0.0;
        RETURN;
    END IF;
    IF Init THEN
        y:=0.0;
    ELSE
        y:=y+TIME_TO_DINT(Ta)*x/TIME_TO_DINT(Ti);
        IF   y>olim    THEN
            y:=olim;
        END IF;
        IF   y<olim    THEN
            y:=olim;
        END IF;
    END IF;
END_FUNCTION_BLOCK
```

图 7-8 SCL 程序范例

分,在梯形图、功能块图和语句表之间可以转换。如果部分网络不能转换,则用语句表表示。

STL 语句表可供喜欢用汇编语言编程的用户使用。语句表的输入快,可以在每条语句后面加上注释。设计高级应用程序时建议使用语句表。

LAD 梯形图适合于熟悉继电器电路的用户使用;设计复杂的触点电路时最好用梯形图。

FBD 功能块图适合于熟悉数字电路的用户使用。

S7 SCL 编程语言适合于熟悉高级编程语言(例如 PASCAL 或 C 语言)的用户使用。

S7 Graph,HiGraph 和 CFC 可供有技术背景,但是没有 PLC 编程经验的用户使用。S7 Graph 对顺序控制过程的编程非常方便,HiGraph 适合于异步非顺序过程的编程,CFC 适合于连续过程控制的编程。

7.2 STEP 7 程序结构

7.2.1 CPU 中的程序

在一个 CPU 中,总是执行如下两种不同的程序。

1) 操作系统

每个 CPU 都有一个操作系统,用以组织与特定的控制任务无关的 CPU 的功能和顺序。操作系统的任务包括以下各项:

(1) 处理暖启动和热启动;

(2) 刷新输入的过程映象表和输出的过程映象表;

(3) 调用用户程序;

(4) 检测中断并调用中断 OB;

(5) 检测并处理错误;

(6) 管理存储区域;

(7) 与编程器和其他通信伙伴之间的通信。

如果修改了操作系统的参数(操作系统的缺省设置),则会影响 CPU 在某些区域的操作。

2) 用户程序

必须自己生成用户程序并下载到 CPU。这个程序中包含处理用户特定的自动化任务所需要的所有功能。用户程序的任务包括以下各项:

(1) 指定在 CPU 上暖启动和热启动的条件(如带有某个特定值的初始化信号);

(2) 处理过程数据(如二进制信号的逻辑组合、读入并处理模拟信号、为输出指定二进制信号、输出模拟值);

(3) 指定对中断的响应;

(4) 处理程序的正常运行中的干扰。

7.2.2 STEP 7 中的块

STEP 7 中的块从其功能、结构及其应用角度来看,是用户程序的一部分。根据内容,可以将 STEP 7 块划分为用户块和系统块两类。

1) 用户块

用户块包括组织块(OB)、功能块(FB)、功能(FC)以及数据块(DB)。编程人员将用于进行数据处理或过程控制的程序指令,存储在这些块(OB、FB 和 FC)中。程序员可以将程序执行期间产生的数据保存在数据块(DB)中,以备后来使用。用户块是在编程设备中创建的,并从编程设备中下载到 CPU 中去。

2) 系统块

系统块包括系统功能块(SFB)、系统功能(SFC)以及系统数据块(SDB)。

SFB 和 SFC 集成在 CPU 的操作系统,用以解决 PLC 需要频繁处理的标准任务。

SDB 包含用作参数分配的数据,这些数据只能由 CPU 进行评估。SDB 是由 HW-CONFIG 或 NETPRO 这些工具创建编写的,用户程序不能创建编写。SDB 是在将装载参数分配数据期间——该过程对用户可见——由上述工具创建并下载到 CPU 中的。下载操作只能在 STOP(停机)模式下进行。

各种块之间的关系如图 7-9 所示。

图 7-9 各种块的关系

STEP 7 除了具有结构化编程的优点之外,还具有下面的优点。

可以在运行期间修改 STEP 7 中的用户块(OB、FB、FC 及 DB)并在运行期间将其下载到 CPU 中去。表 7-1 表示了 STEP 7 中块的类型及属性。

表 7-1 STEP 7 中块的类型及属性

块 的 类 型	属 性
组织块(OB)	用户程序接口 优先级(0 到 27) 在局部数据堆栈中指定开始信息
功能块(FB)	参数可分配(可以在调用时分配参数) 具有(收回)存储空间(静态变量)
功能(FC)	参数可分配(必须在调用时分配参数) 基本上没有存储空间(只有临时变量)
数据块(DB)	结构化的局部数据存储(背景数据块 DB) 结构化的全局数据存储(在整个程序中有效)
系统功能块(SFB)	FB(有存储空间),存储在 CPU 的操作系统中并可由用户调用
系统功能(SFC)	FB(无存储空间),存储在 CPU 的操作系统中并可由用户调用
系统数据块(SDB)	用于配置数据和参数的数据块

(1) 组织块(OB)：组织块(OB)是操作系统和用户程序之间的接口，它们控制扫描循环和中断程序的执行、PLC 的启动和错误处理等。通过编程组织块，用户可以指定 CPU 的动作。

- OB1 用于循环处理，用户程序中的主程序。
- 事件中断处理，需要时才被及时地处理。
- 中断的优先级，高优先级的 OB 可以中断低优先级的 OB。

组织块的优先级：组织块决定各个程序部分执行的顺序。一个 OB 的执行可以被另一个 OB 的调用而中断。哪个 OB 可以中断其他 OB，由它的优先级决定。高优先级的 OB 可以中断低优先级的 OB。背景 OB 的优先级最低。

中断的类型和优先级：导致 OB 被调用的事件就是所知的中断。表 7-2 显示了 STEP 7 中的中断类型以及分配给它们的组织块的优先级。并非所有列出的组织块和它们的优先级适用于所有 S7 CPU（见《S7-300 可编程控制器、硬件和安装手册》以及《S7-400、M7-400 可编程控制器模板技术规范参考手册》）。

表 7-2   OB 组织块一览表

OB 编号	启 动 事 件	默认优先级	说　　明
OB1	启动或上一次循环结束时执行 OB1	1	主程序循环
OB10～OB17	日期时间中断 0～7	2	在设置的日期时间启动
OB20～OB23	时间延时中断 0～3	3～6	延时后启动
OB30～OB38	循环中断 0～8 时间间隔分别为 5 s，2 s，1 s； 500 ms，200 ms，100 ms，50 ms，20 ms，10 ms	7～15	以设定的时间为 周期运行
OB40～OB47	硬件中断 0～7	16～23	检测外部中断请求时启动
OB55	状态中断	2	DPV1 中断(profibus-dp)
OB56	刷新中断	2	
OB57	制造厂特殊中断	2	
OB60	多处理中断，调用 SFC35 时启动	25	多处理中断的同步操作
OB61～OB64	同步循环中断 1～4	25	同步循环中断
OB70	I/O 冗余错误	25	冗余故障中断
OB72	CPU 冗余错误，例如一个 CPU 发生故障	28	只用于 H 系列的 CPU
OB73	通行冗余错误中断，例如冗余连接的冗余丢失	25	
OB80	时间错误	26 启动为 28	
OB81	电源故障	27 启动为 28	
OB82	诊断中断	28 启动为 28	
OB83	插入/拔出模块中断	29 启动为 28	

OB 编号	启 动 事 件	默认优先级	说　　明
OB84	CPU 硬件故障	30 启动为 28	异步错误中断
OB85	优先级错误	31 启动为 28	
OB86	扩展机架、DP 主站系统或分布式 I/O 站故障	32 启动为 28	
OB87	通行故障	33 启动为 28	
OB88	过程中断	34 启动为 28	
OB90	冷、热启动、删除或背景循环	29	背景循环
OB100	暖启动	27	
OB101	热启动	27	启动
OB102	冷启动	27	
OB121	编程错误	与引起中断的	同步错误中断
OB122	I/O 访问错误	OB 相同	

（2）临时局域数据：生成逻辑块（OB、FC、FB）时可以声明临时局域数据。这些数据是临时的，局域（local）数据只能在生成它们的逻辑块内使用。所有的逻辑块都可以使用共享数据块中的共享数据。

（3）功能（FC）：没有固定的存储区的块，其临时变量存储在局域数据堆栈中，功能执行结束后，这些数据就丢失了。用共享数据区来存储那些在功能执行结束后需要保存的数据。

调用功能和功能块时用实参（实际参数）代替形参（形式参数）。形参是实参在逻辑块中的名称，功能不需要背景数据块。功能和功能块用 IN、OUT 和 IN_OUT 参数做指针，指向调用它的逻辑块提供的实参。功能可以为调用它的块提供数据类型为 RETURN 的返回值。

（4）功能块（FB）是用户编写的有自己的存储区（背景数据块）的块，每次调用功能块时需要提供各种类型的数据给功能块，功能块也要返回变量给调用它的块。这些数据以静态变量（STAT）的形式存放在指定的背景数据块（IDB）中，临时变量 TEMP 存储在局域数据堆栈中。

调用 FB 或 SFB 时，必须指定 DI 的编号。在编译 FB 或 SFB 时自动生成背景数据块中的数据。一个功能块可以有多个背景数据块，用于不同的被控对象。

可以在 FB 的变量声明表中给形参赋初值。如果调用块时没有提供实参，将使用上一次存储在 IDB 中的参数。

（5）数据块（DB）中没有 STEP 7 的指令，STEP 7 按数据生成的顺序自动地为数据块中的变量分配地址。数据块分为共享数据块和背景数据块。

应首先生成功能块，然后生成它的背景数据块，如图 7-10 所示。在生成背景数据块时指明它的类型为背景数据块（IDB）和它的功能块的编号。

（6）系统功能块（SFB）和系统功能（SFC）是为用户提供的已经编好程序的块，可以调用不能修改。操作系统的一部分，不占用户程序空间。SFB 有存储功能，其变量保

图 7-10 用于不同对象的背景数据块

存在指定给它的背景数据块中。

（7）系统数据块（SDB）包含系统组态数据，例如硬件模块参数和通信连接参数等。CALL、CU（无条件调用）和 CC（RLO=1 时调用）指令调用没有参数的 FC 和 FB。

7.2.3 用户程序使用的堆栈

堆栈操作如图 7-11 所示，块堆栈和局域数据堆栈如图 7-12 所示。

堆栈采用"先入后出"的规则存入和取出数据。最上面的存储单元称为栈顶。

图 7-11 堆栈操作 图 7-12 块堆栈与局域数据堆栈

1）局域数据堆栈（L）

局域数据堆栈存储块的局域数据区的临时变量、组织块的启动信息、块传递参数的信息和梯形图程序的中间结果。可以按位、字节、字和双字来存取，例如 L 0.0，LB9，LW4 和 LD52。各逻辑块均有自己的局域变量表，局域变量仅在它被创建的逻辑块中有效。

2）块堆栈（B 堆栈）

块堆栈存储被中断的块的类型、编号和返回地址；从 SDB 和 IDB 寄存器中获得的块被中断时打开的共享数据块和背景数据块的编号；局域数据堆栈的指针。

3）中断堆栈（I 堆栈）

中断堆栈存储当前的累加器和地址寄存器的内容、数据块寄存器 SDB 和 IDB 的内容、局域数据的指针、状态字、MCR（主控继电器）寄存器和 B 堆栈的指针。

7.2.4 程序处理

1）循环程序处理

循环程序处理是可编程控制器上程序执行的"普通"类型，这意味着操作系统在程序环(循环)中运行,并且在主程序的每一个环中调用一次组织块 OB1。OB1 中的用户程序因此也被循环执行,如图 7-13 所示。循环程序过程可简化为如图 7-14 所示。

图 7-13　程序循环执行过程

2) 事件驱动的程序处理

循环程序处理可以被某些事件中断。如果一个事件出现,当前正在执行的块在语句边界被中断,并且另一个被分配给特定事件的组织块被调用。一旦该组织块执行结束,循环程序将从断点处继续执行。这意味着部分用户程序可以不必循环处理,只在需要时处理。用户程序可以分割为"子程序",分布在不同的组织块中。如果用户程序是对一个重要信号的响应,这个信号出现的次数相对较少(如用于测量罐中液位的一个限位传感器报警达到了最大上限),当这个信号出现时,要处理的子程序就可以放在一个事件驱动处理的 OB 中,如图 7-15 所示。

图 7-14　循环程序处理　　　　图 7-15　事件驱动的程序处理

7.2.5 线性化编程、模块化编程与结构化编程

1）线性化编程

将整个用户程序放在循环控制组织块 OB1（主程序）中，块中的程序按顺序执行，CPU 通过反复执行 OB1 来实现自动化控制任务。这种结构和 PLC 所代替的硬接线继电器控制类似，CPU 逐条地处理指令。事实上所有的程序都可以用线性结构实现，不过，只有在为 S7-300 编写简单程序并且需要较少存储区域时，才建议使用这种方法。

2）模块化编程

将整个程序按任务分成若干部分，并分别放置在不同的功能（FC）、功能块（FB）及组织块中，在一个块中可以进一步分解成段。在组织块 OB1 中包含按顺序调用其他块的指令，并控制程序执行。

在分部程序中，既无数据交换，也不存在重复利用的程序代码。功能（FC）和功能块（FB）不传递也不接收参数，分部程序结构的编程效率比线性程序有所提高，程序测试也较方便，对程序员的要求也不太高。对不太复杂的控制程序可考虑采用这种程序结构。

3）结构化编程

所谓结构化程序，就是处理复杂自动化控制任务的过程中，为了使任务更易于控制，常把过程要求类似或相关的功能进行分类，分割为可用于几个任务的通用解决方案的小任务，这些小任务以相应的程序段表示，称为块（FC 或 FB）。OB1 通过调用这些程序块来完成整个自动化控制任务。

结构化程序的特点是每个块（FC 或 FB）在 OB1 中可能会被多次调用，以完成具有相同过程工艺要求的不同控制对象。这种结构可简化程序设计过程、减小代码长度、提高编程效率，比较适合于较复杂自动化控制任务的设计。

图 7-16 所示的是线性化、模块化和结构化编程的对比。

图 7-16 线性化、模块化和结构化编程的对比

7.3　数据块

数据块(DB)定义在 S7 CPU 的存储器中,用户可在存储器中建立一个或多个数据块。每个数据块可大可小,但 CPU 对数据块数量及数据总量有限制。

数据块可用来存储用户程序中逻辑块的变量数据(如数值)。与临时数据不同,当逻辑块执行结束或数据块关闭时,数据块中的数据保持不变。

用户程序可以位、字节、字或双字操作访问数据块中的数据,可以使用符号或绝对地址。

7.3.1　数据块分类

1) 共享数据块(SDB)

共享数据块(SDB)又称全局数据块,用于存储全局数据,所有逻辑块(OB、FC、FB)都可以访问共享数据块存储的信。

2) 背景数据块(IDB)

背景数据块(IDB)用作"私有存储器区",即用作功能块(FB)的"存储器"。FB 的参数和静态变量安排在它的背景数据块中。背景数据块不是由用户编辑的,而是由编辑器生成的。

3) 用户定义数据块(UDT DB)

用户定义数据块(UDT DB)是以 UDT 为模板所生成的数据块。创建用户定义数据块之前,必须先创建一个用户定义数据类型,如 UDT1,并在 LAD/STL/FBD S7 程序编辑器内定义。

7.3.2　数据块的数据类型

在 STEP 7 中,数据块的数据类型可以采用基本数据类型、复杂数据类型或用户定义数据类型(UDT)。

1) 基本数据类型

根据 IEC 61131-3 定义,长度不超过 32 位,可利用 STEP 7 基本指令处理,能完全装入 S7 处理器的累加器中。基本数据类型包括如下。

(1) 位数据类型:BOOL、BYTE、WORD、DWORD、CHAR。

(2) 数字数据类型:INT、DINT、REAL。

(3) 定时器类型:S5TIME、TIME、DATE、TIME_OF_DAY。

2) 复杂数据类型

复杂数据类型只能结合共享数据块的变量声明使用。复杂数据类型可大于 32 位,用装入指令不能把复杂数据类型完全装入累加器,一般利用库中的标准块("IEC"S7 程序)处理复杂数据类型。复杂数据类型包括如下。

(1) 时间类型:DATE_AND_TIME。

(2) 字符串类型:STRING。

(3) 矩阵类型:ARRAY。

(4) 结构类型:STRUCT。

3）用户定义数据（UDT）类型

STEP 7 支持用户将基本数据类型和复杂数据类型等组合起来，形成新的数据类型，称为"用户定义数据类型（UDT）"。

7.3.3 数据块建立

图 7-17 至图 7-20 所示的是新建 DB 块的过程，以及数据块中数据类型选择。

图 7-17 新建 DB 块

图 7-18 添加新块

图 7-19 DB 类型选择

图 7-21 所示的是一个建立好的 DB10，要注意地址、名称、类型、初始值、注释等要素。其中：

（1）地址是根据所定义变量的类型，自动进行地址分配；

（2）定义了变量的类型，都会有一个默认初始值，当然也可以自己给定初始值。注意各类型的数据格式，比如 BOOL 类型的数据格式为 FALSE 和 TRUE；字节（BYTE）格式为 B♯16♯XX；字（WORD）格式为 W♯16♯XX；双字（DWORD）格式为 DW♯16♯XX；实数（REAL）类型为科学计数法格式。根据图 7-21，可以看到各基本数据类型的格式。

图 7-20　DB 中的数据类型

图 7-21　建立好的 DB

7.4　逻辑块的结构

功能(FC)、功能块(FB)和组织块(OB)统称为逻辑块(或程序块)。功能块(FB)有一个数据结构与该功能块的参数完全相同的数据块,称为背景数据块,背景数据块依附于功能块,它随着功能块的调用而打开,随着功能块的结束而关闭。存放在背景数据块中的数据在功能块结束时继续保持。而功能(FC)则不需要背景数据块,功能调用结束后数据不能保持。组织块(OB)是由操作系统直接调用的逻辑块。

逻辑块(OB、FB、FC)由变量声明表、代码段及其属性等几部分组成。

1) 局部变量声明表(局部数据)

每个逻辑块前部都有一个变量声明表,称为局部变量声明表,如表 7-3 所示。

局部数据分为参数和局部变量两大类,局部变量又包括静态变量和临时变量(暂态变量)两种。

表 7-3 局部变量声明表

变 量 名	类 型	说 明
输入参数	In	由调用逻辑块的块提供数据,输入给逻辑块的指令
输出参数	Out	向调用逻辑块的块返回参数,即从逻辑块输出结果数据
I/O 参数	In_Out	参数的值由调用该块的其他块提供,由逻辑块处理修改,然后返回
静态变量	Stat	静态变量存储在背景数据块中,块调用结束后,其内容被保留
状态变量	Temp	临时变量存储在 L 堆栈中,块执行结束变量的值因被其他内容覆盖而丢失

对于组织块(OB)来说,其调用是由操作系统管理的,用户不能参与。因此,OB 只有定义在 L 堆栈中的临时变量。

对于功能(FC),操作系统在 L 堆栈中给 FC 的临时变量分配存储空间。由于没有背景数据块,因而 FC 不能使用静态变量。输入、输出、I/O 参数以指向实参的指针形式存储在操作系统为参数传递而保留的额外空间中。

对于功能块(FB),操作系统为参数及静态变量分配的存储空间是背景数据块。这样参数变量在背景数据块中留有运行结果备份。在调用 FB 时,若没有提供实参,则功能块使用背景数据块中的数值。操作系统在 L 堆栈中给 FB 的临时变量分配存储空间。

2) 逻辑块局部变量的数据类型

局部变量可以是基本数据类型或复式数据类型,也可以是专门用于参数传递的参数类型。参数类型包括定时器、计数器、块的地址或指针等。图 7-22 所示的是可以从数据类型的下拉按钮中选择需要的类型。

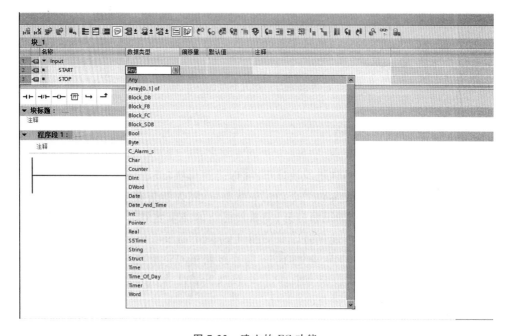

图 7-22 建立的 FC 功能

3) 逻辑块的调用过程及内存分配

CPU 提供块堆栈(L 堆栈,B 堆栈,I 堆栈)来存储与处理相关的逻辑块。逻辑块的调用过程及内存分配如图 7-23 所示。

图 7-23　逻辑块的调用及内存分配

(1) 调用功能(FC)时的堆栈操作,会有以下事件发生:

● 功能(FC)实参的指针存到调用块的 L 堆栈;

● 调用块的地址和返回位置存储在块堆栈,调用块的局部数据压入 L 堆栈;

● 功能(FC)存储临时变量的 L 堆栈区被推入 L 堆栈上部;

● 当被调用功能(FC)结束时,先前块的信息存储在块堆栈中,临时变量弹出 L 堆栈。

因为功能(FC)不用背景数据块,不能分配初始数值给功能(FC)的局部数据,所以必须给功能(FC)提供实参。调用功能(FC)时的堆栈操作如图 7-24 所示。

(2) 调用功能块(FB)时的堆栈操作,会有以下事件发生:

● 调用块的地址和返回位置存储在块堆栈中,调用块的临时变量压入 L 堆栈;

● 数据块 SDB 寄存器内容与 IDB 寄存器内容交换;

● 新的数据块地址装入 IDB 寄存器;

● 被调用块的实参装入 SDB 和 L 堆栈上部;

● 当功能块 FB 结束时,先前块的现场信息从块堆栈中弹出,临时变量弹出 L 堆栈;

● SDB 和 IDB 寄存器内容交换。

当调用功能块(FB)时,STEP 7 并不一定要求给 FB 形参赋予实参,除非参数是复式数据类型的 I/O 形参或参数类型形参。如果没有给 FB 的形参赋予实参,则功能块(FB)就调用背景数据块内的数值,该数值是在功能块(FB)的变量声明表或背景数据块内为形参所设置初始数值。

图 7-24　调用功能(FC)时的堆栈操作

7.5　逻辑块编程

对逻辑块编程时必须编辑变量声明、代码段、块属性三个部分。

(1) 变量声明:分别定义形参、静态变量和临时变量(FC 块中不包括静态变量);确定各变量的声明类型(Decl.)、变量名(name)和数据类型(data type),还要为变量设置初始值(initial value)。如果需要还可为变量注释(comment)。在增量编程模式下,STEP 7 将自动产生局部变量地址(address)。

(2) 代码段:对将要由 PLC 进行处理的块代码进行编程。

(3) 块属性:块属性包含了其他附加的信息,例如由系统输入的时间标志或路径。此外,也可输入相关详细资料。

在编写逻辑块(FC 和 FB)程序时,可以用以下两种方式使用局部变量。

(1) 使用变量名,此时变量名前加前缀"♯",以区别于在符号表中定义的符号地址。增量方式下,前缀会自动产生。

(2) 直接使用局部变量的地址,这种方式只对背景数据块和 L 堆栈有效。

在调用 FB 块时,要说明其背景数据块。背景数据块应在调用前生成,其顺序格式与变量声明表必须保持一致。

7.5.1　FC 编程

下面以电动机连续运行电路(所谓自锁电路)为例,简单介绍在博途环境中的 FC 编程过程。

通过"程序块"栏的"添加新块"来添加我们想要的 FC 块,如图 7-25 所示。

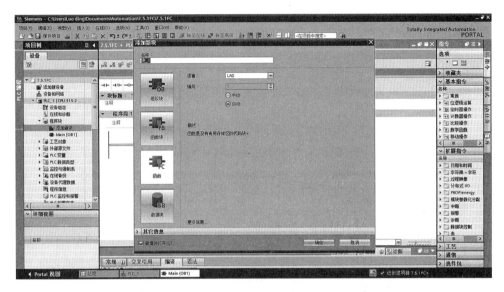

图 7-25　添加新块 FC1

同样的方法添加新块 FC2,得到图 7-26,程序块中有了块_1(FC1)和块_2(FC2)。进入 FC2 块,拉下块_2 的接口变量,如图 7-27 所示。定义输入输出接口变量,如图 7-28 所示。写出 FC2 的程序,如图 7-29 所示。FC1 调用 FC2,如图 7-30 所示。

图 7-26　建立好的 FC1 和 FC2

此处由于 FC2 是有输入输出参数的,不可用"call"指令调用,将"块_2"拖入程序中即可。填写 I/O 地址,如图 7-31 所示。调用多个 FC2,如图 7-32 所示。在 Main 中调用 FC1,如图 7-33 所示。

仿真效果如图 7-34 所示。

图 7-27　进入 FC2 块,拉下块_2 的接口变量

图 7-28　定义输入输出接口变量

图 7-29　写出 FC2 的程序

图 7-30　FC1 调用 FC2

图 7-31　填写 I/O 地址

图 7-32　调用多个 FC2

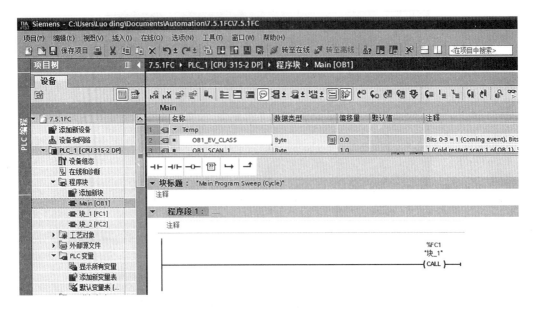

图 7-33 在 Main 中调用 FC1

图 7-34 调用效果仿真

7.5.2 FB 编程示例

下面以标度变换程序为例,简单介绍 FB 编程过程。

当采集模拟量 AI 时,需要进行标度变换处理。这里以一个压力信号为例,介绍 FB 编程过程。

(1) 需采集变量为压力,范围 0～300 Pa。

(2) 检测单元压力变送器输出 4～20 mA。

(3) 电信号接入通过 AI 模块的某通道地址 PIW256(在硬件组态是分配)。

（4）根据硬件手册可知，4～20 mA 的电信号对应数字量信号为 0～27648。

（5）建立压力（上下限）和数字量（0～27648）对应关系式。如图 7-35 所示，可以利用相似三角形对应边之比相等列出关系：

$$(y-min)/(max-min)=x/27648$$

式中：x 为采集上来的数字量；y 为变换后的压力值；min 为压力值下限；max 为压力值上限。

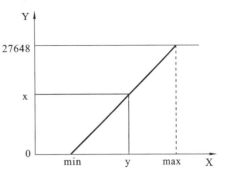

图 7-35 工程量和数字量对应关系

这里，因为压力上下限固定，程序就直接用常数处理，采样值是字信号，转换后的压力值是实数信号，两种类型变量不能直接运算，首先编写标度变换的 FC 程序，如图 7-36 所示。

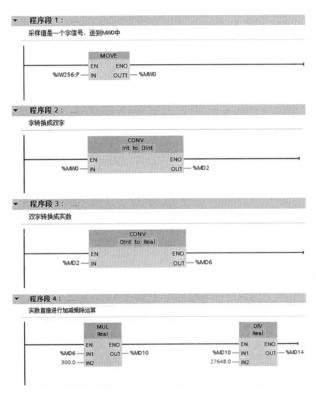

图 7-36 标度变换 FC 程序

图 7-36 中，程序段 1 是将输入数据 PIW256 装入 MW0 中，程序段 2、3 是数据类型转换，程序段 4 是标度变换算式，注意运算是先乘后除，让计算机自动进行小数处理，避免人为误差。

MW0：0～27648，标度变换后存放地址 MD14，为一实数，范围 0～300 Pa。图 7-37 所示的是仿真结果，当输入信号 MW0 为 13824 时，对应的压力就是 150 Pa。

这是一个采样值的标度变换程序，当有很多模拟量要采集，重复编如上程序显然不现实，也很低效率。当有多种功能结构雷同时，考虑编写成 FC 或 FB 子程序进行调用。

图 7-37　标度变换 FC 仿真效果图

下面就以标度变换程序为例,简单介绍 FB 子程序的具体实现。

图 7-38　新建 FB

（1）点击 CPU→"程序块"→"添加新块",准备添加 FB 功能块,如图 7-38 所示。

（2）建立 FB1,如图 7-39 所示。

（3）打开 FB1,如图 7-40 所示。

（4）在功能块 FB1 的块接口中添加入口参数 Input、出口参数 Output、临时变量 Temp 等,如图 7-41 所示。下拉"块接口"或者点击块接口下的 "▼"。注意 FB 中的参数与 FC 中的参数不同之处。

FB1 标度变换程序如图 7-42 所示。

图 7-39　建立 FB1

图 7-40　打开 FB1

图 7-41　建好的 FB1 程序与接口参数

图 7-42　建立好的 FB1

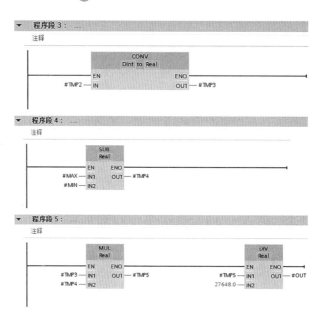

续图 7-42

（5）在 FC1 中调用 FB1 程序，可拖拽 FB1 到 FC1 来实现调用。如图 7-43 所示。

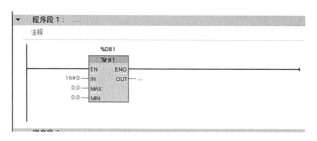

图 7-43　调用 FB1

（6）给 FB1 指定一个背景数据块 FB1_DB，经过上述调用，系统会自动生成一个对应的背景数据块，或者右键数据块，点击"创建实例"系统会提示是否生成，如图 7-44 所示，点击确定。或者，可以直接建立 DB 块，指向为 FB 背景数据块，依次点击 CPU→

图 7-44　调用 FB1 时生成背景数据块 DB1

"程序块"→"添加新块",添加指向 FB 的背景数据块,如图 7-45 所示。建好的背景数据块如图 7-46 所示。

图 7-45   新建背景数据块 DB1,指向 FB1

图 7-46   新建背景数据块 DB1,指向 FB1

(7)可以多次调用 FB1,实现多个数据采集标度变换,如图 7-47 所示,仿真效果如图 7-48 所示。

图 7-47   两次调用 FB1 程序

图 7-48 调用 FB1 仿真效果图

7.6 使用多重背景数据块

多重数据块是数据块的一种特殊形式,如在 OB1 中调用 FB10,在 FB10 中又调用 FB1 和 FB2,则只要 FB10 的背景数据块选择为多重背景数据块就可以了,FB1 和 FB2 不需要建立背景数据块,其接口参数都保存在 FB10 的多重背景数据块中。

下面通过一个例子简单介绍多重背景数据块的使用方法。

工艺要求:设发动机组由 1 台汽油发动机和 1 台柴油发动机组成,现要求用 PLC 控制发动机组,使各台发动机的转速稳定在设定的速度上,并控制散热风扇的启动和延时关闭。每台发动机均设置一个启动按钮和一个停止按钮。

一般的作法,我们可以编写功能块 FB1 控制两台发动机;当控制不同的发动机时,分别使用不同的背景数据块就可以控制不同的发动机了(如第一台发动机的控制参数保存在 DB1 中,第二台发动机的控制参数保存在 DB2 中,在控制第一台发动机调用 FB1 时以 DB1 为背景数据就可以了,第二台同样以 DB2 为背景数据块)。这样就需要使用两个背景数据,如果控制的发动机台数更多,则会使用更多的数据块。使用多重背景数据块就是为了减少数据块的数量。

本例中,利用多重背景数据块来减少数据块的使用量。在 OB1 中调用 FB10,再在 FB10 中分别调用(每台发动机各调用一次)FB1 来控制两台发动机的运转。对于每次调用,FB1 都将它的数据存储在 FB1 的背景数据块 DB1 中。这样就无须再为 FB1 分配数据块,所有的功能块都指向 FB10 的数据块 DB10。

FB10 为上层功能块,它把 FB1 作为其"局部实例",通过二次调用本地实例,分别实现对汽油发动机和柴油发动机的控制。这种调用不占用数据块 DB1 和 DB2,它将每次调用(对于每个调用实例)的数据存储到体系的上层功能块 FB10 的背景数据块

DB10 中。

程序规划结构如图 7-49 所示。

图 7-49 程序规划结构

1) 编辑功能(FC)

FC1 用来实现发动机(汽油发动机或柴油发动机)的风扇控制,按照控制要求,当发动机启动时,风扇应立即启动;当发动机停机后,风扇应延时 4 s 关闭。因此 FC1 需要一个发动机启动信号、一个风扇控制信号和一个延时定时器。FC 局部变量声明表如图 7-50 所示。

	名称	数据类型	偏移量	默认值	注释
1	▼ Input				
2	■ Engine_on	Bool			发动机的启动信号
3	■ Timer_Function	Timer			用于关闭延迟的定时器功能
4	▼ Output				
5	■ Fan_on	Bool			
6	▼ InOut				
7	■ <新增>				

图 7-50 FC 局部变量声明表

FC1 中定时器采用断电延时定时器,控制程序如图 7-51 所示。

逻辑框 "S_OFFDT" 来自程序元素目录,并使用 #Timer_Function 对其进行标识。使用输入参数 #Engine_On 启动变量 #Timer_Function。此 Timer 数据类型的变量 #Timer_Function 代表一个定时器功能,并在之后 OB1 对其调用时分配有定时器地址(如 T1)。每次调用定时器功能时,必须为每个发动机风扇对选择不同的定时器地址。启动定时器功能,此定时器带 4 s 定时器关闭延迟。也可以使用数据类型 S5 Time 作为输入参数,并为其分配延迟时间,这样就可以为发动机的各个风扇组态不同的运行时间。

2) 编辑共享数据块

如图 7-52 所示,共享数据块 DB3 可为 FB10 保存发动机(汽油发动机和柴油发动机)的实际转速,当发动机转速都达到预设速度时,还可以保存该状态的标志数据。

图 7-51 FC1 程序

图 7-52 共享数据块 DB3

3）编辑功能块（FB）

在该系统的程序结构内，有 2 个功能块：FB1 和 FB10。FB1 为底层功能块，所以应首先创建并编辑；FB10 为上层功能块，可以调用 FB1。

（1）编辑底层功能块 FB1，FB1 的变量声明表如图 7-53 所示。

图 7-53 功能块 FB1 的变量声明表

（2）编写功能块 FB1 的控制程序，FB1 主要实现发动机的启停控制及速度监视功能，其控制程序如图 7-54 所示。

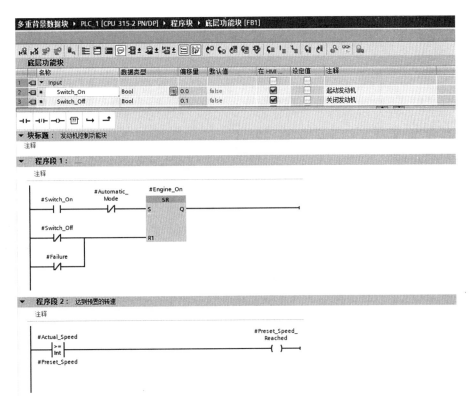

图 7-54　FB1 程序

程序段 1 中,SR(设置、重设)存储功能用于启动发动机。

在变量♯Switch_On 激活时(信号状态 **1**),且变量"Automatic_Mode"取消激活时(信号状态 **0**),启动发动机。因而对信号"Automatic_Mode"取反;取反处理通过在 AND 功能后加上一个圆圈来表示。

在变量♯Switch_Off 激活或变量♯Failure 信号状态为 **0** 时,关闭发动机。♯Failure 是"0 激活"信号,通常情况下其信号状态为 **1**(如果没有出错的话),而在出错时信号状态为 **0**。此处,如果取反信号♯Failure,则可以获得所需要的功能。

注意:通过在名称前加上一个♯号来表示"块相关"变量(♯名称),它只在块中有效。共享的变量表示为在名称前后加上引号("名称"),它在整个程序中有效。

程序段 2 中,比较器用来监视发动机的转速。它检查实际转速是否大于或等于预设转速。如果满足条件,比较器设置变量♯Preset_Speed_Reached。

实际发动机转速是块输入参数(在"in"声明处定义),因为它是发动机特定参数。预置转速也是发动机特定参数,但是因为它是一个固定值,可以以静态数据形式存储在发动机数据中(在"stat"声明处定义)。这种变量即为"静态局部变量"。

(3) 编辑上层功能块 FB10。在"多重背景"项目内创建 FB10,符号名"Engines"。在 FB10 的属性对话框内激活"多重背景能力"选项,如图 7-55 所示。

定义功能块 FB10 的变量声明表,要将 FB1 作为 FB10 的一个"局部背景"调用,需要在 FB10 的变量声明表中为 FB1 的调用声明不同名称的静态变量,数据类型为 FB1(或使用符号名"Engine"),如表 7-4 所示。

图 7-55 FB10 属性对话框

表 7-4 FB10 变量声明表

接口类型	变量名	数据类型	地址	初始值	注 释
OUT	Preset_Speed_Reached	BOOL	0.0	FALSE	两个发动机都已经到达预置的转速
STAT	Petrol_Engine	FB1	2.0	—	FB1"Engine"的第一个局部实例
	Diesel_Engine	FB1	10.0	—	FB1"Engine"的第二个局部实例
TEMP	PE_Preset_Speed_Reached	BOOL	0.0	FALSE	达到预置的转速(汽油发动机)
	DE_Preset_Speed_Reached	BOOL	0.1	FALSE	达到预置的转速(柴油发动机)

在变量声明表内完成 FB1 类型的局部实例:"Petrol_Engine"和"Diesel_Engine"的声明以后,在程序元素目录的"Multiple Instances"目录中就会出现所声明的多重实例,如图 7-56 所示。

		名称	数据类型	偏移量	默认值	在 HMI...	设定值	注释
		FB10						
1	▼	Input						
2		<新增>						
3	▼	Output						
4		Preset_Speed_Reached	Bool	...	false	☑	☐	两个发动机都已经到达预置的转速
5		<新增>						
6	▼	InOut						
7		<新增>						
8	▼	Static						
9	▶	Petrol_Engine	"底层功能块"	...		☑	☐	FB1"Engine"的第一个局部实例
10	▶	Diesel_Engine	"底层功能块"	...		☑	☐	FB1"Engine"的第二个局部实例
11		<新增>						
12	▼	Temp						
13		PE_Preset_Speed_Reac.	Bool	...		☐		达到预置的转速 (汽油发动机)
14		DE_Preset_Speed_Rea..	Bool	...		☐		达到预置的转速 (柴油发动机)
15		<新增>						
16	▼	Constant						

多重背景数据块 ▶ PLC_1 [CPU 315-2 PN/DP] ▶ 程序块 ▶ FB10 [FB10]

图 7-56 FB10 变量声明表

接下来可在 FB10 的代码区,调用 FB1 的"局部实例"。过程如图 7-57 和图 7-58 所示。

图 7-57 FB10 调用 FB1 程序过程一

图 7-58 FB10 调用 FB1 程序过程二

功能块 FB10 的控制程序如图 7-59 所示。

调用 FB1 局部实例时,不再使用独立的背景数据块,FB1 的实例数据位于 FB10 的实例数据块 DB10 中。发动机的实际转速可直接从共享数据块中得到,符号地址为 PE_Actual_Speed)。

(4) 生成多重背景数据块 DB10。在"多重背景"项目内创建一个与 FB10 相关联的多重背景数据块 DB10,符号名"Engine_Data",如图 7-60 所示。

图 7-59　FB10 块调用

图 7-60　多重背景数据块 DB10

4）在 OB1 中调用功能（FC）及上层功能块（FB）

在 OB1 中调用功能（FC）及上层功能块（FB）程序如图 7-61 所示。

图 7-61 OB1 程序

使用多重背景时应注意以下问题：

（1）首先应生成需要多次调用的功能块（如上例中的 FB1）。

（2）管理多重背景的功能块（如上例中的 FB10）必须设置为有多重背景功能。

（3）在管理多重背景的功能块的变量声明表中，为被调用的功能块的每一次调用定义一个静态（STAT）变量，以被调用的功能块的名称（如 FB1）作为静态变量的数据类型。

（4）必须有一个背景数据块（如上例中的 DB10）分配给管理多重背景的功能块。背景数据块中的数据是自动生成的。

（5）多重背景只能声明为静态变量（声明类型为"STAT"）。

本章小结

博途 STEP 7 是 S7-300/400/1500 系列 PLC 应用设计软件包，所支持的 PLC 编程语言非常丰富。该软件的标准版支持 STL(语句表)、LAD(梯形图)及 FBD(功能块图) 3 种基本编程语言,并且在 STEP 7 中可以相互转换。

程序结构有线性化编程、模块化编程与结构化编程三种程序结构。

数据块有全局数据块、背景数据块和用户定义数据块三种。多重数据块是数据块的一种特殊形式。

程序块有组织块(OB)、功能(FC)和功能块(FB)。组织块(OB)是由操作系统直接调用的逻辑块。功能块(FB)有一个数据结构与该功能块的参数完全相同的数据块,称为背景数据块,背景数据块依附于功能块,它随着功能块的调用而打开,随着功能块的结束而关闭。存放在背景数据块中的数据在功能块结束时继续保持。而功能(FC)则不需要背景数据块,功能调用结束后数据不能保持。

习　　题

(1) 简述 STEP7 的编程语言。

(2) 简述 STEP7 的程序结构。

(3) 简述数据块的分类、数据类型,以及在博途软件中建立数据块的方法。

(4) 逻辑块有哪三部分? 简述各自功能。

(5) 压力变送器量程为 0～18 MPa,输出信号为 4～20 mA,S7-300 的模拟量输入模块的额定输入电流值为 4～20 mA,转换后的数字量为 0～27648,设压力值转换后的数字量为 N,编写以 kPa 为单位的压力值程序。

(6) 编写简单的 FC 和 FB 程序。

(7) 利用 FC 编程思想,设计实现三台三相异步电动机星型-三角形启动和反接制动控制。

(8) 利用 FB 编程思想,设计实现三台三相异步电动机星型-三角形启动和反接制动控制。

博途 WinCC 人机界面开发

8.1 人机界面 HMI 概述

人机界面(human machine interface,HMI)是指用户与控制器之间进行交流的专用设备。从前使用按钮、开关、指示灯、数码管作为人机交流装置,因连接线束多、信息量少、占用 PLC 的 I/O 点数多、还需外接电路等诸多缺点,被液晶显示器和触摸屏所取代。

触摸屏与 PLC 通过通信线路连接,既可以作为输入装置,也可以作为输出显示装置,现已成为流行的人机交流装置。人机界面主要功能如下。

(1) 数据的输入与显示;

(2) 系统或设备操作状态的实时信息显示;

(3) 作为操作面板进行控制操作;

(4) 报警处理及打印;

(5) 新一代工业人机界面还具有可编程、对输入的数据进行处理、数据登录及配方等智能化控制功能。

西门子公司的 WinCC 是一套完备的组态开发环境,可以配合西门子公司的自动化硬件产品,功能强大,应用广泛。

TIA Portal WinCC 的组态软件如图 8-1 所示,各版本之间的区别如下。

图 8-1 西门子 WinCC 组态软件

（1）WinCC Basic：可以组态所有的 Basic 面板。

（2）WinCC Comfort：可以组态由 WinCC（TIA Portal）组态的所有面板，包括 Basic Panels、Comfort Panels、Mobile Panels、x77 Panels 和 Multi Panels。

（3）WinCC Advanced：除了组态面板外，还可以组态基于 PC 的运行系统 WinCC Runtime Advanced。

（4）WinCC Professional：除了 WinCC Advanced 可组态的设备外，还可以组态基于 PC 的运行系统 WinCC Runtime Professional。

8.2 人机界面项目创建

在开始设计前，需要在人机界面项目中添加设备，然后创建画面。下面首先介绍两种项目创建方法：向导法创建和自主创建，两种方法都能实现添加 HMI 设备。

8.2.1 向导法创建

打开之前创建的一个 PLC 项目，以三皮带顺序启停为例，如图 8-2 所示。

图 8-2 打开已创建的 PLC 项目

依次点击"设备与网络"→"添加新设备"→"HMI"，选用"SMATIC 精智面板"里的 TP700 Comfort，如图 8-3 所示。

勾选下面的"启动设备向导"，点击添加，进入向导。

第一步是"PLC 连接"。如果项目中已经创建了 PLC 设备，并且包含有匹配的 PLC 通信连接方式，则点击"浏览"可以选择 PLC 并建立连接，如图 8-4 所示。此处建立通信接口类型为以太网。

第二步是"画面布局"。连接建立后，点击"下一步"进入"画面布局"。这里可以配置画面背景颜色和设置页眉，页眉包括画面标题/浏览域，以及日期/时间和可以设置的 Logo 图像选择，右侧是界面预览，如图 8-5 所示。这里我们使用默认设置，下面进入第三步。

图 8-3 添加 HMI 新设备

图 8-4 设备向导之 PLC 连接

第三步为"报警"。按照西门子对报警的分类和定义,可以在界面上选择"未确认报警""未决报警",以及"未决的系统事件",根据项目需求进行勾选,如图 8-6 所示。确定后进入下一步。

第四步为"画面"。如图 8-7 所示,此界面展示出画面的拓扑结构图,我们可以点击"＋"创建所需画面,并定义画面的前后级关系,系统会自动分配好索引按键。

第五步为"系统画面"。可以将自带的系统信息页面以及系统诊断界面加入界面中。例如可选"系统画面""系统设置""用户管理"等,如图 8-8 所示。

最后一步是"按钮"。可以通过点击或拖拽,将系统按钮如"登陆""语言"等放到预览界面的按钮框,并且可以通过右下的"按钮区域"选择按钮所在位置,如图 8-9 所示。

图 8-5　设备向导之画面布局

图 8-6　设备向导之报警

图 8-7　设备向导之画面

图 8-8 设备向导之系统画面

图 8-9 设备向导之按钮

按需求配置好后,点击完成,即可结束向导过程。不同类型的触摸屏向导配置过程也会有所差异,但整体上大同小异。完成向导过程后,出现如图 8-10 所示画面,可以在该页面拖动元素块来自己布局。

点击"仿真"按钮进入仿真,查看通过向导设置的页面效果,如图 8-11 所示。

以上即是通过向导配置出的触摸屏画面,点击按钮,触摸屏就会有相应的反应。接下来,只需要在系统预留的画面区域内添加对象,关联变量,完成布局设计即可。

8.2.2 自主创建

打开之前创建的一个 PLC 项目,还是以三皮带顺序启停为例。进入项目视图,双

图 8-10 人机项目创建完成

图 8-11 仿真页面效果

击"添加新设备",如图 8-12 所示。

完成自主创建,需取消勾选"启动设备向导",点击确定后,可以看到左侧项目树显示了刚刚添加的设备,如图 8-13 所示。

进入 HMI 设备下,选择设备组态,进入网络视图界面,如图 8-14 所示。首先需要将 HMI 设备与 PLC 连接。点击 HMI 设备的通信接口(设备上的绿色方框),弹出属性栏(此时默认在常规设置),点击以太网地址:IP 地址可以使用系统默认的,也可以自行设置,要注意该 IP 地址要与 PLC 处于同一网段下。然后在"子网"里选中 PN/IE,再点击添加新子网。

添加后,点击左上角"网络",如图 8-15 所示,可以直观地看到两设备已经组网。

图 8-12　添加新设备

图 8-13　添加新设备后

图 8-14　网络视图界面

　　然后点击"连接",此处如需要配置 PLC 与 HMI 的通信连接,可以直接使用鼠标左键拖拽的方式,将两通信接口(图 8-15 中绿色接口)连接。

　　连接后,可以在连接列表中查看所创建的连接,如图 8-16 所示,PLC 与 HMI 之间的通信将围绕此连接展开。

　　完成连接组态后,即可以新建画面,设计项目画面间拓扑连接关系,添加通信变量等。然后利用右边的工具箱的各种对象选项来设计画面,如图 8-17 所示。

　　以上就是两种创建项目的方法,两种创建方法的目的都是添加项目,新建设备,以

图 8-15 设备已连接

图 8-16 连接组态

图 8-17 新建画面完成

备进行后续的画面设计组态。在使用向导时,HMI 与 PLC 之间连接的建立更方便,并且可以在其过程中预置一些元素,如果觉得向导较为烦琐,也可在设置部分元素后点击"完成"来跳过向导过程。

8.3 运行系统设置和创建画面

在 HMI 设备添加完毕后,下一步进行运行系统设置以及创建画面。

8.3.1 运行系统设置

双击项目树中 HMI 下的运行系统设置,进入系统设置界面。设置起始画面、画面模板、颜色深度等,如图 8-18 所示。

图 8-18 运行系统设置

8.3.2 创建画面

最简单的是只有一个监控画面来完成所有的监控项目。但是对于许多复杂的监控系统,往往是做不到的。这就需要根据监控系统的任务要求,规划需要几个监控画面,每个画面具备什么样的功能,各个画面之间如何切换。创建画面的方法如下所示。

根画面通常作为启动画面。项目默认只有一个根画面。如果需要更多画面,则要添加新的画面。双击项目树中的添加新画面,如图 8-19 所示。

打开新画面,在下方"巡视"窗口点击属性,给新画面取名,设置画面背景色、网格颜色等,如图 8-20 所示。

图 8-19　添加新画面

图 8-20　修改画面属性

8.4　组态画面中的图形对象

图形对象包括文本框、圆形、方形、线条、按钮、I/O 域等。图形对象分为静态和动态两类。

（1）静态图形对象的位置、颜色、字体大小及内容、尺寸、形状等属性不会随着控制过程变化而变化。通常是指文本域、按钮等。

（2）动态图形对象的位置、颜色、尺寸等属性会随着过程变化而变化，包括代表指示灯、运动物体的圆形、方形等，以及代表变量的 I/O 域、棒图、开关等。

（3）组态完毕后要进行编译，检查是否有错误。

8.4.1　"文本域"图形对象的组态

从右边的工具箱窗口的"元素"栏中，选中"文本域"图形对象，拖放到画面中指定的位置。

在上面巡视窗口的"文本"页面中输入文字信息，或者双击"文本域"图形对象后输入文字信息。

在上面巡视窗口的"属性"页面中设置图形对象的颜色、尺寸、位置、字体大小、对齐方式等属性。如图 8-21 所示。

8.4.2　"基本对象"图形对象的组态

从右边的工具箱窗口的"基本对象"栏中，分别选中"线、圆形、矩形"图形对象，拖放到画面中指定的位置。

在巡视窗口的"属性"页面中设置图形对象的颜色、尺寸、位置等，如图 8-22 所示。

如图 8-23 所示，在巡视窗口的"动画"页面中选择"添加新动画"，选择"水平移动"，通过"矩形"图形对象的移动动画效果来指示皮带运行状态。

图 8-21　文本域图形对象的组态

图 8-22　基本对象的组态

　　单击"水平移动",在"变量"栏中设置与 PLC 变量的关联,还可以在下方修改平移起始位置和目标位置,此时可以看到如图 8-24 画面所示,用虚线示意出平移的移动路径。

8.4.3　"按钮"图形对象的组态

　　从右边的工具箱窗口的"元素"栏中,选中"按钮"图形对象,拖放到画面中指定的位置。

　　在下方的巡视窗口的"文本"页面中输入文字信息,或者双击"按钮"图形对象后输入文字信息。

　　在下方的巡视窗口的"属性"页面中设置图形对象的颜色、尺寸、位置、字体大小、对

图 8-23 添加新动画

图 8-24 水平移动设置

齐方式等,如图 8-25 所示。

在下方的巡视窗口的"事件"页面中设置与 PLC 变量的关联,设置"按下"事件的
"置位位"函数调用和"释放"事件的"设置变量"函数调用,如图 8-26 所示。

8.4.4 "I/O 域"图形对象的组态

从右边工具箱窗口的"元素"栏中,选中"I/O 域"图形对象,拖放到画面中指定的
位置。

在下方巡视窗口的"属性"页面中设置颜色、尺寸、字体格式及大小、对齐方式等。

在下方巡视窗口的"动画"页面中，双击选择"变量连接"—"添加新动画"，然后选择"过程值"，使其与 PLC 变量的关联，如图 8-27 所示。

至此，画面中的图形对象组态完成，点击上方编译图标或者右键 HMI 找到编译，编译成功后无错误表示组态正确，如图 8-28 所示；若编译出现错误需要逐一检查排除，编译出现警告不影响正常运行。

图 8-25 按钮图形对象的组态

图 8-26 连接 PLC 变量

图 8-27 I/O 图形对象的组态以及与 PLC 变量的连接

图 8-28　编译成功

8.5　组态报警

HMI 报警包括如下内容。

（1）离散量报警：用于电路的通断、各种故障信号的出现和消失。

（2）模拟量报警：用于温度、压力等物理量的上下限值的触发报警。

（3）控制器报警：用于 PLC 的故障或错误运报警。

（4）系统事件：用于显示 HMI、PLC 设备的系统状态。

在 TIA 中创建一个新项目并添加相应的设备，创建完成后，在项目树中双击 PLC 变量下的"默认变量表"并打开，如图 8-29 所示。

图 8-29　PLC 默认变量表

在默认变量表中新建一个名称为"外部变量报警"的变量，数据类型选择 Word 型，地址选择为 MW2，如图 8-30 所示。

图 8-30　新建"外部变量报警"变量

　　然后在项目树中双击 HMI 变量下的"默认变量表"打开默认变量表,如图 8-31 所示。在默认变量表中添加一个名称为"内部变量报警"的变量,数据类型选择为 int 型,如图 8-32 所示。

图 8-31　HMI 默认变量表

图 8-32　新建"内部变量报警"变量

双击项目树中的"HMI 报警"打开报警窗口,添加一个名称为"alarm_1"离散量报警,报警文本修改为"外部变量第 0 位需确认报警",报警类别选择为"Errors",触发变量选择 PLC 变量中的"外部变量报警",如图 8-33 所示。

图 8-33 HMI 报警窗口—添加离散量报警 1

再添加第二个离散量报警,报警文本修改为"外部变量第 8 位不需确认报警",报警类别修改为"Warnings",触发变量选择 PLC 变量中的"外部变量报警"。然后将触发位修改为 8,可以看到触发位地址变为 M2.0,如图 8-34 所示。

图 8-34 添加离散量报警 2

再添加第三个内部变量报警,报警文本修改为"内部变量报警",报警类别选择"Errors",触发变量选择 HMI 变量中的"内部变量报警",触发位修改为 0,如图 8-35 所示。

然后双击项目树中 HMI 画面下的"画面_1",打开画面_1,如图 8-36 所示。

在工具箱中选择一个文本域和一个输入/输出域添加到画面中,将文本域的名称更改为"外部变量",如图 8-37 所示。按此方法再建一个"内部变量"。

点击选中输入/输出域,在下方的属性一栏中选中"属性"—"常规"。关联变量,然后在右边的"格式"中选择二进制格式,并选择域长度为 8 的格式样式,如图 8-38 所示。

然后,在右侧工具箱中选择报警视图,鼠标拖拽或双击添加到画面中,如图 8-39 所示。

图 8-35　添加离散量报警 3

图 8-36　打开画面

图 8-37　在画面中添加 I/O 域和文本域

图 8-38 关联变量

图 8-39 添加报警视图到画面中

图 8-40 启动 PLC 仿真

"下载"即可将程序下载到仿真器中。

添加完成后,单击选中左侧项目树中的PLC,然后点击上方工具栏的启动仿真按钮启动仿真,或者右键 PLC,找到并且点击仿真,如图 8-40 所示。

确定后,在弹出的如图 8-41 所示的窗口中,选择接口类型和连接的子网接口,点击"开始搜索"。搜索到可访问设备后,单击选中设备,此时该设备一列变为灰色,再点击

图 8-41　下载程序到仿真器

装载完成后,切换到仿真器界面(见图 8-42)。点击"插入"添加一个变量,将名称修改为 MW2,数据类型选择二进制,然后将仿真器切换到运行状态 RUN 或者 RUN-P。

图 8-42　仿真器界面

切换仿真器运行状态时可以看到左侧指示灯颜色变化,绿色表示运行正常,红色表示出现错误,需注意进行检查。

再切换到项目视图,在左侧项目树中单击选中 HMI,点击启动仿真按钮启动仿真,同样,也可以右键点击仿真,如图 8-43 所示。

图 8-43 启动 HMI 仿真

HMI 运行后,将外部变量输入/输出域中的值第 0 位修改为 1,按回车键,可以看到画面中出现了一条外部变量产生的报警信息,如图 8-44 所示。

图 8-44 修改参数产生报警记录

再次修改成 0,按回车键,可以看到状态变为 IO。点击右下角的确认按钮,报警信息才会消失,因为这是需要确认的 Errors 类型的报警记录,如图 8-45 所示。内部变量报警 Errors 类型操作也是如上方法。

切换到仿真器界面,将 MW2 的第 8 位修改为 1 后,可以在报警视图中看到相应的

图 8-45 需要确认的报警记录

报警信息。将其修改回 0 之后,可以看到报警信息马上消失,因为这是不需要确认的 Warnings 类型的报警记录,如图 8-46 和图 8-47 所示。

图 8-46 通过仿真器修改变量,产生报警记录

接下来演示模拟量变量报警记录,首先双击项目树中 PLC 变量下的"默认变量表",打开默认变量表,如图 8-48 所示。在默认变量表中添加两个变量,名称分别更改为"外部变量需确认""外部变量不需确认",地址分别选为 MW4 和 MW6,数据类型均选择 Int 型。

双击 HMI 变量下的"默认变量表",打开默认变量表,如图 8-49 所示。添加两个名称分别为"内部变量需确认""内部变量不需确认"的内部变量,数据类型均选择为 Int 型。

图 8-47 不需要确认的报警记录立即消失

图 8-48 PLC 默认变量表

图 8-49 HMI 默认变量表

　　然后在左侧项目树中双击 HMI 下的"HMI 报警",并切换到模拟量报警页面,如图 8-50 所示。

图 8-50　模拟量报警界面

　　在报警记录中添加一个报警记录,报警文本修改为"外部变量超 20 需确认报警",报警类别选择为 Errors,触发类别选择 PLC 变量中的"外部变量需确认",限制值设置为 20,如图 8-51 所示。

图 8-51　添加报警记录

　　按照以上方法再添加三个模拟量报警记录,如图 8-52 所示。

　　第 2 个报警记录报警文本设置为"外部变量超 40 不需确认报警",报警类别选择 Warnings,触发变量选择 PLC 变量中的"外部变量不需确认",限制值设置为 40。第 3 个报警记录报警文本设置为"内部变量超 60 需确认报警",报警类别选择 Errors,触发变量选择 HMI 变量中的"内部变量需确认",限制值设置为 60。第 4 个报警记录报警文本设置为"内部变量超 80 不需确认报警",报警类别选择 Warnings,触发变量选择 HMI 变量中的"内部变量不需确认",限制值设置为 80。

　　双击 HMI 画面下的"画面_2",打开画面,如图 8-53 所示。在右侧工具箱中选择两个文本域和两个输入/输出域添加到画面中,两个文本域的名称分别更改为"内部变量需确认"和"内部变量不需确认"。最后再添加一个报警视图到画面中,如图 8-54 所示。

图 8-52 添加报警记录后

图 8-53 打开画面

图 8-54 依次添加文本域、I/O 域、报警视图

　　添加完成后,单击选中输入/输出域,在下方的"属性"—"常规"一栏中可以关联变量。这里分别关联"内部变量需确认"和"内部变量不需确认"变量,如图 8-55 所示。

图 8-55　关联变量

　　右侧的显示格式均选择十进制,格式样式我们这里选择域长为 4 的格式样式,如图 8-56 所示。

图 8-56　修改显示格式

画面组态完成后就可以开始仿真。单击选中项目树中的 PLC，然后点击启动仿真按钮即可启动仿真，如图 8-57 所示。在弹出的窗口中选择相应的接口类型和连接类型，再点击"开始搜索"，单击选中搜索出的设备，然后点击"下载"即可将程序下载到仿真器中，如图 8-58 所示。

图 8-57 启动 PLC 仿真

图 8-58 将程序下载到仿真器

然后,切换到仿真器界面,点击"插入"添加两个变量 MW4 和 MW6 后,将仿真器切换到运行状态,如图 8-59 所示。

图 8-59　仿真器界面

再次回到 TIA 界面,单击选中项目树中的 HMI,然后点击启动仿真按钮即可启动仿真,如图 8-60 所示。等待编译完成后即可出现仿真画面。

图 8-60　启动 HMI 仿真

在仿真画面中,首先将内部变量需确认的值修改为 70,按回车键,如图 8-61 所示,可以看到出现报警信息。再次修改为 10,按回车键,可以看到状态变为 10,如图 8-62 所示,这时我们需要点击右下角的确认按钮才能清除报警信息。

然后,将内部变量不需确认的值修改为 90,按回车键,可以看到出现报警信息。再次将值修改为 10,可以看到报警信息马上消失,不需要点击确认按钮,如图 8-63 所示。

现在切换到仿真器界面,将 MW4 的值修改为 30,按回车键,可以看到出现报警信息,再次修改为 0 后,需要点击确认按钮才能清除报警信息。

将 MW6 的值修改为 50,按回车键,可以看到出现报警信息,再次修改为 0 后报警信息马上消失,不需要点击确认按钮。

图 8-61 修改参数产生报警记录

图 8-62 点击确认报警消失

图 8-63 修改参数产生报警记录

8.6　组态数据记录及趋势图

建立对 PLC 变量的数据记录后,可以新建画面,在画面中组态变量的趋势视图。可以通过趋势图观察变量的变化规律。组态步骤如下。

(1)进入历史数据项目,组态变量的数据记录,如图 8-64 所示。

(2)创建用于显示趋势图的新画面,在新画面中组态变量的趋势视图,如图 8-65 所示。

(3)创建并组态画面的切换按钮。

图 8-64　历史数据界面

图 8-65　创建趋势图画面

8.7　人机界面与 PLC 的联合调试

按下启动按钮,1 号皮带启动,延时 15 s 后 2 号皮带启动,再延时 15 s 后 3 号皮带启动,最终仿真显示效果如图 8-66 所示。图中①、②、③显示为绿灯。

图 8-66　启动效果仿真

按下停止按钮,1 号皮带先停止,延时 20 s 后 2 号皮带停止,再延时 20 s 后 3 号皮带停止,如图 8-67 所示。图中①显示为红灯。

图 8-67　停止效果仿真

其中,启动时间间隔设置前一皮带启动后距离后一皮带启动的倒计时时间;停止时间间隔设置前一皮带停止后距离后一皮带停止的倒计时时间。

8.8　三皮带顺序启停程序

三皮带顺序启停程序的 PLC 变量表如表 8-1 所示。

表 8-1　PLC 变量表

Name	Data Type	Logical Address	Comment
启动	Bool	%M0.1	
停止	Bool	%M0.2	

续表

Name	Data Type	Logical Address	Comment
1 号皮带移动	Int	%MW100	
1 号皮带移动脉冲 1	Timer	%T0	
1 号皮带移动脉冲 2	Timer	%T1	
1 号皮带平移脉冲	Bool	%M111.0	
加法器 1 号皮带变量增加	Counter	%C0	
2 号皮带平移脉冲	Bool	%M211.0	
3 号皮带平移脉冲	Bool	%M311.0	
加法器 2 号皮带变量增加	Counter	%C1	
2 号皮带移动	Int	%MW200	
复位	Bool	%M0.3	
启动延时 15s	Timer	%T10	
启动延时 30s	Timer	%T11	
加法器 3 号皮带变量增加	Counter	%C2	
3 号皮带移动	Int	%MW300	
停止延时 20s	Timer	%T12	
停止延时 40s	Timer	%T13	
2 号电动机状态	Bool	%M210.0	1 为绿色,0 为灰色
3 号电动机状态	Bool	%M310.0	1 为绿色,0 为灰色
2 号皮带移动脉冲 1	Timer	%T2	
2 号皮带移动脉冲 2	Timer	%T3	
使方块延时停止的脉冲	Bool	%M8.1	
1 号电动机状态	Bool	%M110.0	1 为绿色,0 为灰色
启动灯状态	Bool	%M1.1	1 为绿色,0 为灰色
停止灯状态	Bool	%M1.2	1 为红色,0 为灰色
1 号皮带平移复位	Bool	%M111.1	
启动延时时间	S5Time	%MW50	
停止延时时间	S5Time	%MW52	
3 号皮带移动脉冲 1	Timer	%T4	
3 号皮带移动脉冲 2	Timer	%T5	
2 号皮带平移复位	Bool	%M211.1	
3 号皮带平移复位	Bool	%M311.1	
系统上电	Bool	%M0.0	

三皮带顺序启停程序的 HMI 变量表如表 8-2 所示。

表 8-2　HMI 变量表

Name	PLC tag	DataType	Address
启动	启动	Bool	%M0.1
停止	停止	Bool	%M0.2
1 号皮带移动	1 号皮带移动	Int	%MW100
2 号皮带移动	2 号皮带移动	Int	%MW200
3 号皮带移动	3 号皮带移动	Int	%MW300
复位	复位	Bool	%M0.3
停止灯亮	停止灯状态	Bool	%M1.2
启动灯亮	启动灯状态	Bool	%M1.1
1 号电动机状态	1 号电机状态	Bool	%M110.0
3 号电动机状态	3 号电机状态	Bool	%M310.0
2 号电动机状态	2 号电机状态	Bool	%M210.0
启动延时时间 1	数据块_1.startTime	S5Time	%DB1.DBW0
停止延时时间 1	数据块_1.stopTime	S5Time	%DB1.DBW2
系统上电	系统上电	Bool	%M0.0

三皮带顺序启停的 PLC 程序如图 8-68 所示。

图 8-68　PLC 程序

程序段 3： 1号皮带移动

注释

%M110.0
"1号电机状态"

%T1
"1号皮带移动脉冲 2"

%T0
"1号皮带移动脉冲 1"

S_ODT

S　　　　Q
S5T#0.1S — TV　　　BI — ...
... — R　　　BCD — ...

%M111.0
"1号皮带平移脉冲"

程序段 4： ...

注释

%T0
"1号皮带移动脉冲 1"

%T1
"1号皮带移动脉冲 2"

S_ODT

S　　　　Q
S5T#0.1S — TV　　　BI — ...
... — R　　　BCD — ...

程序段 5： ...

注释

%M0.3
"复位"

%M111.1
"1号皮带平移复位"

735
<
Int
%MW100
"1号皮带移动"

439
>
Int
%MW100
"1号皮带移动"

程序段 6： ...

1号皮带运行效果

%M111.0
"1号皮带平移脉冲"

%C0
"加法器1号皮带变量增加"

S_CU

CU　　　Q

%M111.1
"1号皮带平移复位"

S　　　CV — %MW100 "1号皮带移动"
C#439 — PV　CV_BCD — ...
... — R

续图 8-68

程序段 7: 1为绿色,0为灰色

延时15s后2号皮带运行

程序段 8: 2号皮带移动

注释

程序段 9: ....

2号皮带移动

程序段 10: ....

2号皮带移动

续图 8-68

▼　程序段 11：......

2号皮带运行效果

▼　程序段 12：　1为绿色，0为灰色

延时15s后3号皮带运行

▼　程序段 13：　3号皮带移动

注释

▼　程序段 14：......

注释

续图 8-68

续图 8-68

本章小结

人机界面（HMI）是指用户与控制器之间进行交流的专用设备，现在一般为液晶显示器和触摸屏。

人机界面主要功能：数据的输入与显示、操作状态的实时信息显示、作为操作面板进行控制操作、报警处理及打印等其他智能化控制功能。

博途 WinCC 软件的人机界面项目包含添加设备、运行系统设置、创建画面、组态画面中的图形对象、组态报警、组态数据记录及趋势图等过程。

在博途软件中，可以很方便地进行人机界面与 PLC 的联合调试，可以直观地看到组态效果。

习　　题

（1）简述人机界面的概念及其主要功能。

（2）人机界面项目创建有哪些主要内容，简述其步骤？

（3）组态画面中的图形对象有哪两种？

（4）简述 I/O 域图形对象组态的作用，并在博途 WinCC 中进行基本的组态过程。

（5）简述组态报警的作用，并在博途 WinCC 中进行基本的组态过程。

（6）简述组态数据记录及趋势图的作用，并在博途 WinCC 中进行基本的组态过程。

（7）基于博途进行天塔之光控制系统的 HMI 组态及其与 PLC 的联合调试。天塔之光的示意图如图 8-69 所示。

控制要求：L_{12}→L_{11}→L_{10}→L_8→L_1→L_1、L_2、L_9→L_1、L_5、L_8→L_1、L_4、L_7→L_1、L_3、L_6→L_1→L_2、L_3、L_4、L_5→L_6、L_7、L_8、L_9→L_1、L_2、L_6→L_1、L_3、L_7→L_1、L_4、L_8→L_1、L_5、L_9→L_1→L_2、L_3、L_4、L_5→L_6、L_7、L_8、L_9→L_{12}→L_{11}→L_{10}……循环下去。

（8）基于博途进行水塔水位控制系统的 HMI 组态及其与 PLC 的联合调试。水塔水位控制系统的示意图如图 8-70 所示。

图 8-69　天塔之光示意图　　　　图 8-70　水塔水位控制系统示意图

控制要求及 HMI 画面要求如下：

① 图 8-70 中，液位传感器用 SB_1、SB_2、SB_3 和 SB_4 表示。

② 按下 SB_4，表示水池水位低，水池需要进水，进水电动机 KM_2 运行，灯 L_2 亮；直到按下 SB_3，表示水池水位到位，灯 L_2 灭。

③ 按下 SB_2，表示水塔水位低需进水，灯 L_1 亮，抽水电动机 KM_1 运行，进行抽水；直到按下 SB_1，水塔水位到位，灯 L_1 灭。

④ 过 20 s 后，水塔放水，后重复上述过程即可。

⑤ 水池和水塔都可分别通过放水阀门 KM_3，KM_4 进行放水。

⑥ 液位传感器更换为输出为 4～20 mA 的模拟量仪表后，信号接入 AI 模块。在此情况下，在 HMI 界面中有水位数据及趋势图。

⑦ 动画显示水位的上升和下降过程。

9

PLC 技术实验

可编程控制器简称 PLC,是一种工业控制计算机,特别适宜工业现场的恶劣环境,具有可靠性高、使用方便的特点,对于顺序、逻辑控制,只要知道工艺流程、输入信号线和输出信号线的控制功能就可以选用适当类型的 PLC 完成设计任务,且接线简单,还可以根据现场要求随时更改程序。PLC 有许多种型号,但它们的基本原理是一致的。在学校里,不可能对各种型号都做实验,只能对一种型号有所了解、应用,掌握其基本方法、以便举一反三。同学们可在工作中根据现场控制要求选用适当型号的 PLC、参阅有关资料一般就能熟练掌握。本实验只是起抛砖引玉的作用,以锻炼同学们的动手及编程能力,为将来工作打下良好的基础。希望同学们认真阅读 PLC 实验仪器设备简介,后面每一个实验都需要参看这个简介,按要求做好每个实验的预习报告,并在做实验前交给老师。

9.1 PLC 实验仪器设备简介

实验仪器设备由主机挂箱、中间继电器挂箱和控制对象挂箱组成,下面分别介绍它们的电路原理组成结构,根据这些原理可以方便地完成实验要求的接线图。

1. 主机挂箱

主机挂箱安装了西门子公司生产的 S7-300 系列 PLC 产品,由电源、CPU 和开关量输出三个模块构成实验设备的 PLC 系统,而 CPU 模块除具有中央处理器功能外还集成了 I/O 接口,如图 9-1 所示。在图中 CPU 集成的 I/O 接口分为两组接线端子,一组是 5 路模拟量输入通道、2 路模拟量输出通道和 8 路开关量输入通道;另一组为 16 路开关量输入通道和 16 路开关量输出通道。有关 PLC 系统与外部信号连接方式如图 9-2、图 9-3 和图 9-4 所示,在图中大方框内是 PLC 的内部电路原理框图,大方框外是外部信号的输入接线方式。只有掌握了这些图,才能将外部信号正确输入 PLC 内,同时把 PLC 控制信号正确的输出。

主机挂箱布置的电源原理图如图 9-5 所示,从图中可知,直流电源由两套组成,一套 PLC 电源模块(PS307 模块)只为 PLC 系统模块内部供电;另一套稳压电源为 PLC 系统的外部输入输出信号提供电源。

主机挂箱除电源有引出接线插孔外,为了做实验方便接线,将 PLC 系统的所有 I/O 接口出线端子也引出到接线插孔,其对应关系如图 9-6 和图 9-7 所示。在图中黑色框内

图 9-1　实验设备的 PLC 系统

图 9-2　AI5/AO2/DI8 接线框图

圆圈里的数字标签表示 I/O 接口出线端子号,对应的 IN 和 OUT 是接线插孔的标识,如果标识的是电源符号就说明该接口出线端子已经接好了电源。

另外主机挂箱还有 16 路开关可以作为 PLC 的开关量输入信号和 16 路发光二极管作为 PLC 的开关量输出信号,以及 1 路电位器作为 PLC 的模拟量输入信号。其电路原理如图 9-8 所示。图中的 COM0 和 COM1 既是插孔,也是 24 V 电源,可用于获取 24 V 电源。

图 9-3 CPU 模块的 DI16/DO16 接线框图

图 9-4 SM322-DO16 接线框图

2. 中间继电器挂箱

中间继电器挂箱内安装了 10 个小型直流继电器,其线圈为直流 24 V 电压,有 3 对触点,但只引出 2 对接点,挂箱上的接线图清楚。

图 9-5　主机挂箱的电源原理图

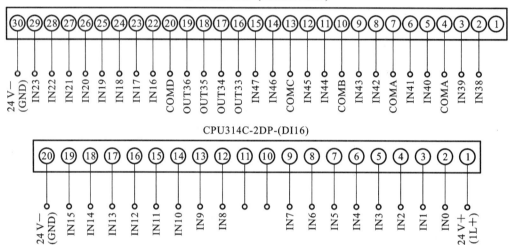

图 9-6　CPU 模块 I/O 接口出线端子到接线插孔图

图 9-7　SM322 开关量输出接口模块出线端子到接线插孔图

3. 控制对象挂箱

控制对象挂箱有 3 个区域，一个区域由按钮和发光二极管组成的接口电路，其对应的原理图如图 9-9 所示；一个区域是模拟液体混合控制单元；一个区域是交通灯控制对象。

图 9-8 主机挂箱开关和发光二极管电路图

图 9-9 按钮和发光二极管电路图

4. PLC 的编程和监控

PLC 的编程和监控可上计算机完成,如图 9-10 所示。

图 9-10 PLC 系统编程和监控方式图

9.2 实验 1 用继电控制方式实现电动机的正反转实验

1）实验目的

（1）熟悉按钮、接触器、继电器等常用控制电器的结构、原理和使用方法。

（2）掌握常用电工工具的使用，掌握常用低压电器的安装与使用方法。

（3）学习依照控制线路原理图进行实际接线的方法。

（4）掌握自锁、互锁的工作原理。

（5）了解异步电动机的控制方法。

2）原理及控制线路

三相笼式异步电动机的旋转方向是由旋转磁场的方向所决定的，旋转磁场的方向由电动机定子电流的相序决定。因此，改变定子电流的相序就可以控制异步电动机的转动方向。定子电流相序的改变只需将三相电源的三根电源线中任意两根对调一下即可，如原三相接法为 A-B-C、改为 A-C-B。图 9-11 所示的是根据此原理来控制电动机正反转的线路图。

图 9-11 控制电动机正反转的线路图

三相笼式异步电动机有三个绕组如图 9-12 所示，可以接成 Y 形，也可以接成△形。在本实验中采用 Y 形接法如图 9-13 所示。

图 9-12 笼式异步电动机三个绕组　　　　**图 9-13 Y 形连接**

3）实验仪器和设备

继电器挂箱		1 台
小型三相笼式电动机	380 V,40 W	1 台

4）实验内容与步骤

（1）按图 9-11 接线。接线时要特别仔细,一条支路一条支路的接线,每接好一条支路后检查一次,发现错线应及时纠正。建议先接控制回路,注意自锁、互锁的关系;正确无误后,方可合闸通电,注意接触器的动作是否正确,正确后再进行下一步。

（2）分闸断电后继续接主回路,正确无误后,方可合闸通电。注意接触器的动作,电动机的方向（电动机停稳后方可反向运动）。

（3）本实验是高电压,注意安全。

5）预习要求及问题

（1）认真编写实验报告。

（2）仔细阅读实验原理及线路图。

（3）对图 9-11,当电源电压降低时,控制线路会发生什么现象? 为什么?

（4）自拟一控制线路图,要求实现:

① 电动机（380 V）只作单方向运行;

② 能进行两地启动和停止;

③ 具有电动机运行状态"停止、运行"信号灯（信号灯电压为 380 V）;

④ 控制尽量简单。

9.3 实验 2 STEP 7 及 PLCSIM 仿真软件的使用

1）实验目的

（1）掌握 STEP 7 软件的基本使用方法；

（2）掌握简单的 PLC 程序的编程和调试方法；

（3）掌握 MPI 地址配置方法；

（4）掌握 PLCSIM 仿真软件的使用；

（5）掌握编译下载执行用户程序的方法。

2）实验设备

PLC 实验挂箱　　　　1 台

计算机　　　　　　　1 台

3）实验内容和要求

（1）创建一个 S7 的项目；

（2）通过 HW Config 进行硬件组态；

（3）录入编写的 PLC 程序；

（4）通过 SET PG/PC Interface 设置编程通信接口；

（5）通过 S7-PLCSIM 进行仿真调试；

（6）下载到硬件调试。

4）预习要求

（1）仔细阅读 PLC 简介；

（2）编写一段程序梯形图，要求梯形图网络不得少于 20 行，并写在预习报告中。

5）实验步骤

（1）创建 PLC 程序，如一个简单模拟的电动机启停控制的程序；

（2）在 PLC 的仿真模式下完成调试程序。

9.4 实验3 简单PLC外部I/O逻辑控制实验

1) 实验目的

(1) 掌握数字量输入输出模块的使用;

(2) 掌握I/O模块及外部电路接线;

(3) 掌握逻辑指令和定时器。

2) 实验设备

PLC实验挂箱	1台
控制对象挂箱	1台
计算机	1台

3) 实验要求

(1) 多路外部输入输出实验。

将外部的按钮输入到PLC的输入端接口,然后根据输入的状态输出到PLC的输出端接口,PLC的输出端接口接发光二极管。PLC的输入使用实验设备上的按钮作输入,PLC的输出使用实验设备上的发光二极管,参看实验二的图9-9。设计要求应该有8路按钮输入和8路发光二极管输出。

(2) 在按钮和自锁按钮中各选一个作输入,在发光二极管中任意选一个作为输出,完成下面功能:当按下一个自锁按钮时,发光二极管亮;当按下按钮时,发光二极管以5 s闪烁;当再次按自锁按钮时,发光二极管灭。

4) 预习要求

(1) 按设计要求画出接线原理图;要求写出PLC的地址;

(2) 根据接线原理图和设计要求写出两个实验的梯形图。

5) 实验要求

(1) 按正确的图接线;

(2) 创建PLC程序;

(3) 调试程序达到设计要求。

注:图9-14是根据设备简介中的图画出的一个按钮和一个发光二极管连接的实例图,同学们可以参考这个图画实验要求的图。其中弯曲线表示外部连线。

图 9-14 连接实例图

9.5 实验4 用PLC设计实现电动机正反转简单控制实验

1）实验目的

（1）学会用PLC编制简单的程序；

（2）学会PLC与外部控制设备的连接方法；

（3）掌握PLC与继电器接线方法。

2）实验设备

PLC实验挂箱	1台
中间继电器挂箱	1台
继电器挂箱	1台
计算机	1台

3）设计要求

实验1是用继电器线路完成电动机的正反向控制，本次实验设计要求采用PLC来完成电动机的正反向控制。

仍然用实验1中的3个按钮控制电动机的正反转和停止，因此3个按钮作为PLC的输入；由设备简介可以知道，PLC的输出等效电路是晶体管电路，其电压、电流等级属于直流弱电，不能直接用于交流高压，因此PLC的输出一般先接一个小的中间继电器，中间继电器接点用于控制高电压的接触器达到控制交流电动机的目的。

4）预习要求

（1）参看实验1和实验3的线路图，按设计要求画出接线原理图；

（2）根据接线原理图和设计要求写出实验的梯形图。

5）实验要求

（1）按正确的图接线；

（2）创建PLC程序；

（3）调试程序达到设计要求。

注：图9-15是根据设备简介中的图和实验1的接线图与本设计的要求画出的挂箱框图，图中画出了所需的电器元件，同学们可以根据图9-15中的电器元件，画出符合本实验设计要求的图。

图9-15 挂箱框图

9.6　实验 5　用 PLC 设计实现电动机正反转较复杂控制实验

1) 实验目的

(1) 进一步学会用 PLC 编制简单的程序；

(2) 学会 PLC 与外部控制设备的连接方法；

(3) 掌握 PLC 与继电器接线方法；

(4) 学会模拟量模块的使用方法。

2) 实验设备

PLC 实验挂箱	1 台
中间继电器挂箱	1 台
继电器挂箱	1 台
计算机	1 台

3) 设计要求

在实验 1 中是用继电器线路完成电动机的正反向控制的，本次实验设计要求采用 PLC 来完成电动机的定时控制。

在实验中，使用 2 个按钮，一个用作启动，一个用作停止，当按下启动按钮时，电动机正转一定时间（这个时间由外部电位器设定），时间到后电动机停止 2 s，接着反转一定时间（与正转时间一样），时间到后电动机停止 2 s，再重新正转，周而复始，直到按下停止按钮后，电动机停止运转。

时间的确定：模拟量输入的电压为 0～10 V，转换后对应的数字量为 0～27648，用这个变化量做时间的变化，表示范围为 5～50 s，因此在编程时需要编写标度变换程序。定时器的时间变量的数字表达如表 9-1 所示。

表 9-1　定时器的时基

时　　基	对应的二进制代码	分辨率/s	定 时 范 围
10 ms	**0 0**	0.01	10 ms～9.99 s
100 ms	**0 1**	0.1	100 ms～1 min 39 s 900 ms
1 s	**1 0**	1	1 s～16 min 39 s
10 s	**1 1**	10	10 s～2 h 46 min 30 s

4) 预习要求

(1) 按设计要求画出接线原理图；

(2) 根据接线原理图和设计要求写出实验的梯形图。

5) 实验要求

(1) 按正确的图接线；

(2) 创建 PLC 程序；

(3) 调试程序达到设计要求。

附：定时器的时间格式如图 9-16 所示，定时器的时基如表 9-1 所示。

图 9-16   定时器的时间格式

9.7 实验 6 用 PLC 设计实现模拟混料机系统控制实验

1）实验目的

（1）提高 PLC 编程能力；

（2）加深对 PLC 循环扫描工作方式的理解；

（3）掌握较复杂 PLC 技术的设计能力和应用。

2）实验设备

PLC 实验挂箱	1 台
PLC 电平转换模块	1 个
液体混合模块	1 个
计算机	1 台

3）设计要求

本实验是通过 PLC 控制液体混合,包括进料,搅拌,放料。

料锅上方有两个进料口 A 和 B,分别由 2 个进料泵控制进料;料锅有 3 个位置高度传感器,分别是料空、料中位、料高位;料锅旋转由一组 LED 指示灯模拟(只需给出控制信号)。料锅下方出料口有排放阀放出混合料。

液体混合模块挂箱的两个按键分别控制液位混合工作的启停;HL_5、HL_6 分别控制进料口 A、B 的开启与关闭;HL_4 控制混合搅拌电动机的启停;HL_7 控制放料阀的动作。HL_1、HL_2、HL_3 为液位高、中、空的料锅状态的信号输出。

通过对 PLC 的编程:(1)实现按键控制启停。(2)当液位为"空"位的时候,开启进料阀 A;到液位为"中"位时,关闭进料阀 A,开启进料阀 B。(3)当液位到达"高"位时,关闭进料阀 B,进入搅拌状态。(4)通过电位器控制搅拌时间(2~20 s),搅拌完成后,开启放料阀。(5)当放料完毕时,重新进入下一次液体进料、混合。

图 9-17 搅拌控制模型

4）预习要求

（1）根据实验所给变量列出所需变量的变量表；

（2）按设计要求完成硬件接线；

（3）根据硬件接线编写梯形图程序。

5）实验要求

（1）按正确的图接线；

（2）创建 PLC 程序；

（3）调试程序达到设计要求。

注：图 9-18 所示的是与实物模块对应的接线图，同学们可根据此图原件进行本实验的接线设计（不要忘了电位器的输入信号）。

图 9-18 接线图

9.8　实验 7　博途 WinCC 组态软件的使用——自动往返运料小车

1）实验目的
(1) 熟悉博途 WinCC HMI 组态软件的使用；
(2) 熟悉 HMI 基本对象、元素和控件；
(3) 掌握编译下载执行用户程序的方法。

2）实验仪器和设备
计算机　　　一台

3）实验要求
(1) 具有右行按钮、左行按钮、停止按钮，通过画面可以实现运料小车的控制；
(2) 画面上具有右行显示指示灯，左行显示指示灯；
(3) 画面上可以显示卸料倒计时剩余时间，装料倒计时时间。

4）预习要求
(1) 博途 WinCC 人机界面开发方法，主要练习人机界面项目设备创建、运行系统设置和创建画面和组态画面中的图形对象，特别预习动态对象的设定方法。
(2) 内部变量的使用。

5）实验内容与步骤
(1) 创建一个画面；
(2) 通过基本元素构建画面；
(3) 根据实验要求放置元素；
(4) 启动仿真，观察结果。

9.9　实验 8　博途 WinCC 组态软件与博途 STEP 7 联调 实验——自动往返运料小车

1）实验目的

（1）熟悉 HMI 组态元素与 PLC 变量的设置；

（2）熟悉 TP700 Basic 与 PLC 的通信连接方法；

（3）掌握编译下载执行用户程序的方法。

2）实验仪器和设备

PLC 实验挂箱　　　　　1 台

计算机　　　　　　　　1 台

3）实验要求

（1）在博途软件中，实现 TP700 Basic 与 PLC 联合测试；

（2）具有右行按钮、左行按钮、停止按钮，通过画面可以实现运料小车的控制；

（3）画面上具有右行显示指示灯，左行显示指示灯；

（4）画面上可以显示卸料倒计时剩余时间，装料倒计时时间。

4）预习要求

（1）各种定时器的使用；

（2）设计自动往返运料小车的硬件接线电路图，分配 PLC I/O 分配表，编写运料小车自动往返的 PLC 程序；

（3）复习实验 7 的内容。

5）实验内容与步骤

（1）调试运料小车自动往返的 PLC 程序；

（2）将 TP700 Basic 与 PLC 连接；

（3）对 HMI 组态元素进行 PLC 变量设置调试，如左行按钮元素在释放和按下变量配置为 PLC 程序中的左行按钮等；

（4）联合调试程序达到设计要求。

9.10 实验 9 基于博途 STEP 7 和 WinCC 的喷泉模拟实验

1) 实验目的

(1) 掌握各种定时器的应用能力和 PLC 编程能力;

(2) 掌握 WinCC 人机界面程序的编写能力;

(3) 提高 PLC 技术的较复杂工程问题的解决能力。

2) 实验设备

PLC 实验挂箱	1 台
喷泉模块	1 个
计算机	1 台

3) 实验要求

喷泉模块示意图如图 9-19 所示,控制要求为 L_1 亮 0.5 s 后灭,接着 L_2 亮 0.5 s 后灭,接着 L_3 亮 0.5 s 后灭,接着 L_4 亮 0.5 s 后灭,接着 L_5、L_9 亮 0.5 s 后灭,接着 L_6、L_{10} 亮 0.5 s 后灭,接着 L_7、L_{11} 亮 0.5 s 后灭,接着 L_8、L_{12} 亮 0.5 s 后灭,L_1 亮 0.5 s 后灭,如此循环下去。

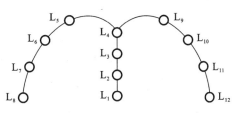

图 9-19 喷泉示意图

4) 预习要求

(1) 各种定时器的使用;

(2) 设计硬件接线电路图,并分配 PLC I/O 分配表;

(3) 复习第 8 章人机界面项目创建、组态画面中的图形对象及人机界面与 PLC 的联合调试等内容,在博途软件中完成画面设计。

5) 实验内容与步骤

(1) 编写 PLC 控制程序,在喷泉模块上调试 PLC 程序;

(2) 设计并编写基于博途 WinCC 的上位机画面及相应程序;

(3) 在博途软件中实现 TP700 Basic 与 PLC 联合测试。

9.11　实验 10　基于博途 STEP 7 和 WinCC 的交通灯控制实验

1）实验目的

（1）掌握各种定时器的应用能力和 PLC 编程能力；

（2）掌握 WinCC 人机界面程序的编写能力；

（3）提高 PLC 技术的较复杂工程问题的解决能力。

2）实验设备

PLC 实验挂箱　　　1 台

交通灯模块　　　　1 个

计算机　　　　　　1 台

图 9-20

3）实验要求

启动后，南北红灯亮并维持 25 s。在南北红灯亮的同时，东西绿灯也亮，1 s 后，东西地面车灯即甲亮。到 20 s 时，东西绿灯闪亮 3 s 后熄灭，在东西绿灯熄灭后东西黄灯亮，同时甲灭。黄灯亮 2 s 后熄灭，东西红灯亮。与此同时，南北红灯灭，南北绿灯准备亮。1 s 后，南北绿灯亮，南北地面车灯即乙亮。南北绿灯亮了 25 s 后闪亮 3 s 后熄灭，同时乙灭，黄灯亮 2 s 后熄灭，南北红灯亮，东西绿灯亮，循环。

4）预习要求

（1）各种定时器的使用；

（2）绘制交通灯信号的时序图；

（3）复习第 8 章人机界面项目创建、组态画面中的图形对象及人机界面与 PLC 的联合调试等内容。

5）实验内容与步骤

（1）设计、搭建硬件电路；

（2）设计接线电路图，并分配 PLC I/O 分配表；

（3）编写 PLC 控制程序，在交通灯模块上调试 PLC 程序；

（4）设计并编写基于博途 WinCC 的上位机画面及相应程序；

（5）在博途软件中实现 TP700 Basic 与 PLC 联合测试。

9.12 实验 11 基于博途 STEP 7 和 WinCC 的模拟混料机系统控制实验

1) 实验目的

(1) 掌握各种定时器的应用能力和 PLC 编程能力;

(2) 掌握 WinCC 人机界面程序的编写能力;

(3) 提高 PLC 技术的复杂工程问题的解决能力。

2) 实验设备

PLC 实验挂箱	1 台
PLC 电平转换模块	1 个
液体混合模块	1 个
计算机	1 台

3) 实验要求

工艺要求与实验 6 相同,即:

(1) 实现按键控制启停;

(2) 当液位为"空"位的时候,开启进料阀 A;到液位为"中"位时,关闭进料阀 A,开启进料阀 B;

(3) 当液位到达"高"位时,关闭进料阀 B,进入搅拌状态;

(4) 通过电位器控制搅拌时间(2~20 s),搅拌完成后,开启放料阀。

(5) 当放料完毕时,重新进入下一次液体进料、混合。

4) 预习要求

(1) 复习定时器、模拟量模块等内容;

(2) 复习实验 6 的内容;

(3) 复习第 8 章组态报警、数据记录及趋势图等内容。

5) 实验内容与步骤

(1) 根据实验 6 液体混合模块,设计并编写基于博途 WinCC 的上位机画面及相应程序,要求有主画面、液位趋势图画面和报警画面;

(2) 根据实验 6 已编写的 PLC 控制程序,在博途软件中实现 TP700 Basic 与 PLC 联合测试。

本章小结

本章为 11 个 PLC 技术实验的指导。第 1 个实验是接触器-继电器线路的实验;第 2 个实验是对 PLC 硬件设备的认识及对仿真软件的操作;第 3~6 个实验是基于 PLC 的从简单到复杂,从数字量控制到模拟量控制的实验;第 7 个实验是基于博途 WinCC 的人机界面项目开发实验;第 8~11 个实验是基于博途软件的 STEP 7 程序设计、人机界面设计并完成人机界面与 PLC 联合调试的实验,循序渐进,逐步提高学生在 PLC 技术领域的复杂工程问题的解决能力。

参 考 文 献

[1] 李继芳. 电气工程技术实训教程[M]. 厦门:厦门大学出版社,2016.

[2] 廖常初. S7300/400 PLC 应用教程[M]. 北京:机械工业出版社,2011.

[3] 崔坚,赵欣,任术才. 西门子 S7 可编程序控制器:STEP7 编程指南[M]. 2 版. 北京:机械工业出版社,2010.

[4] 崔坚. 西门子工业网络通信指南(上册)[M]. 北京:机械工业出版社,2005.

[5] 崔坚. 西门子工业网络通信指南(下册)[M]. 北京:机械工业出版社,2005.

[6] 熊凌,谭建豪. 电气控制与 PLC 技术及应用——西门子 S7-300 系列[M]. 武汉:华中科技大学出版社,2015.